RANLIAO DIANCHI
YU RANLIAO DIANCHI DIANDONG QICHE

燃料电池
与燃料电池电动汽车

崔胜民 ◎ 编著

化学工业出版社
·北京·

内容简介

本书主要内容包括燃料电池、制氢与加氢技术以及燃料电池电动汽车三部分，其中燃料电池部分重点介绍了车用质子交换膜燃料电池，涉及结构、原理、设计、安全、测试等燃料电池的核心内容；制氢与加氢技术部分重点介绍了制氢、储氢、输氢以及加氢站所涉及的技术；燃料电池电动汽车部分重点介绍了燃料电池电动汽车的结构、原理、安全、传动系统参数匹配等。所有内容都反映了燃料电池与燃料电池电动汽车所涉及的新技术和新成果。本书内容丰富，条理清晰，通俗易懂，实用性强。

本书可作为车辆工程相关专业的本科生、研究生教材，也可供燃料电池行业、汽车行业的工程技术人员以及燃料电池与燃料电池电动汽车爱好者阅读。

图书在版编目（CIP）数据

燃料电池与燃料电池电动汽车 / 崔胜民编著. —北京：化学工业出版社，2022.1（2024.2 重印）

ISBN 978-7-122-40164-9

Ⅰ. ①燃… Ⅱ. ①崔… Ⅲ. ①燃料电池 - 高等学校 - 教材②燃料电池 - 电传动汽车 - 高等学校 - 教材 Ⅳ. ① TM911.4 ② U469.72

中国版本图书馆 CIP 数据核字（2021）第 225008 号

责任编辑：陈景薇　　文字编辑：冯国庆
责任校对：宋　夏　　装帧设计：韩　飞

出版发行：化学工业出版社（北京市东城区青年湖南街 13 号　邮政编码 100011）
印　　装：涿州市般润文化传播有限公司
787mm×1092mm　1/16　印张 13¼　字数 329 千字　2024 年 2 月北京第 1 版第 3 次印刷

购书咨询：010-64518888　　售后服务：010-64518899
网　　址：http://www.cip.com.cn
凡购买本书，如有缺损质量问题，本社销售中心负责调换。

定　　价：88.00 元

前言

《新能源汽车产业发展规划（2021～2035年）》《节能与新能源汽车技术路线图2.0》明确提出，2030～2035年，我国实现氢能及燃料电池电动汽车的大规模推广应用，燃料电池电动汽车保有量达到100万辆左右，燃料电池电动汽车已成为汽车的重要发展方向。

本书全面系统地介绍了燃料电池与燃料电池电动汽车所涉及的主要技术，共分三章：第一章主要介绍了燃料电池，包括燃料电池的定义与特点、燃料电池的主要类型、燃料电池的基本结构与原理、质子交换膜、电催化剂、气体扩散层、膜电极、双极板、单电池、燃料电池堆和燃料电池发电系统；第二章主要介绍了制氢与加氢技术，包括氢气的基本性质与特点、氢气的技术指标与测定方法、氢气的制备方法、氢气的储存与输送、车载储氢系统、储氢罐、加氢站、加氢机、加氢口和加氢枪；第三章主要介绍了燃料电池电动汽车，包括燃料电池电动汽车的定义、燃料电池电动汽车的类型、燃料电池电动汽车的组成、燃料电池电动汽车的工作原理、燃料电池电动汽车的特点、燃料电池电动汽车安全性要求、燃料电池电动汽车氢气消耗量、燃料电池电动汽车纯氢续驶里程和燃料电池电动汽车传动系统参数匹配。

本书介绍的内容主要以燃料电池电动汽车独有的技术为主，重点介绍了车用质子交换膜燃料电池、制氢与加氢技术。通过本书的学习，读者既能掌握燃料电池与燃料电池电动汽车所涉及的新知识和新技术，又能熟悉国家标准对燃料电池与燃料电池电动汽车相关设计、制造、测试的要求，为从事燃料电池与燃料电池电动汽车的相关工作奠定基础。

在本书编写过程中，引用一些网上资料和图片以及参考文献中的部分内容，特向其作者表示深切的谢意。

由于笔者学识有限，书中不足之处在所难免，恳盼读者给予指正。

编著者

目 录

第一章 燃料电池 001

第一节 燃料电池的定义与特点 / 002
第二节 燃料电池的主要类型 / 004
第三节 燃料电池的基本结构与原理 / 008
第四节 质子交换膜 / 011
第五节 电催化剂 / 023
第六节 气体扩散层 / 031
第七节 膜电极 / 040
第八节 双极板 / 054
第九节 单电池 / 070
第十节 燃料电池堆 / 078
第十一节 燃料电池发电系统 / 097

第二章 制氢与加氢技术 111

第一节 氢气的基本性质与特点 / 112
第二节 氢气的技术指标与测定方法 / 113
第三节 氢气的制备方法 / 117
第四节 氢气的储存与输送 / 126
第五节 车载储氢系统 / 135
第六节 储氢罐 / 140
第七节 加氢站 / 146
第八节 加氢机 / 159
第九节 加氢口 / 163
第十节 加氢枪 / 168

第三章 燃料电池电动汽车 173

第一节 燃料电池电动汽车的定义 / 174

第二节　燃料电池电动汽车的类型　/176
第三节　燃料电池电动汽车的组成　/181
第四节　燃料电池电动汽车的工作原理　/186
第五节　燃料电池电动汽车的特点　/191
第六节　燃料电池电动汽车安全性要求　/193
第七节　燃料电池电动汽车氢气消耗量　/197
第八节　燃料电池电动汽车纯氢续驶里程　/200
第九节　燃料电池电动汽车传动系统参数匹配　/201

参考文献　206

燃料电池与燃料电池电动汽车

第一章

燃料电池

燃料电池被誉为继火电、水电及核电之外的第四种发电方式。燃料电池有助于氢能的移动化、轻量化和大规模普及，可广泛应用在交通、工业、建筑、军事等场景。未来，随着数字化技术的不断深入，无人驾驶、互联网数据中心、军事装备等领域将极大丰富燃料电池的应用领域。

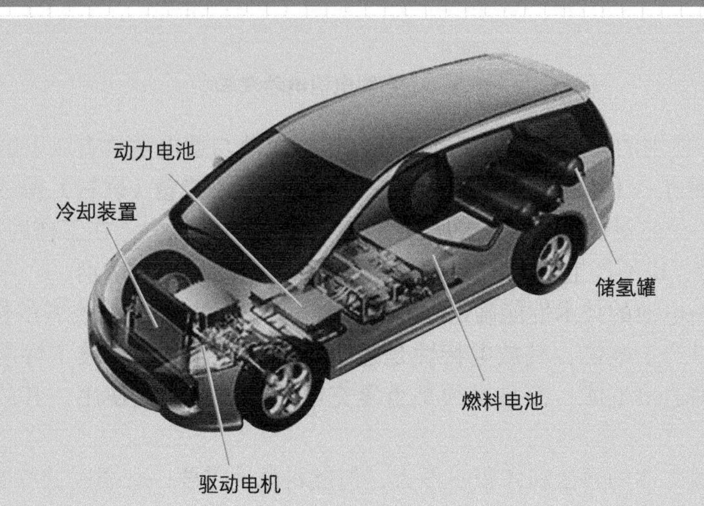

第一节
燃料电池的定义与特点

一、燃料电池的定义

燃料电池是将一种燃料和一种氧化剂的化学能直接转化为电能（直流电）、热和反应产物的电化学装置。燃料和氧化剂通常存储在燃料电池的外部，当它们需要被消耗时输入燃料电池中。在燃料电池的能量转换过程中，燃料与氧化剂经催化剂的作用，经过电化学反应生成电能和水，因此，不会产生氮氧化合物和碳氢化合物等对大气环境造成污染的气体。

燃料电池是燃料电池电动汽车的主要能量来源，是影响燃料电池电动汽车大规模推广应用的主要因素之一。如图 1-1 所示为燃料电池电动汽车。

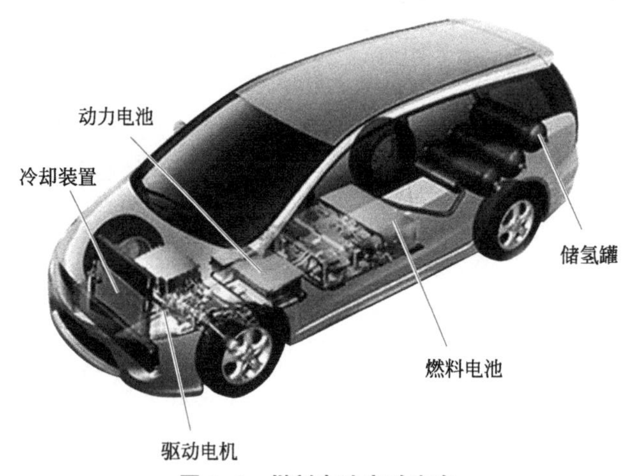

图 1-1　**燃料电池电动汽车**

纯电动汽车使用的动力电池属于蓄电池，燃料电池与蓄电池具有以下区别。

① 燃料电池是一种能量转换装置，在工作时必须有能量（燃料）输入，才能产生电能；蓄电池是一种能量储存装置，必须先将电能储存到电池中，在工作时只能输出电能，不需要输入能量，也不产生电能，这是燃料电池与蓄电池本质的区别。

② 一旦燃料电池的技术性能确定后，其所能够产生的电能只和燃料的供应有关，只要供应燃料就可以产生电能，其放电特性是连续进行的；蓄电池的技术性能确定后，只能在其额定范围内输出电能，而且必须是重复充电后才可能重复使用，其放电特性是间断进行的。

③ 燃料电池本体的质量和体积并不大，但燃料电池需要一套燃料储存装置或燃料转换装置和附属设备才能获得氢气，而这些燃料储存装置或燃料转换装置和附属设备的质量和

体积远远超过燃料电池本身。在工作过程中，燃料会随着燃料电池电能的产生逐渐消耗，质量逐渐减轻（指车载有限燃料）；蓄电池没有其他辅助设备，在技术性能确定后，无论是充满电还是放完电，蓄电池的质量和体积基本不变。

④ 燃料电池是将化学能转变为电能，蓄电池也是将化学能转变为电能，这是它们的共同之处，但燃料电池在产生电能时，参加反应的反应物质在经过反应后，不断地消耗，不再重复使用，因此要求不断地输入反应物质；蓄电池的活性物质随蓄电池的充电和放电，反复进行可逆性化学变化，活性物质并不消耗，只需要添加一些电解液等物质。

二、燃料电池的特点

1. 燃料电池的优点

（1）发电效率高　燃料电池发电不受卡诺循环的限制。理论上，它的发电效率可达到 85% ～ 90%，但由于工作时各种极化的限制，目前燃料电池的能量转化效率为 50% ～ 70%。燃料电池在额定功率下运转效率可以达到 60%，而在部分功率输出条件下运转效率可以达到 70%，在过载功率输出条件下运转效率可以达到 50% ～ 55%。高效率随功率变化的范围很宽，在低功率下运转效率高，特别适合汽车动力性能的要求。

（2）环境污染小　用氢气作为燃料的燃料电池主要生成物质为水，属于“零污染”；用碳氢化合物作为燃料的燃料电池主要生成物质为水、二氧化碳和一氧化碳等，属于“超低污染”。出于对地球环境保护的要求和谋求新的能源，特别是碳中和和碳达峰的要求，燃料电池是比较理想的动力装置，并有可能逐渐取代石油作为车辆的主要能源。

（3）功率密度高　内燃机的比功率约为 300W/kg，目前燃料电池本体的比功率约为 700W/kg，功率密度为 1000W/L。如果将燃料电池的重整器、净化器和附属装置包括在内，燃料电池的比功率为 300 ～ 350W/kg，功率密度为 280W/L，与内燃机的比功率相接近，因此其动力性能可以达到内燃机汽车的水平，但比功率仍需要进一步提高。

（4）燃料来源范围广　对于燃料电池而言，只要含有氢原子的物质都可以作为燃料，例如天然气、石油、煤炭等化石产物，或是沼气、乙醇、甲醇等，因此燃料电池非常符合能源多样化的需求，可减缓主流能源的耗竭。

2. 燃料电池的不足

（1）燃料种类单一　目前，无论是液态氢、气态氢、储氢金属储存的氢，或是碳水化合物，经过重整后转换的氢是燃料电池的唯一燃料。氢气的产生、储存、保管、运输和灌装或重整都比较复杂，对安全性要求很高。

（2）要求高质量的密封　燃料电池的单体电池所能产生的电压约为 1V，不同种类的燃料电池的单体电池所能产生的电压略有不同。通常将多个单体电池按使用电压和电流的要求组合成为燃料电池发电系统，在组合时单体电池间的电极连接必须要有严格的密封，因为密封不良的燃料电池，氢气会泄漏到燃料电池的外面，降低氢的利用率并严重影响燃料电池发电系统的效率，还会引起氢气燃烧事故。由于要求严格的密封，使得燃料电池发电系统的制造工艺很复杂，并给使用和维护带来很多困难。

（3）成本较高　目前质子交换膜燃料电池是最有发展前途的燃料电池之一，但质子交换膜燃料电池需要用贵金属铂（Pt）作为催化剂，而且铂（Pt）在反应过程中受CO的作用会“中毒”而失效。铂（Pt）的使用和铂（Pt）的失效使质子交换膜燃料电池的成本较高。

第二节 燃料电池的主要类型

根据《燃料电池　术语》（GB/T 28816—2020），燃料电池可以分为自呼吸式燃料电池、碱性燃料电池、直接燃料电池、直接甲醇燃料电池、熔融碳酸盐燃料电池、磷酸燃料电池、聚合物电解质燃料电池、质子交换膜燃料电池、可再生燃料电池、固体氧化物燃料电池等。

自呼吸式燃料电池是指使用自然通风的空气作为氧化剂的燃料电池；碱性燃料电池是指使用碱性电解质的燃料电池；直接燃料电池是指提供给燃料电池发电系统的燃料和提供给阳极的燃料相同的燃料电池；直接甲醇燃料电池是指燃料为气态或液态形式的甲醇的直接燃料电池；熔融碳酸盐燃料电池是指使用熔融碳酸盐为电解质的燃料电池，通常使用熔融的锂 / 钾或锂 / 钠碳酸盐作为电解质；磷酸燃料电池是指用磷酸水溶液作为电解质的燃料电池；聚合物电解质燃料电池是指使用具有离子交换能力的聚合物作为电解质的燃料电池，聚合物电解质燃料电池也被称为质子交换膜燃料电池和固体聚合物燃料电池；质子交换膜燃料电池等同于聚合物电解质燃料电池；可再生燃料电池是指能够由一种燃料和一种氧化剂产生电能，又可通过使用电能的一个电解过程产生该燃料和氧化剂的电化学电池；固体氧化物燃料电池是指使用离子导电氧化物作为电解质的燃料电池。

比较常见的燃料电池类型主要有质子交换膜燃料电池、碱性燃料电池、磷酸燃料电池、熔融碳酸盐燃料电池、固体氧化物燃料电池和直接甲醇燃料电池。

一、质子交换膜燃料电池

质子交换膜燃料电池（Proton Exchange Membrane Fuel Cell，PEMFC）采用可传导离子的聚合膜作为电解质，所以也叫聚合物电解质燃料电池、固体聚合物燃料电池或固体聚合物电解质燃料电池，是目前应用最广泛的燃料电池。

1. 质子交换膜燃料电池的优点

① 能量转化效率高。通过氢氧化合作用，直接将化学能转化为电能，不通过热机过程，不受卡诺循环的限制。

② 可实现零排放。唯一的排放物是纯净水，没有污染物排放，是环保型能源。

③ 运行噪声低，可靠性高。质子交换膜燃料电池无机械运动部件，工作时仅有气体和水的流动。

④ 维护方便。质子交换膜燃料电池内部构造简单，电池模块呈现自然的“积木化”结构，使得电池组的组装和维护都非常方便，也很容易实现“免维护”设计。

⑤ 发电效率平稳。发电效率受负荷变化影响很小，非常适合用作分散型发电装置（作为主机组），也适合用作电网的“调峰”发电机组（作为辅机组）。

⑥ 氢来源广泛。氢是世界上最多的元素，氢气来源极其广泛，是一种可再生的能源资源。可通过石油、天然气、甲醇、甲烷等进行重整制氢；也可通过电解水制氢、光解水制氢、生物制氢等方法获取氢气。

⑦ 技术成熟。氢气的生产、储存、运输和使用等技术，目前均已非常成熟、安全、可靠。

2. 质子交换膜燃料电池的缺点

① 成本高。膜材料和催化剂均十分昂贵，但成本在不断地降低，若能够大规模生产，经济效益将会充分显示出来。

② 对氢的纯度要求高。这种电池需要纯净的氢，因为它们极易受到一氧化碳和其他杂质的污染。

因为质子交换膜燃料电池的工作温度低，启动速度较快，功率密度较高（体积较小），所以很适合用作新一代交通工具的动力。从目前的发展情况看，质子交换膜燃料电池是技术非常成熟的燃料电池电动汽车动力源，质子交换膜燃料电池电动汽车被业内公认为是电动汽车的未来发展方向。

二、碱性燃料电池

碱性燃料电池（Alkaline Fuel Cell，AFC）以强碱（如氢氧化钾、氢氧化钠）为电解质，氢气为燃料，纯氧或脱除微量二氧化碳的空气为氧化剂，采用对氧电化学还原具有良好催化活性的 Pt/C、Ag、Ag-Au、Ni 等为电催化剂制备的多孔气体扩散电极为氧化极，以 Pt-Pd/C、Pt/C、Ni 或硼化镍等具有良好催化氢电化学氧化的电催化剂制备的多孔气体电极为氢电极。以无孔炭板、镍板或镀镍甚至镀银、镀金的各种金属（如铝、镁、铁等）板为双极板材料，在板面上可加工各种形状的气体流动通道构成双极板。

碱性燃料电池具有以下特点。

① 碱性燃料电池具有较高的效率（60% ～ 70%）。

② 工作温度为 60 ～ 120℃，因此启动也很快，但其电力密度却比质子交换膜燃料电池的电力密度低十几倍。

③ 性能可靠，可用非贵金属作为催化剂。

④ 碱性燃料电池是燃料电池中生产成本最低的一种。

⑤ 碱性燃料电池是技术发展最快的一种，主要为空间任务，包括航天飞机提供动力和饮用水。用于交通工具，具有一定的发展和应用前景。

⑥ 使用具有腐蚀性的液态电解质，具有一定的危险性和容易造成环境污染。此外，为解决 CO_2 毒化所采用的一些方法，如使用循环电解液、吸收 CO_2 等，增加了系统的复杂性。

三、磷酸燃料电池

磷酸燃料电池（Phosphoric Acid Fuel Cell，PAFC）是以浓磷酸为电解质，以贵金属催化的气体扩散电极为正、负电极的中温型燃料电池。

磷酸燃料电池具有以下特点。

① 磷酸燃料电池的工作温度要比质子交换膜燃料电池和碱性燃料电池的工作温度略高，为 170 ～ 210℃，但仍需电极上的白金催化剂来加速反应。较高的工作温度也使其对杂质的耐受性较强，当其反应物中含有 1% ～ 2% 的一氧化碳和百万分之几的硫时，磷酸燃料电池照样可以工作。

② 磷酸燃料电池的效率比其他燃料电池低，为 40% ～ 50%，其加热的时间也比质子交换膜燃料电池长。

③ 磷酸燃料电池具有构造简单、稳定、电解质挥发度低等优点。磷酸燃料电池可用作公共汽车的动力，而且有许多这样的系统正在运行，不过这种电池很难用在轿车上。目前，磷酸燃料电池能成功地用于固定的应用，已有许多发电能力为 0.2 ～ 20MW 的工作装置被安装在世界各地，为医院、学校和小型电站提供电力。

四、熔融碳酸盐燃料电池

熔融碳酸盐燃料电池（Molten Carbonate Fuel Cell，MCFC）主要由阳极、阴极、电解质基底和集流板或双极板构成。

1. 熔融碳酸盐燃料电池的优点

① 工作温度高，电极反应活化能小，无论氢的氧化或是氧的还原，都不需贵金属作为催化剂，降低了成本。

② 可以使用含量高的燃料气，如煤制气。

③ 电池排放的余热温度高达 673K 之多，可用于底循环或回收利用，使总的热效率达到 80%。

④ 可以不用水冷却，而用空气冷却代替，尤其适用于缺水的边远地区。

2. 熔融碳酸盐燃料电池的缺点

① 高温以及电解质的强腐蚀性对电池各种材料的长期耐腐蚀性能有十分严格的要求，电池的寿命也因此受到一定的限制。

② 单电池边缘的高温湿密封难度大，尤其在阳极区，这里遭受到严重的腐蚀。另外，会出现熔融碳酸盐的一些固有问题，如由于冷却导致的破裂问题等。

③ 电池系统中需要有循环，将阳极析出的 CO_2 重新输送到阴极，增加了系统结构的复杂性。

五、固体氧化物燃料电池

固体氧化物燃料电池（Solid Oxide Fuel Cell，SOFC）属于第三代燃料电池，是一种在中高温下直接将储存在燃料和氧化剂中的化学能高效、环境友好地转化成电能的全固态化学发电装置，被普遍认为是在未来会与质子交换膜燃料电池一样得到广泛应用的一种燃料电池。

1. 固体氧化物燃料电池的优点

固体氧化物燃料电池除具备燃料电池高效、清洁、环境友好的共性外，还具有以下优点。

① 固体氧化物燃料电池是全固态的电池结构，不存在电解质渗漏问题，避免了使用液态电解质所带来的腐蚀和电解液流失等问题，无须配置电解质管理系统，可实现长寿命运行。

② 对燃料的适应性强，可直接用天然气、煤气和其他碳氢化合物作为燃料。

③ 固体氧化物燃料电池直接将化学能转化为电能，不通过热机过程，因此不受卡诺循环的限制。发电效率高，能量密度大，能量转换效率高。

④ 工作温度高，电极反应速率快，不需要使用贵金属作为电催化剂。

⑤ 可使用高温进行内部燃料重整，使系统优化。

⑥ 低排放、低噪声。

⑦ 废热的再利用价值高。

⑧ 陶瓷电解质要求中、高温运行（600 ～ 1000℃），加快了电池的反应，还可以实现多种碳氢燃料气体的内部还原，简化了设备。

2. 固体氧化物燃料电池的缺点

① 固体氧化物电解质材料为陶瓷材料，质脆易裂，电堆组装较困难。

② 高温热应力作用会引起电池龟裂，所以主要部件的热膨胀率应严格匹配。

③ 存在自由能损失。

④ 工作温度高，预热时间较长，不适用于需经常启动的非固定场所。

六、直接甲醇燃料电池

直接甲醇燃料电池（Direct Methanol Fuel Cell，DMFC）属于质子交换膜燃料电池中的一类，直接使用水溶液以及蒸气甲醇为燃料供给来源，而不需要通过重整器重整甲醇、汽油及天然气等再取出氢以供发电。

1. 直接甲醇燃料电池的优点

① 甲醇来源丰富，价格低廉，储存携带方便。

② 与质子交换膜燃料电池相比，结构更简单，操作更方便，体积能量密度更高。

③ 与重整式甲醇燃料电池相比，它没有甲醇重整装置，重量更轻，体积更小，响应时间更快。

2. 直接甲醇燃料电池的缺点

当甲醇低温转换为氢和二氧化碳时，要比常规的质子交换膜燃料电池需要更多的白金催化剂。

表 1-1 为 6 种燃料电池的主要特征参数比较。

表 1-1　6 种燃料电池的主要特征参数比较

项目	质子交换膜燃料电池	碱性燃料电池	磷酸燃料电池	熔融碳酸盐燃料电池	固体氧化物燃料电池	直接甲醇燃料电池
燃料	H_2	H_2	H_2	CO_2、H_2	CO、H_2	CH_3OH

续表

项目	质子交换膜燃料电池	碱性燃料电池	磷酸燃料电池	熔融碳酸盐燃料电池	固体氧化物燃料电池	直接甲醇燃料电池
电解质	固态高分子膜	碱溶液	液态磷酸	熔融碳酸锂	固体二氧化锆	固态高分子膜
工作温度 /℃	约 80	60 ～ 120	170 ～ 210	60 ～ 650	约 1000	约 80
氧化剂	空气或氧气	纯氧气	空气	空气	空气	空气或氧气
电极材料	C	C	C	Ni-M	Ni-YSZ	C
催化剂	Pt	Pt、Ni	Pt	Ni	Ni	Pt
腐蚀性	中	中	强	强	无	中
寿命 /h	100000	10000	15000	13000	7000	100000
特征	•比功率高 •运行灵活 •无腐蚀	•高效率 •对 CO_2 敏感 •有腐蚀	•效率较低 •有腐蚀	•效率高 •控制复杂 •有腐蚀	•效率高 •运行温度高 •有腐蚀	•比功率高 •运行灵活 •无腐蚀
效率 /%	>60	60 ～ 70	40 ～ 50	>60	>60	>60
启动时间	几分钟	几分钟	2 ～ 4h	>10h	>10h	几分钟
主要应用领域	航天、军事、汽车、固定式用途	航天、军事	大客车、中小电厂、固定式用途	大型电厂	大型电厂、热站、固定式用途	航天、军事、汽车、固定式用途

本书介绍的燃料电池，如无特殊说明，都是指质子交换膜燃料电池。

第三节 燃料电池的基本结构与原理

一、燃料电池的基本结构

燃料电池的基本结构由质子交换膜、催化层、气体扩散层和双极板组成，如图 1-2 所示，其中催化层与气体扩散层分别在质子交换膜两侧构成阳极和阴极，阳极为氢电极，为燃料的氧化反应发生所在电极；阴极为氧电极，为氧化剂的还原反应发生所在电极；阳极和阴极上都需要含有一定量的电催化剂，用来加速电极上发生的电化学反应；两电极之间是电解质，即质子交换膜；通过热压将阴极、阳极与质子交换膜复合在一起而形成膜电极。

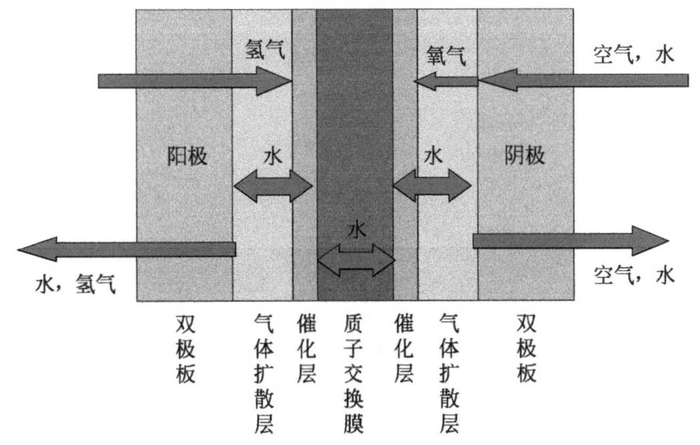

图 1-2　**燃料电池的基本结构示意**

（1）质子交换膜　质子交换膜（Proton Exchange Membrane，PEM）作为电解质，起到传导质子、隔离反应气体的作用。在燃料电池内部，质子交换膜为质子的迁移和输送提供通道，使得质子经过膜从阳极到达阴极，与外电路的电子转移构成回路，向外界提供电流。质子交换膜的性能对燃料电池的性能起着非常重要的作用，它的好坏也直接影响电池的使用寿命。

（2）催化层　作为氢燃料电池反应的关键，催化层是由催化剂和催化剂载体形成的薄层。催化剂主要采用 Pt/C、Pt 合金 /C，载体材料主要是纳米颗粒炭、碳纳米管等。对材料要求导电性好，载体耐蚀，催化活性大。

（3）气体扩散层　气体扩散层是由导电材料制成的多孔合成物，起着支撑催化层，收集电流，并为电化学反应提供电子通道、气体通道和排水通道的作用。

（4）双极板　双极板又称集流板，放置在膜电极的两侧，其作用是阻隔燃料和氧化剂，收集和传导电流，导热，将各个单电池串联起来并通过流场为反应气体进入电极及水的排出提供通道。

燃料电池的基本结构构成的是单电池，电压约 1V，不能直接应用。实际应用中，要由若干个单电池组成电池堆，再由电池堆组成燃料电池系统，安装在车辆上，为燃料电池电动汽车提供动力。

奔驰 GLC F-CELL 燃料电池 SUV 如图 1-3 所示，它搭载了氢燃料电池和锂离子电池的插电式混动系统。其中燃料电池是由 400 个单电池组成的电池堆，峰值功率为 75kW；锂离子电池组的容量为 13.5kW·h；搭载的 2 个全球标准化的 70MPa 储氢罐分别位于底盘和后排座椅下方，储氢容量达到 4.4kg；采用后轮驱动，位于后轴的异步电机峰值功率为 160kW，峰值转矩为 375N·m。在锂离子电池组满电的情况下，NEDC 循环工况续航里程达到 487km，其中纯电续航里程为 50km，纯氢续航里程为 437km。此外，插电混动系统配备了功率为 7.4kW 的充电器，可在 1.5h 内将电池容量从 10% 充至 100%。奔驰 GLC F-CELL 燃料电池 SUV 有混动模式、燃料电池（纯氢）模式、锂离子电池（纯电）模式和充电模式。混动模式中，燃料电池组工作在最佳效率区间，功率峰值由锂离子电池组提供；在燃料电池模式下，车辆行驶动力仅依赖氢气，锂离子电池组通过从燃料电池获取能量保持 SOC 不变，该模式适用于长距离稳态巡航；锂离子电池模式适用于短距行程，动力仅靠锂离子电池组提供；高压锂电池组充电享有优先权，氢气容量耗至限值前优先给锂离子电池组充电至满电。

(a) 车辆外形

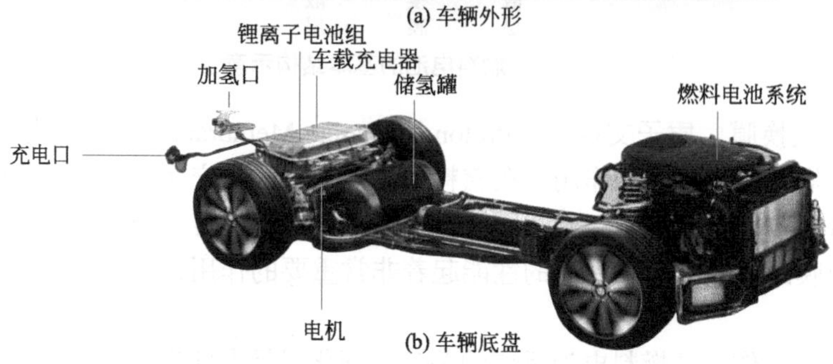

(b) 车辆底盘

图 1–3　**奔驰 GLC F–CELL 燃料电池 SUV**

奔驰 GLC F-CELL 车载燃料电池系统如图 1-4 所示。

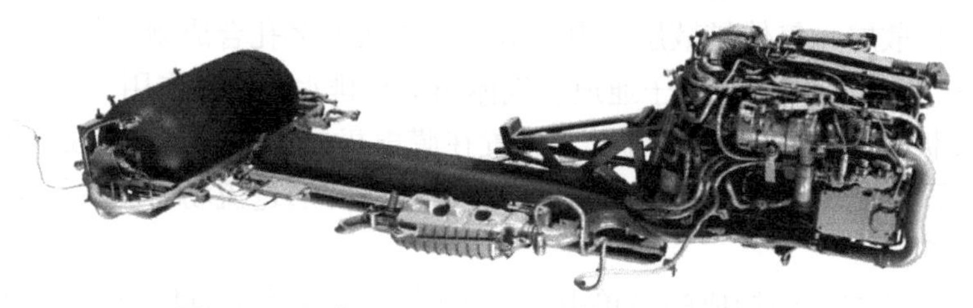

图 1–4　**奔驰 GLC F–CELL 车载燃料电池系统**

如图 1-5 所示为燃料电池系统的构成及应用。

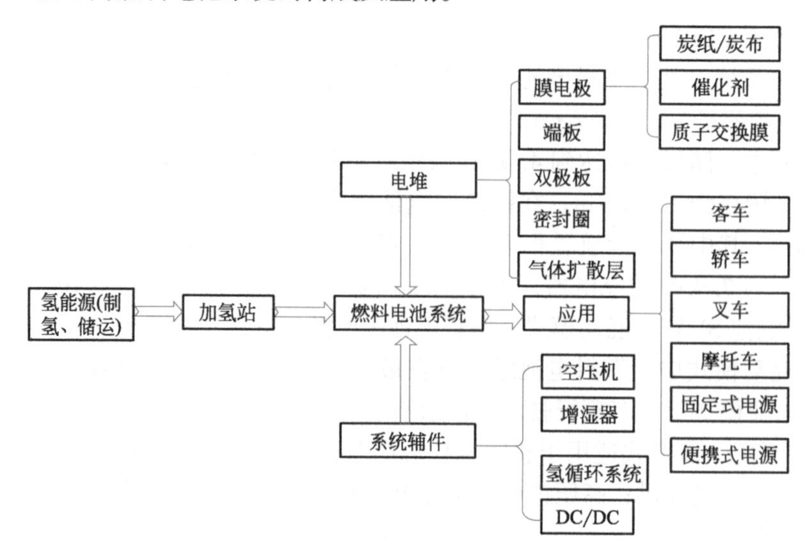

图 1–5　**燃料电池系统的构成及应用**

二、燃料电池的工作原理

质子交换膜燃料电池在原理上相当于水电解的“逆”装置，其单电池由阳极、阴极和质子交换膜组成，阳极为氢燃料发生氧化的场所，阴极为氧化剂还原的场所，两极都含有加速电极电化学反应的催化剂，质子交换膜为电解质。质子交换膜燃料电池的工作原理如图 1-6 所示。

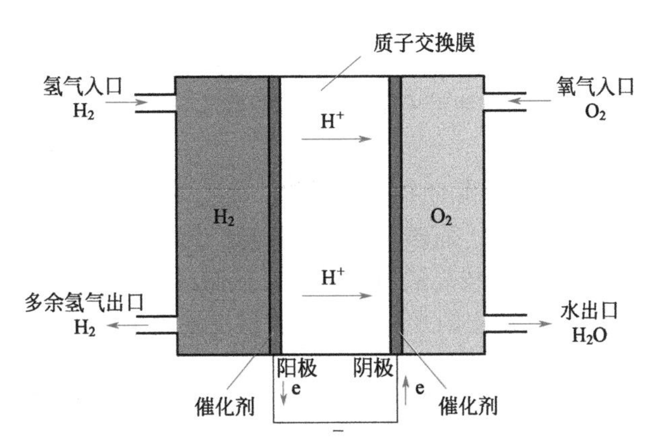

图 1-6　**质子交换膜燃料电池的工作原理**

导入的氢气通过双极板经由阳极扩散层到达阳极催化层，在阳极催化剂的作用下，氢分子分解为带正电的氢离子（即质子）并释放出带负电的电子，完成阳极反应；氢离子穿过质子交换膜到达阴极催化层，而电子则由双极板收集，通过外电路到达阴极，电子在外电路形成电流，通过适当连接可向负载输出电能。在电池另一端，氧气通过双极板经由阴极扩散层到达阴极催化层，在阴极催化剂的作用下，氧气与透过质子交换膜的氢离子及来自外电路的电子发生反应生成水，完成阴极反应；电极反应生成的水大部分由尾气排出，一小部分在压力差的作用下通过质子交换膜向阳极扩散。阳极和阴极发生的电化学反应为

$$2H_2 \longrightarrow 4H^+ + 4e$$

$$4e + 4H^+ + O_2 \longrightarrow 2H_2O$$

燃料电池总的电化学反应为

$$2H_2 + O_2 \longrightarrow 2H_2O$$

上述过程是理想的工作过程，实际上，整个反应过程中会有很多中间步骤和中间产物存在。

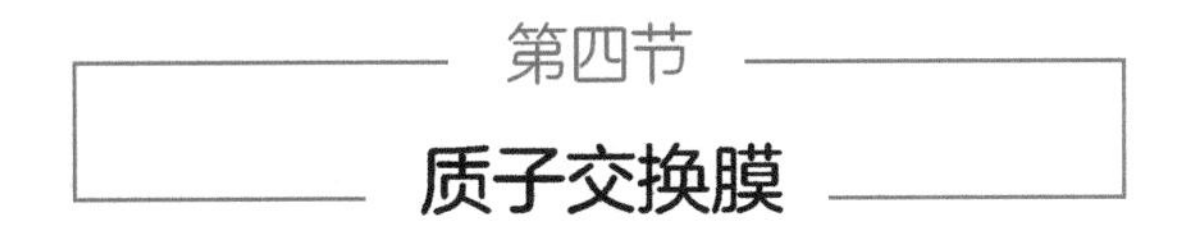

质子交换膜是指以质子为导电电荷的聚合物电解质膜，它是质子交换膜燃料电池的核心材料，是一种厚度仅为微米级的薄膜片，其微观结构非常复杂。质子交换膜又称为聚合

物电解质薄膜。

一、质子交换膜的类型

质子交换膜主要分为全氟化质子交换膜、部分氟化质子交换膜和非氟化质子交换膜等。

1. 全氟化质子交换膜

全氟化质子交换膜是指在高分子链上的氢原子全部被氟原子取代的质子交换膜。全氟化磺酸型质子交换膜由碳氟主链和带有磺酸基团的醚支链构成，具有极高的化学稳定性，目前应用最广泛。

由于全氟化磺酸型质子交换膜的主链具有聚四氟乙烯结构，如图 1-7 所示，分子中的氟原子可以将碳 - 碳链紧密覆盖，而碳 - 氟键键长短、键能高、可极化度小，使分子具有优良的热稳定性、化学稳定性和较高的机械强度，从而确保了聚合物膜的长使用寿命；分子支链上的亲水性磺酸基团能够吸附水分子，具有优良的离子传导特性。

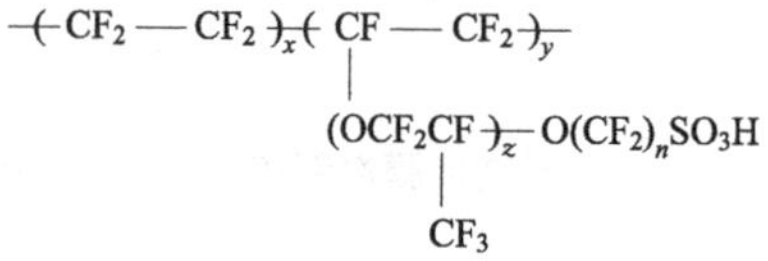

$$\begin{array}{l} -\!\left(CF_2-CF_2\right)_x\!\left(\underset{\displaystyle |}{CF}-CF_2\right)_y \\ \qquad\qquad\quad (OCF_2\underset{\displaystyle \overset{|}{CF_3}}{CF})_z-O(CF_2)_nSO_3H \end{array}$$

图 1-7　全氟化磺酸型质子交换膜的化学结构

全氟化磺酸型质子交换膜的优点是：机械强度高，化学稳定性好，在湿度大的条件下电导率高；低温时电流密度大，质子传导电阻小。但是全氟化磺酸型质子交换型质子交换膜也存在一些缺点，如温度升高会引起质子传导性变差，高温时膜易发生化学降解；单体合成困难，成本高；价格昂贵；用于甲醇燃料电池时易发生甲醇渗透等。

全氟化磺酸型质子交换膜主要有以下几种类型：美国杜邦公司的 Nafion 系列膜；美国陶氏化学公司的 XUS-B204 膜；日本旭化成公司的 Aciplex 膜；日本旭硝子公司的 Flemion 膜；日本氯工程公司的 C 膜；加拿大 Ballard 公司的 BAM 型膜。其中最具代表性的是由美国杜邦公司研制的 Nafion 系列全氟化磺酸型质子交换膜，但它不主要应用于车载燃料电池。

如图 1-8 所示为杜邦公司的全氟化磺酸型质子交换膜实物，尺寸为 40cm×40cm。

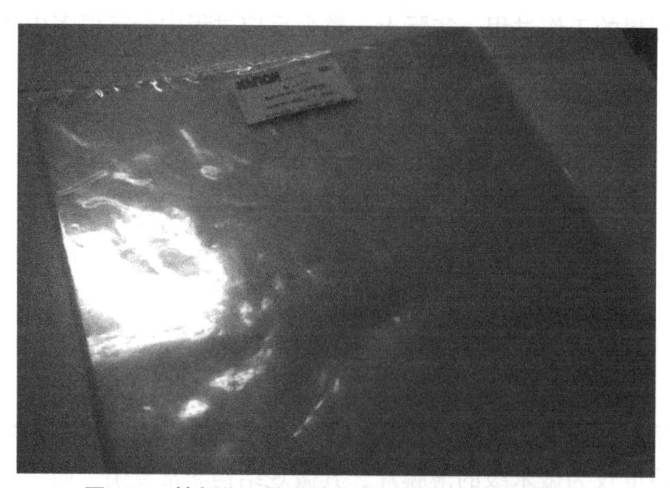

图 1-8　杜邦公司的全氟化磺酸型质子交换膜实物

2. 部分氟化质子交换膜

针对全氟化磺酸型质子交换膜价格昂贵、工作温度低等缺点，研究人员除了对其进行复合等改性外，还开展大量新型非全氟化膜的研发工作，部分氟化磺酸型质子交换膜便是其中之一，如聚三氟苯乙烯磺酸膜、聚四氟乙烯 - 六氟丙烯膜等。

部分氟化质子交换膜一般表现为主链全氟化，这样有利于在燃料电池苛刻的氧化环境下保证质子交换膜具有相应的使用寿命。质子交换基团一般是磺酸基团，按引入的方式不同，部分氟化磺酸型质子交换膜分为全氟化主链聚合，带有磺酸基的单体接枝到主链上；全氟化主链聚合后，单体侧链接枝，最后磺化；磺化单体直接聚合。采用部分氟化结构会明显降低薄膜成本，但是此类膜的电化学性能不如美国杜邦公司的 Nafion 系列膜。

3. 非氟化质子交换膜

非氟化质子交换膜是指不含有任何氟原子的质子交换膜。与全氟化磺酸型质子交换膜相比，非氟化磺酸型质子交换膜具有很多优点：价格便宜，很多材料都容易买到；含极性基团的非氟化聚合物亲水能力在很宽温度范围内都很高，吸收的水分聚集在主链上的极性基团周围，膜保水能力较高；通过适当的分子设计，稳定性能够有较大改善；废弃非氟化聚合物易降解，不会造成环境污染。

磺化芳香型聚合物具有良好的热稳定性和较高的机械强度，磺化产物被广泛用于质子交换膜。

目前车用质子交换膜逐渐趋于薄型化，由先前的几十微米降低到几微米，这样能降低质子传递的欧姆极化，以达到较高的性能。

在车用燃料电池质子交换膜领域，美国戈尔公司创造性地发明了 ePTFE（膨体聚四氟乙烯）的专有增强膜技术，其核心产品具有超薄、耐用、高功率密度的特性，与全球领先的新能源汽车制造商和燃料电池公司有着广泛而深入的合作。丰田 Mirai、现代 NEXO 和本田 CLARITY 等都采用美国戈尔公司的产品，被认为是满足汽车应用挑战的行业标准。从产品来看，质子交换膜出货量较多的是 18μm、15μm 的产品。在超薄膜应用提速的形势下，戈尔公司的 8μm 超薄膜也得到客户的好评。虽然超薄膜技术已经远远领先于同行，但戈尔实验室里已经储备了 5μm 乃至更薄膜的技术能力，正等待合适的产业化时机。如图 1-9 所示为美国戈尔公司的质子交换膜。

图 1-9 美国戈尔公司的质子交换膜

国内山东东岳未来氢能材料有限公司是质子交换膜生产的主要企业，东岳 DF260 膜技术已经成熟并已定型量产，东岳 DF260 膜厚度做到 15μm，在 OCV（开路电压）情况下，耐久性大于 600h；膜运行时间超过 6000h；在干湿循环和机械稳定性方面，循环次数都超过 2 万次。如图 1-10 所示为山东东岳的质子交换膜。

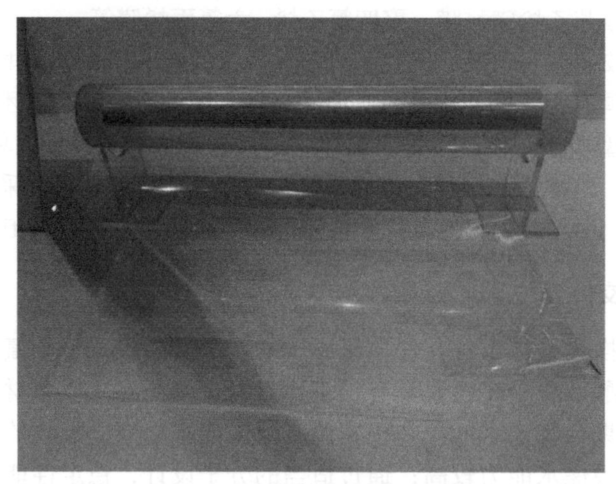

图 1-10　山东东岳的质子交换膜

二、质子交换膜的作用

质子交换膜在燃料电池中的位置如图 1-11 所示，它具有以下作用。

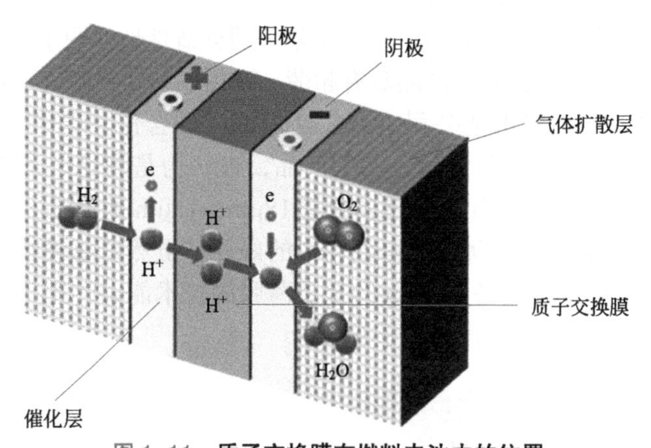

图 1-11　质子交换膜在燃料电池中的位置

① 为质子（H^+）传递提供通道，质子传导率越高，膜的内阻越小，燃料电池的效率越高。

② 为阳极和阴极提供隔离，阻止阳极的燃料（H_2）和阴极的氧化剂（O_2 或空气）直接混合发生化学反应。

③ 作为电子绝缘体，阻止电子（e）在膜内传导，从而使燃料氧化后释放出的电子只能由阳极通过外线路向阴极流动，产生外部电流以供使用。

质子交换膜与一般化学电源中使用的隔膜有很大不同，它不只是一种隔离阴阳极反应气体的隔膜材料，还是电解质和电极活性物质（电催化剂）的基底，即兼有隔膜和电解质的作用；另外，质子交换膜还是一种选择透过性膜，在一定的温度和湿度条件下具有可选择的透过性，在质子交换膜的高分子结构中，含有多种离子基团，它只允许氢离子（氢质子）透过，而不允许氢分子及其他离子透过。

三、质子交换膜的要求

质子交换膜是质子交换膜燃料电池中的核心部件之一，它和电极一起决定了整个燃料电池的性能、寿命和价格。用于燃料电池的质子交换膜必须满足以下要求。

① 质子传导率高，可以降低燃料电池内阻，提高电流密度。

② 较好的稳定性，包括物理稳定性和化学稳定性，阻止聚合物链降解，提高燃料电池耐久性。

③ 较低的气体渗透率，防止氢气和氧气在电极表面发生反应，造成电极局部过热，影响电池的电流效率。

④ 良好的力学性能，适合膜电极的制备组装，以及工作环境变化引起的尺寸形变。

⑤ 较低的尺寸变化率，防止膜吸水和脱水过程中的膨胀及收缩引起的局部应力增大造成膜与电极剥离。

⑥ 适当的性价比。

目前同时满足以上所有条件的膜材料，只有商业化的全氟化磺酸型质子交换膜。

四、质子交换膜的性能指标

质子交换膜的物理、化学性质对燃料电池的性能有极大的影响，对燃料电池性能造成影响的质子交换膜的物理性质主要有膜的厚度和单位面积质量、膜的机械强度、膜的透气率、膜的溶胀率和吸水率等；质子交换膜的电化学性质主要表现在膜的导电性能（电阻率、面电阻、电导率）和选择透过性（透过性参数）上。

质子交换膜的性能指标主要有膜的厚度及其均匀性、质子传导率、离子交换摩尔质量、透气率、机械强度、溶胀率和吸水率等。

1. 厚度及其均匀性

质子交换膜的厚度及其均匀性属于成品参数。质子交换膜的厚度与膜的电阻成正比，降低膜的厚度，有利于提高膜的电导率和电池的工作电压。另外，随着膜厚度减小，可以使阴极生成的水与阳极侧膜中所含的水形成较大的浓度梯度，使阴极生成的水便于向阳极迁移，有利于解决膜的干涸问题，从而阻止电池性能和膜使用寿命的下降。但是，膜的厚度过小，会引起燃料的渗漏和膜的机械强度的下降，影响膜的工作寿命。

燃料电池对质子交换膜的厚度要求是在满足性能要求的前提下尽量做薄，而且要求均匀，以便降低内阻，提高电池性能。

膜的厚度及其均匀性好，可以降低膜的电阻，提高电池的工作电压和能量密度；如果厚度不均匀，会影响膜的抗拉强度，甚至引起氢气的泄漏而导致电池失效。

2. 质子传导率

质子传导率是指膜传导质子的能力，是电阻率的倒数，用西门子每厘米（S/cm）来表示。质子传导率是衡量膜的质子导通能力的一项电化学指标，它反映了质子在膜内迁移速度的大小。只有具备良好的质子传导性能，才可以保证较高的电流密度和电池工作效率。

3. 离子交换摩尔质量

离子交换摩尔质量是指每摩尔离子基团所含干膜的质量，单位为 g/mol。它与表示离子交换能力大小的离子交换容量成倒数关系，体现了质子交换膜内的酸浓度。酸浓度越低，质子交换膜的质子传导率越高，内电阻越小，利用其制备得到的燃料电池性能越好。

4. 透气率

透气率是指在单位压力下单位时间内透过单位面积和单位厚度物体的气体量，单位为 $cm^3/(cm^2 \cdot min)$。

作为燃料电池用的质子交换膜应具有较低的透气率，起到阻隔燃料和氧化剂的作用，防止氢气和氧气在电极表面发生反应，影响燃料电池的性能和寿命。

5. 机械强度

质子交换膜的机械强度一般用拉伸强度来评价。拉伸强度是指在给定温度、湿度和拉伸速度下，在标准膜试样上施加拉伸力，试样断裂前所承受的最大拉伸力与膜厚度及宽度的比值，单位为 MPa。

质子交换膜在燃料电池运行时，膜的两侧总是要承受一定的压力波动。膜的机械强度过小，可能造成膜的破裂，进而引起燃料的渗漏，从而造成危险。膜的强度与厚度成正比，同时也与膜工作的环境有关，湿膜的强度大大低于干膜的强度。提高膜的强度，可以保证膜能承受在燃料电池运行中的不均匀的机械压力，从而保证燃料电池工作的稳定性。

6. 溶胀率

溶胀率是指在给定温度和湿度下，相对于干膜在横向、纵向和厚度方向的尺寸变化，单位为“%”。

膜中离子基团含量的多少、交联类型、交联程度和温度都会对质子交换膜的溶胀率产生一定的影响。膜的溶胀率过大，使膜易发生变形，从而使质子交换膜皱裂，进而影响燃料电池的性能。

7. 吸水率

吸水率是指在给定温度和湿度下，单位质量干膜的吸水量，单位为“%”(质量分数)。

吸水率不仅影响质子交换膜的质子传导性能，也会影响氧气在质子交换膜中的渗透扩散。燃料电池对质子交换膜的吸水率要求适中，且具有良好的干 - 湿转换性。因为燃料电池在加工过程中会使质子交换膜失去水分，而在燃料电池的运行过程中，为了获得最大的质子传导率，质子交换膜要在全湿状态下工作。

五、质子交换膜的性能测试

对于质子交换膜的好坏评价都是基于标准的性能测试得出来的。质子交换膜的性能测试主要有厚度均匀性测试、质子传导率测试、离子交换摩尔质量测试、透气率测试、拉伸强度测试、溶胀率测试和吸水率测试等。

1. 厚度均匀性测试

（1）测试仪器　质子交换膜的厚度均匀性测试仪器主要有测厚仪和卡尺。测厚仪的精度不低于 0.1μm，用于测试厚度为 10 ～ 200μm 的膜厚度；卡尺精度不低于 0.01mm，用于测试膜的长度和宽度。

如图 1-12 所示为膜厚测量仪，选择的波长范围不同，测量的膜厚度范围也不同，应根据膜厚度范围，选择合适的波长范围。

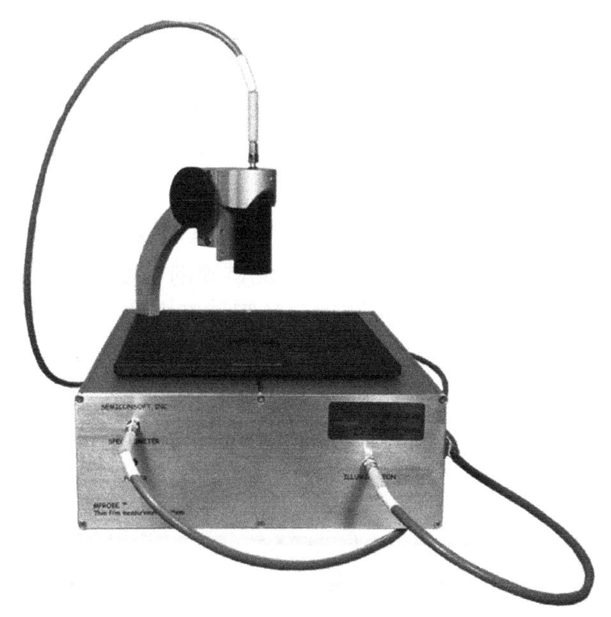

图 1–12　**膜厚测量仪**

（2）样品制备　样品可以为正方形或圆形，有效面积至少为 $100cm^2$；样品应无褶皱、缺陷和破损。

（3）测试方法　按以下步骤进行质子交换膜的厚度均匀性测试。

① 样品在温度为 (25±2)℃、相对湿度为 (50±5)% 的条件下放置 12h。

② 每次测量前应校准膜厚测量仪的零点，且在每个试样测量后重新检查其零点。

③ 测量时将量头平缓放下（如果必要），避免样品变形。测试过程中测试头施加在样品表面的强度在 $(0.7 \sim 2) \times 10^4$Pa 之间选取。

④ 在温度为 (25±2)℃、相对湿度为 (50±5)% 的恒温恒湿环境中进行测试。每 $100cm^2$ 样品的测试点不少于 9 个，且均匀分布，测试点距离样品边缘应大于 5mm。

（4）数据处理　样品的厚度均匀性用厚度最大值与最小值之差、平均厚度以及相对厚度偏差表示。

膜的厚度最大值与最小值之差为

$$\Delta d = d_{max} - d_{min} \tag{1-1}$$

式中，Δd 为膜的厚度最大值与最小值之差，μm；d_{max} 为膜的厚度最大值，μm；d_{min} 为膜的厚度最小值，μm。

膜的平均厚度为

$$\bar{d}=\frac{\sum_{i=1}^{n}d_i}{n} \tag{1-2}$$

式中，$\bar{d}$ 为膜的平均厚度，μm；d_i 为某一点膜的厚度测量值，μm；n 为测量数据点数。

膜的相对厚度偏差为

$$S_i=\frac{d_i-\bar{d}}{\bar{d}}\times100\% \tag{1-3}$$

式中，S_i 为某一点膜的相对厚度偏差。

2. 质子传导率测试

（1）测试仪器　质子交换膜的质子传导率测试仪器主要有测厚仪、卡尺、电化学阻抗测试仪和电导率测量池。

① 测厚仪。测厚仪的精度不低于 0.1μm，用于测试厚度为 10 ～ 200μm 的膜厚度。

② 卡尺。卡尺的精度不低于 0.01mm，用于测试膜的长度和宽度。

③ 电化学阻抗测试仪。电化学阻抗测试仪的阻抗频率范围为 1 ～ 5×10^6Hz，扰动电压为 10mV。

电化学阻抗测试仪常用电化学工作站代替，电化学工作站是用于测量电化学池内电位等电化学参数的变化并对其实现控制的一种仪器，如图 1-13 所示。

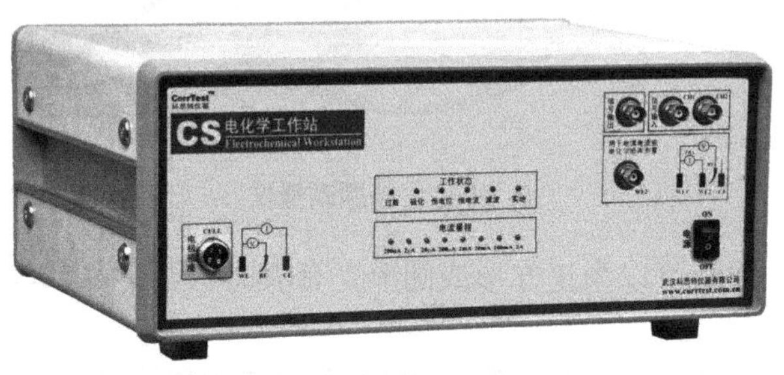

图 1-13　**电化学工作站**

④ 电导率测量池。电导率测量池示意如图 1-14 所示。膜样品两侧各放置一个聚砜绝缘框作为端板，端板上开有一个方孔（2cm×2cm），作为膜的有效测试面积，并可以使置于其中的膜与环境的温度、湿度保持一致；在一侧端板内侧放置一块相同尺寸的不导电的塑料薄膜，作为样品的支撑物，并在该端板的两端镶嵌一个镀金薄片和镀金电极导线，作为导电材料，与电化学阻抗测试仪连接。

（2）样品制备　截取一定尺寸的膜作为样品，在温度为（25±2）℃、相对湿度为（50±5）% 的恒温恒湿条件下放置 4h。

（3）测试方法　按以下步骤进行质子交换膜的质子传导率测试。

① 在温度为（25±2）℃、相对湿度为（50±5）% 的恒温恒湿条件下，利用测厚仪测量样品的厚度，取三点的平均值为计算厚度的值。

② 将样品固定在图 1-14 所示的电导率测量池中，并用扭矩扳手以 3N・m 的扭矩将螺

栓拧紧；然后将电导率测量池置于温度为（25±2）℃、相对湿度为（50±5）% 的恒温恒湿环境中；在频率范围为 1 ～ 5×10^6Hz、扰动电压为 10mV 条件下用电化学阻抗测试仪（电化学工作站）测得样品的阻抗谱图。

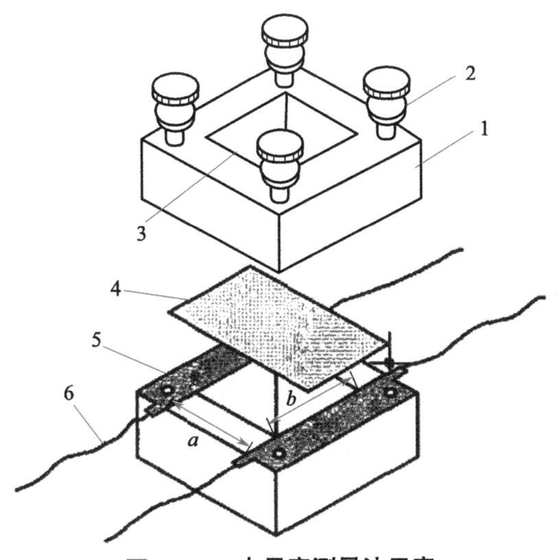

图 1-14　电导率测量池示意

1—聚砜绝缘框；2—螺栓；3—平衡开放区；4—膜样品；5—镀金薄片；6—镀金电极导线

（4）数据处理　在测得的阻抗谱图中，从谱线的高频部分与实轴的交点读取膜样品的阻抗值，膜的质子传导率为

$$\sigma=\frac{a}{Rbd} \tag{1-4}$$

式中，σ 为膜的质子传导率，S/cm；a 为两电极间距离，cm；R 为膜的测量阻抗，Ω；b 为与电极垂直方向的膜的有效长度，cm；d 为膜的厚度，cm。

3. 离子交换摩尔质量测试

（1）测试仪器　质子交换膜的离子交换摩尔质量测试仪器有电子分析天平和自动电位滴定仪。电子分析天平精度不低于 0.1mg；自动电位滴定仪的 pH 值精度不低于 0.1。

电子分析天平具有全自动故障检测、外置砝码、自动校准、全部线性四点校准、超载保护等多种应用程序，如图 1-15 所示。

自动电位滴定仪是根据电位法原理设计的用于容量分析的常见的一种分析仪器，如图 1-16 所示。

（2）样品制备　取质量不低于 0.5g 的样品，剪碎后将其置于真空度为 0.1MPa、温度为 80℃的真空烘箱内干燥 8h。

（3）测试方法　按以下步骤进行质子交换膜的离子交换摩尔质量测试。

① 从烘箱中取出样品后，迅速用电子分析天平称量干膜的质量。

② 将样品放入密封的、装有饱和氯化钠溶液的试剂瓶中搅拌 24h。

③ 用一定浓度的 NaOH 溶液利用自动电位滴定仪滴定至中性，记录消耗的 NaOH 溶液的体积。

图 1-15　**电子分析天平**

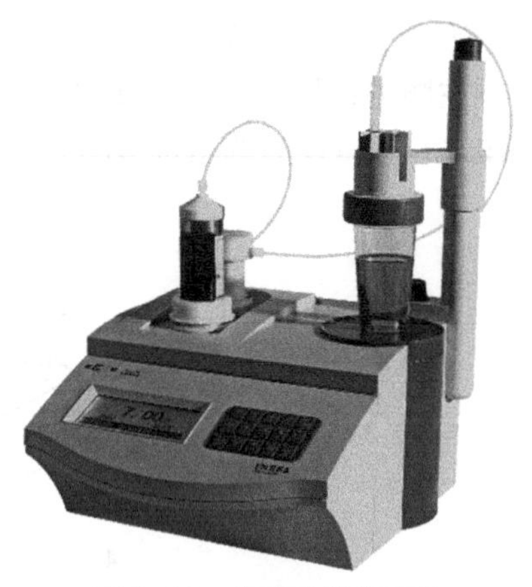

图 1-16　**自动电位滴定仪**

（4）数据处理　根据测试结果计算膜的离子交换摩尔质量。膜的离子交换摩尔质量为

$$\mathrm{EW}=\frac{W}{V_{\mathrm{NaOH}}c_{\mathrm{NaOH}}} \tag{1-5}$$

式中，EW 为膜的离子交换摩尔质量，g/mol；W 为干质子交换膜的质量，g；V_{NaOH} 为消耗的 NaOH 溶液的体积，L；c_{NaOH} 为 NaOH 溶液的物质的量的浓度，mol/L。

4. 透气率测试

（1）测试仪器　质子交换膜的透气率测试仪器主要有气相色谱仪、渗透池和透气率测试装置。

图 1-17　**气相色谱仪**

气相色谱仪是利用色谱分离技术和检测技术，对多组分的复杂混合物进行定性和定量分析的仪器，如图 1-17 所示为气相色谱仪。

（2）样品制备　按渗透池要求截取一定尺寸的方形或圆形送试材料作为样品；样品数应满足 3 次有效试验的要求；样品应无褶皱、缺陷和破损。

（3）测试方法　按以下步骤进行质子交换膜的透气率测试。

① 将样品夹在两块均具有气体进口和出口的不锈钢夹具之间，将其密封，使两侧形成气室，作为试验渗透池。

② 将渗透池按照图 1-18 所示的试验装置示意安装在试验装置上。图中的增湿罐主要用于增湿氧气 / 氢气和惰性气体，以控制膜的相对湿度。

③ 分别在气室的两侧通入温度为（25±2）℃、相对湿度为（50±5）%、压力为 0.05MPa 的氧气或氢气和惰性气体，使气室两侧的压力保持平衡。

④ 在测试所要求的温度、湿度和压力下稳定至少 2h，将惰性气体的出口通入气相色谱仪检测被测气体的渗透量。

（4）数据处理　根据测试结果计算膜的透气率。膜的透气率为

$$C=\frac{q}{S} \tag{1-6}$$

式中，C 为膜的单位时间、单位面积的透气率，$cm^3/(cm^2 \cdot min)$；q 为膜的单位时间的气体渗透量，cm^3/min；S 为膜的渗透有效测试面积，cm^2。

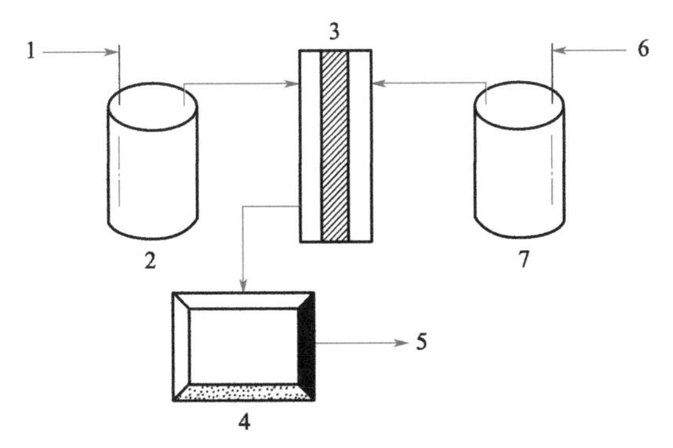

图 1-18 **气体渗透率测量装置示意**

1—氦气 / 氮气；2，7—增湿罐；3—渗透池；4—气相色谱；5—尾气；6—氧气 / 氢气

5. 拉伸强度测试

（1）测试仪器　质子交换膜的拉伸强度测试仪器主要有试验机、试验夹具、测厚仪和卡尺。

任何能满足本试验要求的拉伸试验机均可。如图 1-19 所示为薄膜拉伸试验机。

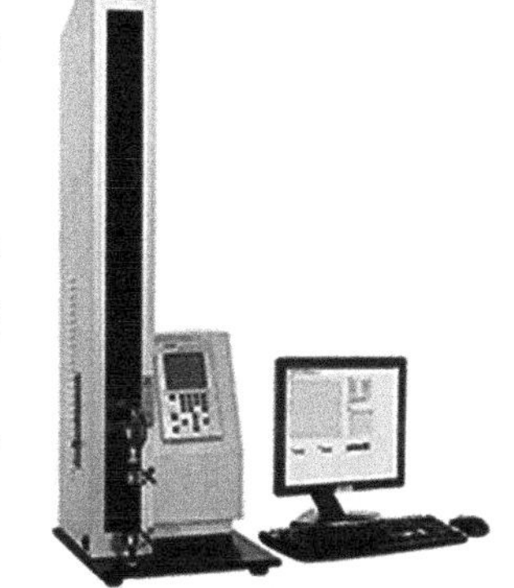

图 1-19 **薄膜拉伸试验机**

（2）样品制备　按以下步骤进行样品制备。

① 样品应沿送试材料长度和宽度双向分别等间隔裁取，并裁成一定尺寸的哑铃或长条形状；样品边缘应平滑无缺口，可用低倍放大镜检查缺口，舍去边缘有缺陷的样品。

② 样品按每个试验方向为一组，每组样品数应满足 3 次有效试验的要求。

③ 按样品尺寸要求准确打印或画出标线，此标线应对样品不产生任何影响。

④ 样品应在温度为 (25±2)℃、相对湿度为 (50±5)% 的恒温恒湿条件下，放置时间至少 4h。

（3）测试方法　按以下步骤进行质子交换膜的拉伸强度测试。

① 在温度为 (25±2)℃、相对湿度为 (50±5) % 的恒温恒湿条件下，测量样品尺寸。每个样品的厚度及宽度应在标距内测量三点，取其平均值。厚度测量精度为 ±0.2%，宽度测量精度为 ±0.5%。

② 将样品置于试验夹具中，使样品纵轴与上、下夹具中心连线相重合，并将其夹紧。气动夹具的压力值在 0.3 ～ 0.7MPa 范围内选取。

③ 试验机的拉伸速度在 50 ～ 200mm/min 范围内选取。

④ 样品断裂后，读取相应的负荷值。若样品断裂在标线外的部位，则该次试验无效。

（4）数据处理　根据测出的拉伸曲线读取所需负荷及相应的膜厚度、宽度，计算膜的最大拉伸强度为

$$\sigma_{\tau}=\frac{p}{bd} \tag{1-7}$$

式中，σ_{τ} 为膜的最大拉伸强度，MPa；p 为最大负荷，N；b 为膜的宽度，mm；d 为膜的厚度，mm。

6. 溶胀率测试

（1）测试仪器　质子交换膜的溶胀率测试仪器主要有测厚仪、卡尺和恒温水浴箱。测厚仪的精度不低于 0.1μm，用于测试厚度为 10 ～ 200μm 的膜厚度；卡尺精度不低于 0.01mm，用于测试膜的长度和宽度；恒温水浴箱的温度控制精度为 ±0.2℃。

恒温水浴箱是生物、植物、物理、化工、医疗、环保等实验科学领域直接或辅助加热的精密仪器，而且控温装置采用高稳定性运算放大器、双积分高精度 A/D 转换技术和远红外加热技术设计而成，加上循环搅拌，产品热平衡时间短，所以有温度波动性小和均匀性好的优点。如图 1-20 为恒温水浴箱。

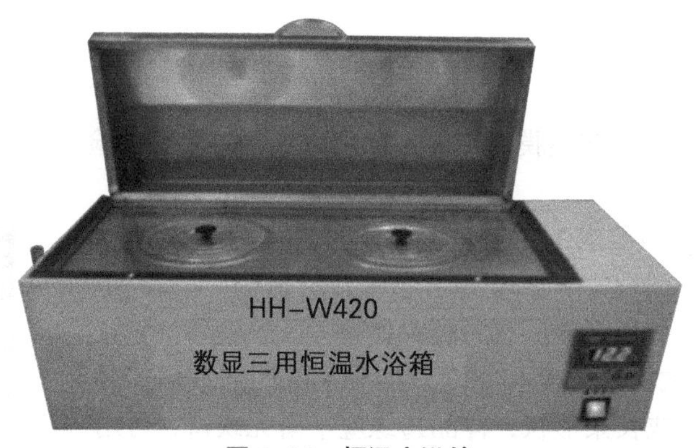

图 1-20　恒温水浴箱

（2）样品制备　截取一定尺寸的方形或圆形送试材料作为样品；样品应无褶皱、缺陷和破损。

（3）测试方法　按以下步骤进行质子交换膜的溶胀率测试。

① 用卡尺测量样品的初始长度和宽度，用测厚仪测试样品的厚度。

② 将样品放入温度为（25±2）℃和沸水温度（100±2）℃的恒温水浴箱中，保持时间至少为 30min。

③ 将样品平稳地从恒温水浴箱中取出，将其平铺于测量平台，并迅速测量其尺寸。

（4）数据处理　膜的溶胀率可以用膜的线性变化率、面积变化率和体积变化率表示。膜的线性变化率为

$$\Delta L=\frac{L_1-L_0}{L_0}\times 100\% \tag{1-8}$$

式中，ΔL 为膜的线性变化率，%；L_1 为膜在恒温水浴箱中浸泡后的尺寸，μm；L_0 为膜的初始尺寸，μm。

膜的面积变化率为

$$\Delta S=\frac{S_1-S_0}{S_0}\times 100\% \tag{1-9}$$

式中，ΔS 为膜的面积变化率，%；S_1 为膜在恒温水浴箱中浸泡后的面积，μm^2；S_0 为膜的初始面积，μm^2。

膜的体积变化率为

$$\Delta V = \frac{V_1 - V_0}{V_0} \times 100\% \tag{1-10}$$

式中，ΔV 为膜的体积变化率，%；V_1 为膜在恒温水浴箱中浸泡后的体积，μm^3；V_0 为膜的初始体积，μm^3。

7. 吸水率测试

（1）测试仪器　质子交换膜的吸水率测试仪器主要有电子分析天平、烘箱和恒温水浴箱。电子分析天平的精度不低于 0.1mg；烘箱能控制在（80±2）℃或其他商定的温度；恒温水浴箱的温度控制精度为 ±0.2℃。

（2）样品制备　截取一定尺寸的方形或圆形送试材料作为样品；样品数量至少为 3 个，应无褶皱、缺陷和破损。

（3）测试方法　按以下步骤进行质子交换膜的吸水率测试。

① 将样品置于（80±2）℃的烘箱中干燥 24h，移至干燥器中冷却至室温后，用电子分析天平称取样品的初始质量。

② 将样品放入给定温度［浸水温度为（25±2）℃和沸水温度为（100±2）℃］的恒温水浴箱中，保持时间至少为 24h。

③ 将样品从恒温水浴箱中取出，将其表面用滤纸吸干，并迅速测量其质量。

（4）数据处理　根据测试结果，计算膜的吸水率为

$$\Delta W = \frac{W_1 - W_0}{W_0} \times 100\% \tag{1-11}$$

式中，ΔW 为膜的吸水率，%；W_1 为膜在恒温水浴箱中浸泡后的质量，g；W_0 为膜的初始质量，g。

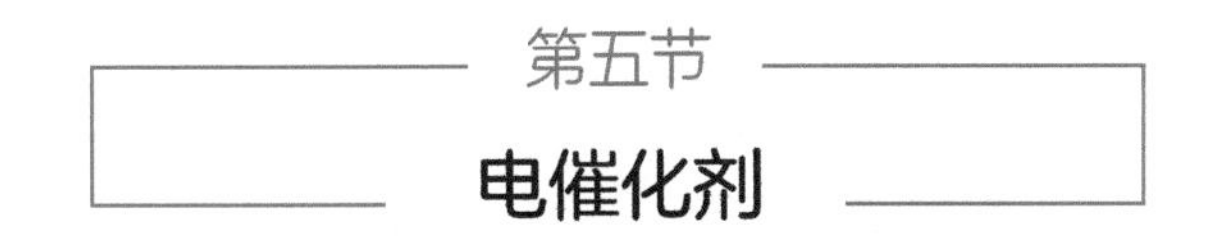

第五节 电催化剂

电催化剂是指加速电极反应过程但本身不被消耗的物质，它是质子交换膜燃料电池的关键材料之一，直接影响燃料电池的性能，也简称为催化剂。

一、电催化剂的类型

质子交换膜燃料电池的电催化剂分为非贵金属催化剂和合金催化剂。

1. 非贵金属催化剂

非贵金属催化剂是指不含任何贵金属成分的催化剂，贵金属元素包括锇（Os）、铱（Ir）、钌（Ru）、铑（Rh）、铂（Pt）、钯（Pd）、金（Au）、银（Ag）。

非贵金属催化剂的研究主要包括过渡金属原子簇合物、过渡金属螯合物、过渡金属氮化物与碳化物等。在这方面，各种杂原子掺杂的纳米碳材料成为研究热点，如 N 掺杂的非贵金属催化剂显示了较好的应用前景。

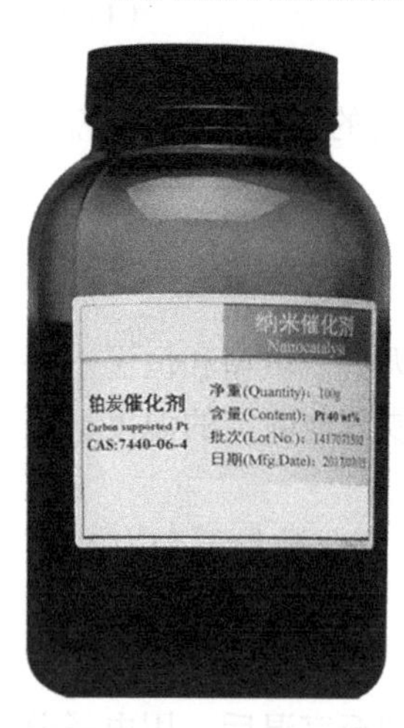

图 1-21　**某企业生产的铂炭催化剂**

非贵金属催化剂价格较贵金属便宜，但催化活性较低。

2. 合金催化剂

合金催化剂是指由两种或两种以上金属形成的合金构成的催化剂。质子交换膜燃料电池的电催化剂一般采用合金催化剂，主要是铂基（Pt）电催化剂，也称为贵金属催化剂。

Pt/C（铂炭）催化剂是质子交换膜燃料电池常用的电催化剂。如图 1-21 所示为某企业生产的铂炭催化剂，其组成（质量分数）为 40%Pt、60%C；电化学活性面积为 85m^2/g；粒径为 2.8nm。

Pt-Co/C、Pt-Fe/C、Pt-Ni/C 等二元合金催化剂，在提高稳定性的同时，也提高质量比活性，还降低了贵金属的用量。

贵金属催化剂的起燃温度低，活性高，但在较高的温度下易烧结，因升华而导致活性组分流失，使活性降低，而且贵金属资源有限，价格昂贵，难以大规模使用。但其在低温时的催化活性是其他催化剂不能比的，所以现在还用于质子交换膜燃料电池的催化剂。

燃料电池的催化剂有别于普通的催化剂，对于催化的活性、稳定性和耐久性的指标，要高于普通催化剂。以现有技术来实现电池阴极的氧化还原反应，则需要大量使用贵金属铂作为电极催化剂。

二、电催化剂的作用

催化剂在燃料电池中的位置是位于质子交换膜两侧，如图 1-22 所示。

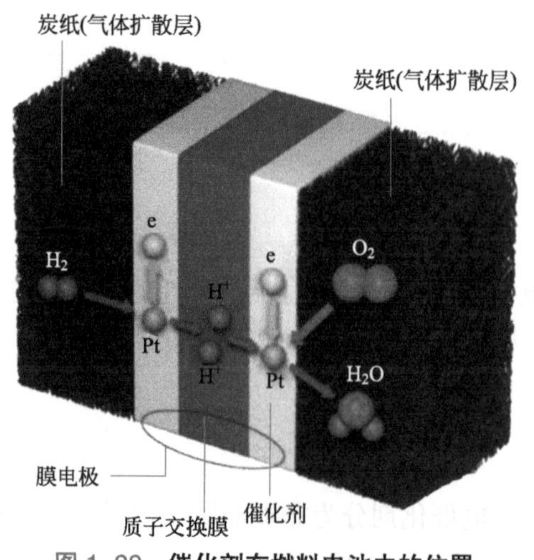

图 1-22　**催化剂在燃料电池中的位置**

电催化剂的主要作用是加快膜电极的电化学反应速率。由于燃料电池的运行温度低，以及电解质为酸性的本质，故应用的催化剂需要贵金属。

电催化剂按作用部位可分为阴极催化剂和阳极催化剂两类。质子交换膜燃料电池的阳极反应为氢的氧化反应，阴极反应为氧的还原反应。因氧的催化还原作用比氢的催化氧化作用更为困难，所以阴极是最关键的电极。

阳极催化层和阴极催化层是膜电极最重要的部分，阳极使用催化剂促进氢的氧化反应，涉及氢气氧化、气体扩散、电子运动、质子运动、水的迁移等多种过程；阴极使用催化剂促进氧的还原反应，涉及氧气还原、氧气扩散、电子运动、质子运动、反应生成的水的排出等。

三、电催化剂的要求

燃料电池对催化剂的要求是具有足够的催化活性和稳定性，阳极催化剂还应具有抗CO中毒的能力，对于使用烃类燃料重整的质子交换膜燃料电池系统，阳极催化剂系统尤其应注意这个问题。由于质子交换膜燃料电池的工作温度低于100℃，目前只有贵金属催化剂对氢气氧化和氧气还原反应表现出了足够的催化活性。现在所用的最有效的催化剂是铂或铂合金催化剂，它对氢气氧化和氧气还原都具有非常好的催化能力，且可以长期稳定工作。由于燃料电池是在低温条件下工作的，因此提高催化剂的活性，防止电极催化剂中毒很重要。

催化剂中毒是指反应过程中的一些中间产物，覆盖在催化剂上面致使催化剂的活性、选择性明显下降或丧失的现象。中毒现象的本质是微量杂质和催化剂活性中心的某种化学作用，形成没有活性的物质。

铂作为燃料电池的催化剂，具有以下不足。

① 铂资源匮乏。公开资料显示，全球铂储量仅1.4万吨。

② 价格昂贵。铂是一种贵金属，价格昂贵，这也使得燃料电池的成本居高不下，进而影响其商业化与推广普及。1g催化剂价格在300元左右。

③ 抗毒能力差。铂基催化剂与燃料氢气中的一氧化碳、硫等物质发生反应会导致其失去活性，无法再进行催化作用，进而导致电池堆寿命缩减。

铂属于贵金属，随着燃料电池电动汽车的增多，铂的需求量会显著增加。例如，如果中国有5万辆燃料电池电动汽车上路行驶，平均每辆车的铂含量为20g，那么累计就是1t的铂消耗量；如果有100万辆燃料电池电动汽车上路行驶，平均每辆车的铂含量为10g，那么累计铂消耗量就达到10t。

由于铂的价格昂贵，资源匮乏，造成燃料电池成本很高，大大限制了其广泛应用。这样，降低贵金属催化剂用量，寻求廉价催化剂，提高电极催化剂性能成为电极催化剂研究的主要目标。

降低铂载主要有以下研究途径。

① 提高催化剂的催化活性来实现Pt用量降低。主要研究方向包括：Pt合金催化剂（利用过渡金属催化剂提高其稳定性、质量比活性，包括Pt-Co/C、Pt-Fe/C、Pt-Ni/C等二元合金催化剂）；Pt单原子层催化剂（Pt单原子层的核壳结构）；Pt核壳催化剂（以非Pt材料为支撑核、表面壳为贵金属，由金属合金通过化学或电化学反应，去除活性较高的金属元素，保留活性较低的Pt元素）；纳米结构Pt催化剂（以碳纳米管为催化剂载体的催化剂，

是高度有序的催化层，质子、电子、气体可以更快传输)。

② 寻找替代 Pt 的催化剂，其研究主要包括过渡金属原子簇合物、过渡金属氮化物等。

良好的催化剂应该具有良好的催化活性、高质子传导率、高电子传导率和良好的水管理能力、气体扩散能力。超低铂、无铂催化剂是未来的发展方向。

四、电催化剂的性能指标

表征电催化剂性能的主要指标有铂含量、电化学活性面积、粒径、晶体结构和堆积密度等。

1. 铂含量

铂金属因其储量稀有，价格高昂，催化剂的材料成本很难通过量产规模化来降低，而只能通过技术革新来实现。未来技术将着重于进一步降低 Pt 用量、增强耐久性以及开发非 Pt 催化剂，通过降低对贵金属的依赖，大幅度降低成本。

在丰田 Mirai 的燃料电池里，催化剂的铂金属含量约为 0.175g/kW；本田 FCV 燃料电池催化剂铂金属含量降至 0.12g/kW；而目前国内同类型产品的铂金属含量多在 0.4 ～ 0.5g/kW 的水平，较好的产品可以控制在 0.3g/kW。

2. 电化学活性面积

电化学活性面积是指用电化学方法测得的催化剂的有效活性比表面积，单位为 m^2/g，它表示催化剂参加电化学反应的活性位的多少。

3. 粒径

铂炭（Pt/C）催化剂是将铂负载到活性炭上的一种载体催化剂，主要用于燃料电池的氢气氧化、甲醇氧化、甲酸氧化以及氧气的还原等化学反应，属于十分常见的贵金属催化剂。

与传统化工用铂炭催化剂（铂担载量低于 5%）不同，用在燃料电池的铂炭催化剂，铂担载量一般高达 20% 以上，要求铂纳米颗粒粒径为 2 ～ 5nm、粒径分布窄、在炭上分散均匀，不含有害杂质，这样催化剂就能具有较好的催化活性和稳定性。但是由于铂纳米颗粒（2 ～ 5nm）的表面能非常大，很容易团聚，因此制备铂炭催化剂的工艺难度非常大，这也是目前催化剂规模化制备研究的难点和重点。

4. 晶体结构

晶体结构即晶体的微观结构，是指晶体中实际质点（原子、离子或分子）的具体排列情况。铂炭（Pt/C）催化剂都以结晶状态使用，晶体结构是决定铂炭（Pt/C）催化剂的物理、化学和力学性能的基本因素之一。

5. 堆积密度

堆积密度是指单位体积（含物质颗粒固体及其闭口、开口孔隙体积和颗粒间空隙体积）物质颗粒的质量。它是表示催化剂密度的一种方式，大群催化剂颗粒堆积在一起时的密度，包括颗粒与颗粒之间的空隙在内。堆积密度与颗粒堆积方式有关，从疏松状态到沉降状态再到密实状态，堆积密度逐渐增大。

五、电催化剂的性能测试

电催化剂的性能测试主要包括电催化剂的铂含量测试、电化学活性面积测试、形貌及粒径分布测试、晶体结构测试和堆积密度测试等。

1. 铂含量测试

电催化剂的铂含量可采用热重法测试，它仅适用于 Pt 担载量高于 20% 的 Pt/C 催化剂中 Pt 含量的测试。

（1）测试仪器　热重法测试电催化剂铂含量的测试仪器主要是热重分析仪。

热重分析仪是一种利用热重法检测物质温度 - 质量变化关系的仪器。热重法是在程序控温下，测量物质的质量随温度（或时间）的变化关系。当被测物质在加热过程中有升华、气化、分解出气体或失去结晶水时，被测的物质质量就会发生变化。这时热重曲线则是有所下降的曲线。通过分析热重曲线，就可以知道被测物质在温度为多少时产生变化，并且根据失重量，可以计算失去了多少物质。

如图 1-23 所示为热重分析仪。

图 1-23　**热重分析仪**

（2）样品制备　称取适量催化剂样品，质量应满足有效试验的要求；测试样品应置于真空烘箱中在 80℃干燥 12h。

（3）测试方法　按以下步骤进行电催化剂的铂含量测试。

① 称取适量样品置于热重分析仪的测试坩埚中，称重后以空气或者空气和惰性气体按一定比例组成的混合气作为工作气体，控制气体流速为 50mL/min，将样品自室温升温至终点温度 800℃，升温速率为 2℃ /min。

② 待样品恒重后，记录样品的温度 - 质量曲线。

（4）数据处理　根据测试结果计算样品的铂含量。电催化剂的铂含量为

$$L=\frac{W_1}{W_0}\times 100\% \tag{1-12}$$

式中，L 为电催化剂的铂含量，%；W_1 为终点温度样品的质量，mg；W_0 为样品的初始质量，mg。

2. 电化学活性面积测试

（1）测试仪器　电催化剂的电化学活性面积测试使用的仪器是电化学恒电位测试仪。

电化学恒电位测试仪能够运行基本的物理和电分析技术，如循环伏安法、计时电流法、计时电位法、脉冲伏安法和方波伏安法等。

如图 1-24 所示为电化学恒电位测试仪。

图 1-24　**电化学恒电位测试仪**

（2）样品制备　测试样品应置于真空烘箱中在 80℃干燥 12h；样品质量应满足 3 次有效试验的要求。

（3）测试方法　按以下步骤进行电催化剂的电化学活性面积测试。

① 称取（5.00±0.05）mg 的催化剂。

② 向称取的催化剂中依次加入 5% Nafion（DE521）溶液 50μL、去离子水 2mL 及异丙醇 2mL。

③ 用功率不低于 200W 的超声波超声 30min，使浆液混合均匀，超声过程中需保持水浴温度不超过 20℃。

④ 按照电极表面催化剂担载量为 50 ～ 200μg/cm^2，取适量分散好的浆液分两次均匀地滴加到光滑干净的圆盘电极表面，使其自然并完全干燥，作为工作电极。

⑤ 将工作电极置于电解池中，组成三电极电池体系。其中，参比电极为饱和甘汞电极（Hg/Hg_2Cl_2/ 饱和 KCl 溶液）或氯化银电极（Ag/AgCl/ 饱和 KCl 溶液）；对电极为大面积 Pt 片或 Pt 丝；电解质为 N_2 饱和的 0.5mol/L 的 H_2SO_4 溶液。

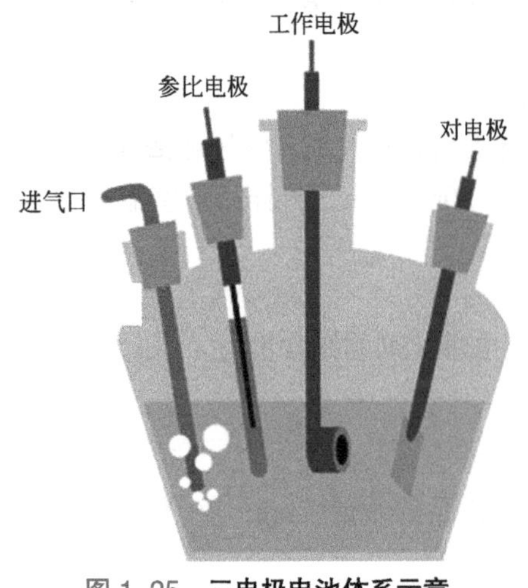

图 1-25　**三电极电池体系示意**

如图 1-25 所示为三电极电池体系示意。工作电极又称研究电极，是指所研究的反应在该电极上发生；参比电极是作为比较基准的电极；对电极和工作电极组成回路，使工作电极上的电流畅通，以保证所研究的反应在工作电极上发生，但必须无任何方式限制电池观测的响应。工作电极发生氧化或还原反应时，对电极上可以安排为气体的析出反应或工作电极反应的逆反应，以使电解液组分不变，即对电极的性能一般不显著影响工作电极上的反应。

⑥ 测试循环伏安曲线。先以 20mV/s 的扫描速度对催化剂进行活化，直至氢脱附峰面积不再增加

时，以 20mV/s 的速度扫描 5 圈，电位扫描范围为 −0.25 ～ 1.0V（相对于饱和甘汞电极）。

（4）数据处理 通过电化学测试获得催化剂循环伏安曲线，如图 1-26 所示为 Pt-Ni/Co-PPy-C 及 Pt/C 催化剂循环伏安曲线，其中 Pt-Ni/Co-PPy-C 催化剂为阴极催化剂，Pt/C 催化剂为阳极催化剂。

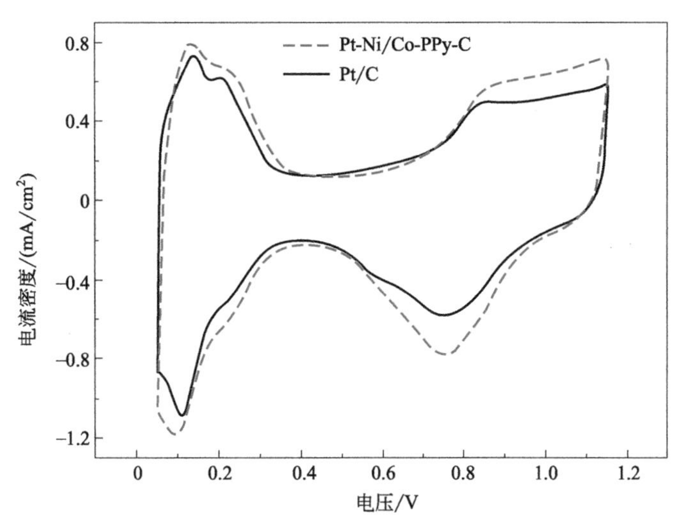

图 1-26 Pt-Ni/Co-PPy-C 及 Pt/C 催化剂的循环伏安曲线

选取稳定后的循环伏安曲线，对其氢脱附峰进行积分得到面积，电催化剂的电化学活性面积为

$$ECA = \frac{100S}{CvM} \tag{1-13}$$

式中，ECA 为电催化剂的电化学活性面积，m^2/g；S 为氢脱附峰的积分面积，A・V；C 为光滑 Pt 表面吸附氢氧化吸附电量常数，取 $0.21mC/cm^2$；v 为扫描速度，mV/s；M 为电极上 Pt 的质量，g。

3. 形貌及粒径分布测试

（1）测试仪器 测试仪器为满足不同催化剂粒径测试要求的透射电镜。

透射电镜全称为透射电子显微镜，是利用高能电子束充当照明光源而进行放大成像的大型显微分析设备，是一种具有高分辨率、高放大倍数的电子光学仪器，分辨率可以达到 0.1 ～ 0.2nm，放大倍数为几万至百万倍，被广泛应用于材料科学等研究领域。

如图 1-27 所示为透射电镜。

（2）样品制备 单颗样品粉末尺寸应小于 1μm；在试验前，将样品置于真空烘箱中在 80℃干燥 12h。

（3）测试方法 按以下步骤进行测试。

① 将铜网进行除油、除污处理，并清洗、干燥。

② 取适量的样品和乙醇加入小烧杯，超声振荡均匀，将适量混合液滴于铜网上，干燥后，放入透射电镜仪器中进行测试。

③ 按照电镜仪器的操作要求，取一定放大倍数的电镜照片。

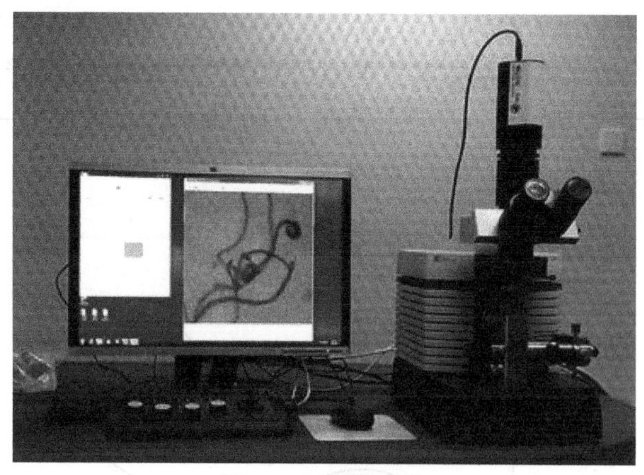

图 1-27 **透射电镜**

（4）数据处理　统计 200 个以上的样品颗粒的粒径，给出粒径分布图。电催化剂粒子的平均粒径为

$$D_{\mathrm{m}} = \frac{\sum_{i=1}^{n} n_i d_i}{\sum_{i=1}^{n} n_i} \tag{1-14}$$

式中，D_{m} 为电催化剂粒子的平均粒径，nm；n_i 为第 i 个粒子数；d_i 为第 i 个粒子的粒径，nm；n 为粒子数。

4. 晶体结构测试

（1）测试仪器　电催化剂的晶体结构测试仪器为 X 射线衍射仪（XRD）。

X 射线衍射仪是一种用于物理学领域的分析仪器，它能够精确地对样品进行物相检索分析、物相定量分析、晶粒大小分析、结晶度分析、薄膜涂层分析等。

图 1-28 **X 射线衍射仪**

如图 1-28 所示为 X 射线衍射仪。

（2）样品制备　催化剂样品量不低于装满样品池所需要的量；将样品置于真空烘箱中在 80℃干燥 12h 至完全干燥后，将其磨成粒度小于 100nm 的细粉。

（3）测试方法　按以下步骤进行电催化剂的晶体结构测试。

① 将样品装到样品槽中，用玻璃片压片，样品表面要与样品槽表面持平，以防 XRD 图谱偏移。

② 将样品槽放入 XRD 测试仪的样品夹具中。

③ 对样品在一定扫速和角度范围内进行扫描，得到催化剂 XRD 谱图。

（4）数据处理　与标准谱图库对照，确定催化剂的晶型结构。

电催化剂的平均粒径为

$$D = \frac{0.9\lambda}{\beta \cos\theta} \tag{1-15}$$

式中，D 为电催化剂的晶粒大小，nm；λ 为 X 射线波长，nm；β 为半峰宽，rad；θ 为衍射角，(°)。

5. 堆积密度测试

（1）测试仪器　测试仪器有电子分析天平和测量筒，其中电子分析天平精度不低于 0.1mg；测量筒精度不低于 0.1mL。

（2）样品制备　取 1.0g 催化剂，置于真空烘箱中在 80℃干燥 12h，作为待测样品。

（3）测试方法　按以下步骤进行电催化剂的堆积密度测试。

① 称量测量筒质量，精确至 0.1mg。

② 采用测试漏斗，在 20 ～ 25s 之内将一定量的样品倾入测量筒中，样品量必须超过装满测量筒所需的量；在倾入样品的过程中，用棒以每秒 2 ～ 3 次的频率轻轻敲击测量筒壁，使样品紧密；若样品流动不畅，可用直径约 4mm 的玻璃棒清理漏斗出料口，使之畅通。

③ 关闭漏斗，然后将测量筒提升 2 ～ 3mm，使之落下，以进一步压紧样品，重复操作 20 次，读出样品的体积。

④ 称量测量筒和样品的总质量，精确至 0.1mg。

（4）数据处理　电催化剂的堆积密度为

$$\rho = \frac{M_2 - M_1}{V} \tag{1-16}$$

式中，ρ 为电催化剂的堆积密度，g/mL 或 g/cm^3；M_2 为测量筒和样品的总质量，g；M_1 为测量筒的质量，g；V 为样品的体积，mL 或 cm^3。

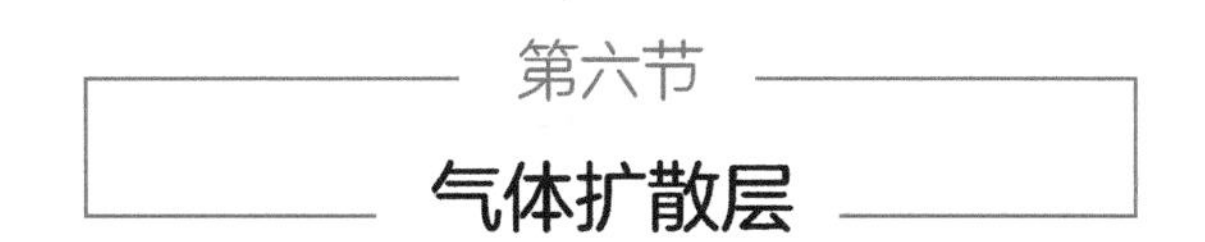

第六节 气体扩散层

气体扩散层扮演燃料电池膜电极与双极板之间沟通的桥梁角色，其作用是支撑催化层、稳定电极结构，并具有质 / 热 / 电的传递功能，同时为电极反应提供气体、质子、电子和水等多个通道。

一、气体扩散层的材料

常用于质子交换膜燃料电池电极中的气体扩散层材料有炭纸、炭布、炭黑纸及无纺布等，也有利用泡沫金属、金属网等进行制备。

炭纸、炭布和炭黑纸的比较见表 1-2。

表 1–2　炭纸、炭布和炭黑纸的比较

参数	炭纸	炭布	炭黑纸
厚度 /mm	0.2 ～ 0.3	0.1 ～ 1.0	＜ 0.5
密度 /（g/cm^3）	0.4 ～ 0.5	不适用	0.35
强度 /MPa	16 ～ 18	3000	不适用
电阻率 /（Ω · cm）	0.02 ～ 0.10	不适用	0.5
透气性 /%	70 ～ 80	60 ～ 90	70

炭纸凭借制造工艺成熟、性能稳定、成本相对低和适于再加工等优点，成为目前商业化的气体扩散层首选材料。

炭纸是把均匀分散的碳纤维黏结在一起后而形成的多孔纸状型材，如图 1-29 所示。

图 1–29　**炭纸**

二、气体扩散层的作用

燃料电池的气体扩散层位于双极板和催化层之间，不仅起着支撑催化层、稳定膜电极结构的作用，还承担着为膜电极反应提供气体通道、电子通道和排水通道等多重任务。气体扩散层在燃料电池中的位置如图 1-30 所示。

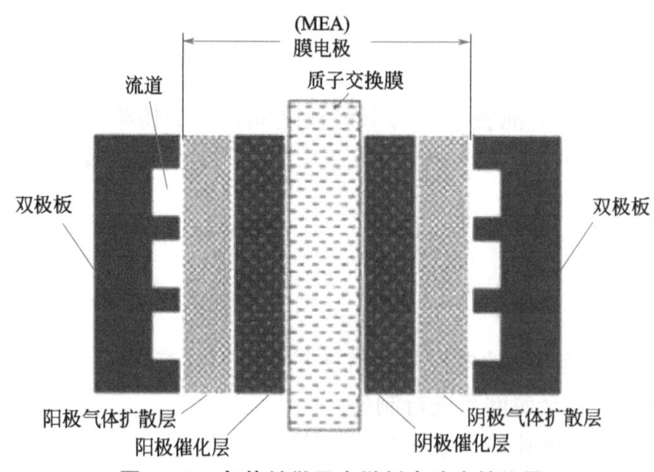

图 1–30　**气体扩散层在燃料电池中的位置**

燃料电池的气体扩散层具有以下主要作用。

① 引导气体从双极板的导流沟槽到催化层。

② 把反生成的水排出至催化层之外，避免淹水问题。

③ 电流的传导器。

④ 在燃料电池反应时具有散热功能。

⑤ 足够的强度支撑膜电极。

三、气体扩散层材料的要求

气体扩散层材料的性能直接影响着电化学反应的进行和燃料电池的工作效率。选用高性能的气体扩散层材料，有利于改善电池的综合性能。理想的气体扩散层材料应具备以下要求。

① 适宜的孔隙率和孔径分布。扩散层的孔隙多集中分布在 0.03 ～ 300μm，其中直径小于 20μm 的孔占总孔体积的 80%。另外，可以将气体扩散层中的孔分为微孔（0.03 ～ 0.06μm）、中孔（0.06 ～ 5μm）和大孔（5 ～ 20μm），气体扩散层必须同时控制水的进入 / 流出电极和提高反应气体透过率，微孔可以传递凝结水，而大孔对缓解水淹时的传质受限有贡献。当小孔被水填满时，大孔可提供气体传递的通道，但接触电阻较大。气体扩散层较大的孔隙率会导致较高的电流密度，在一定程度上会使电池性能提高，但高孔隙率伴随着气体扩散层被水淹，又会显著降低电池的电压。大孔有利于反应气体有效扩散到催化层，但不利于其对微孔层的支撑，催化剂和炭粉易于从大孔脱落，降低催化剂利用率，不利于电流的传导，降低材料的导电性。

② 良好的导电性。低的电阻率，赋予它高的电子传导能力；炭纸的电阻包括平行于炭纸平面方向的面电阻、垂直于炭纸平面方向的体电阻、催化剂与扩散层间的接触电阻；良好的导电性要求炭纸结构紧密且表面平整，以减小接触电阻，进而提高其导电性能。

③ 具有一定的机械强度，有利于电极的制作和提供长期操作条件下电极结构的稳定性。

④ 具有化学稳定性和热稳定性，以保证电池温度均匀分布和散热，在一定载荷下不发生蠕变，维持一定的力学性能。

⑤ 合适的制造成本，高的性价比。

四、气体扩散层的性能指标

气体扩散层（炭纸）的性能指标主要有厚度均匀性、电阻率、机械强度、透气率、孔隙率、表观密度、面密度和表面粗糙度等。

1. 厚度均匀性

炭纸的厚度要适当，且要分布均匀。如果炭纸厚度较大，则透气性不好；如果炭纸的厚度过薄，则机械强度不好。炭纸的透气性随厚度的增加呈上升趋势，厚度为 170μm 的炭纸的透气性比厚度为 110μm 的炭纸的透气性降低近 60%，这说明炭纸厚度是影响其透气性的重要参数。炭纸的厚度一般为 0.1 ～ 0.3mm。

炭纸的厚度均匀性用平均厚度、厚度标准偏差和厚度离散系数评价。

2. 电阻率

炭纸的电阻率越低，其电子传导能力越强。炭纸的电阻率分为垂直方向电阻率和平面方向电阻率。垂直方向电阻率是指炭纸厚度方向的电阻率，单位为 mΩ·cm；平面方向电阻率是指炭纸平面方向的电阻率，单位为 mΩ·cm。炭纸的电阻率一般为 0.02 ～ 0.1mΩ·cm。

3. 机械强度

燃料电池要求炭纸具有一定的机械强度，炭纸的机械强度用拉伸强度、抗弯强度和压缩率来评价。

4. 透气率

透气率是指在恒定温度下，单位压差、单位时间内气体透过单位厚度、单位面积样品上的气体体积，单位为 $mL \cdot mm/(cm^2 \cdot h \cdot mmHg)$，1mmHg=133.322Pa，下同。

5. 孔隙率

孔隙率是指炭纸孔隙体积占总体积的比例（%）。燃料电池要求炭纸具有适宜的孔隙率。

6. 表观密度

表观密度是指炭纸质量与表观体积的比值，单位为 g/cm^3。炭纸的表观密度一般为 0.4 ～ 0.45g/cm^3。

7. 面密度

面密度是指炭纸质量与表观面积的比值，单位为 g/cm^2。

8. 表面粗糙度

表面粗糙度是指炭纸表面微小峰谷的微观不平度。炭纸的表面粗糙度可以用炭纸的轮廓算术平均偏差、平均轮廓算术平均偏差、轮廓最大高度和平均轮廓的最大高度来评价。

五、气体扩散层的性能测试

气体扩散层（炭质）的性能测试主要包括厚度均匀性测试、电阻率测试、机械强度测试、透气率测试、孔隙率测试、表观密度测试、面密度测试、表面粗糙度测试等。

1. 样品制备

样品尺寸分别为 25cm^2（5cm×5cm）和 100cm^2（10cm×10cm）；样品应无褶皱、划痕和破损；将样品置于丙酮溶液中浸泡 0.5h，除去其表面及内部的油分和灰分，随后将其置于烘箱中在 120℃干燥至少 2h。

2. 测试仪器

炭纸的性能测试仪器及其精度要求如下。

① 测厚仪。用于测量样品的厚度，精度为 ±2μm。

② 长度测量仪。用于测量样品的长度和宽度，精度为 ±0.02mm。

③ 精密电子天平。用于测试样品的质量，精度为 ±0.1mg。

④ 四探针电阻率测试仪。用于测试样品平面方向的电阻率，精度为 ±0.1mΩ・cm。

⑤ 低电阻测试仪。用于测试样品的垂直方向电阻，精度为 ±0.01mΩ。

⑥ 力学性能试验机。用于测试样品的拉伸强度、弯曲强度和压缩强度，精度为其量程 ±5%。

⑦ 密度计。用于测试样品的密度，精度为 ±0.0002g/cm^3。

⑧ 表面粗糙度轮廓仪。用于测试样品的表面粗糙度，精度为 ±0.1μm。

⑨ 微压差计。用于测试压差，精度为 ±2Pa。

⑩ 微量调节阀。用于调节进气流量，精度为其满量程的 ±1%。

⑪ 气体流量计。用于测量气体流量，精度为其满量程的 ±1%。

3. 厚度均匀性测试

（1）测试方法　按以下步骤进行炭纸厚度均匀性测试。

① 每次测量前都应校准测厚仪的零点，且在每组试样测量后应重新检查其零点。

② 将测厚仪的测量头平缓放下，避免样品变形和破损，进行测试。

③ 测厚仪的测量头与样品之间保持一定的压强（一般为 5×10^4Pa），记录厚度值。

④ 样品尺寸不小于 100cm^2，每个 25cm^2 样品不少于 9 个测试点，且均匀分布。

（2）数据处理　炭纸的厚度均匀性用平均厚度、厚度标准偏差和厚度离散系数评价。炭纸的平均厚度为

$$\bar{d}=\frac{\sum_{i=1}^{n}d_i}{n} \tag{1-17}$$

式中，$\bar{d}$ 为炭纸的平均厚度，mm；d_i 为在一定压强下某一点炭纸样品的厚度测量值，mm；n 为测量数据点数。

炭纸的厚度标准偏差为

$$\sigma=\sqrt{\frac{\sum_{i=1}^{n}\left(d_i-\bar{d}\right)^2}{n-1}} \tag{1-18}$$

式中，σ 为炭纸的厚度标准偏差，mm。

炭纸的厚度离散系数为

$$\delta=\frac{\sigma}{\bar{d}}\times100\% \tag{1-19}$$

式中，δ 为炭纸的厚度离散系数，反映单位均值上的离散程度，%。

4. 平面方向电阻率测试

（1）测试方法　按以下步骤进行炭纸平面方向电阻率测试。

① 利用长度测量仪测量样品的长度和宽度。

② 按规定方法测量样品的平均厚度。

③ 测量前先校准四探针电阻率测试仪的零点。

④ 将样品放置在仪器的测量台上，将测试仪的测量头轻轻放下，使探针接触到样品表面。

⑤ 分别在样品靠近边缘和中心的至少 5 个不同部位进行测量，并记录测量值。

⑥ 根据样品的形状和厚度，查取相应的校正系数，计算电阻平面方向电阻率。

（2）数据处理　炭纸平面方向电阻率为

$$\rho_{\text{in}} = \frac{GD\sum_{i=1}^{n}\rho_i}{n} \tag{1-20}$$

式中，ρ_{in} 为炭纸平面方向电阻率，mΩ·cm；ρ_i 炭纸不同部位电阻率测量值，mΩ·cm；G 为炭纸样品厚度校正系数；D 为炭纸样品形状校正系数；n 为测试的数据点数。

5. 垂直方向电阻率测试

（1）测试方法　按以下步骤进行炭纸垂直方向电阻率测试。

① 按规定方法测量样品的平均厚度。

② 将样品装在如图 1-31 所示测试装置中的两个测量电极之间。测量电极为金电极或镀金的铜电极。

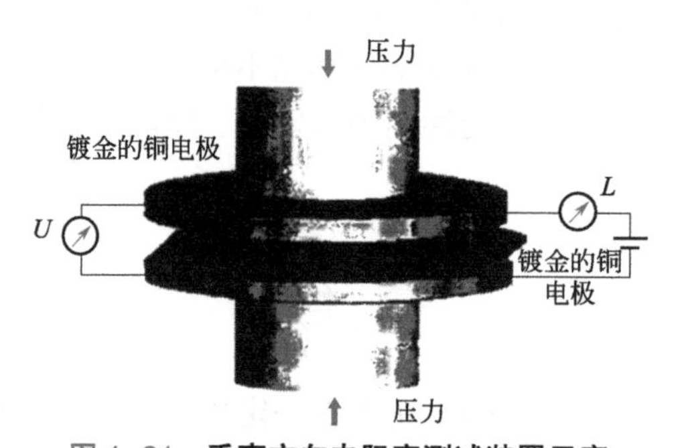

图 1-31　垂直方向电阻率测试装置示意

③ 压强每增加 0.05MPa，用低电阻测试仪测量两电极之间的电阻值。

④ 直到当前测得的电阻值与前一电阻测试值的变化率不大于 5% 时，则认为达到电阻的最小值，停止测试。

（2）数据处理　炭纸垂直方向电阻率为

$$\rho_{\text{t}} = \frac{R_{\text{m}}S - 2R_{\text{c}}}{\bar{d}} \tag{1-21}$$

式中，ρ_{t} 为炭纸垂直方向电阻率，mΩ·cm；R_{m} 为仪器的测量值，即炭纸样品垂直方向电阻、铜电极本体电阻和样品与两个电极间的接触电阻的总和，mΩ；S 为炭纸样品与两个电极之间的接触面积，cm^2；R_{c} 为两个铜电极本体电阻、样品与两个电极间的接触电阻总和，mΩ，有时可以忽略。

6. 拉伸强度测试

（1）测试方法　按以下步骤进行炭纸拉伸强度测试。

① 按有关规定将样品分成纵向和横向（没有方向的样品任意取一种方向）等间隔裁取

一定尺寸（如 70mm×10mm）的长条形样品。

② 采用长度测量仪测量样品的宽度。

③ 按照规定方法测量样品的平均厚度。

④ 将样品置于试验机的两个夹具中，如图 1-32 所示。试验机上、下夹具的中心线应与样品受力的方向平行，且在受力过程中保持样品在同一平面。测试过程中，样品不得在夹具内滑动，试验夹具也不应引起样品在夹具处断裂。夹具内应衬橡胶之类的弹性材料。

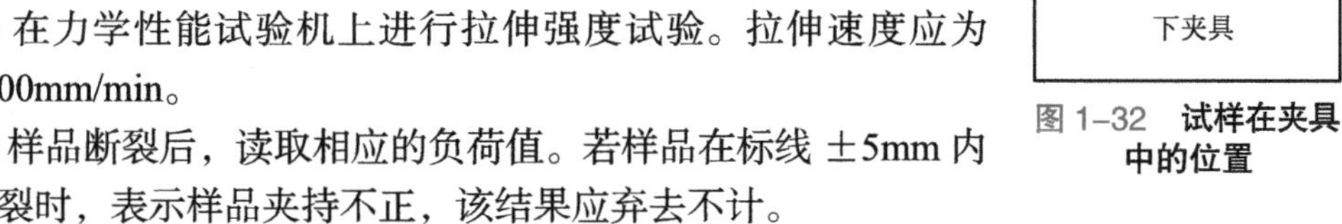

图 1-32 **试样在夹具中的位置**

⑤ 在力学性能试验机上进行拉伸强度试验。拉伸速度应为 10 ～ 100mm/min。

⑥ 样品断裂后，读取相应的负荷值。若样品在标线 ±5mm 内某处断裂时，表示样品夹持不正，该结果应弃去不计。

（2）数据处理　根据读取的断裂最大负荷及相应的样品宽度，计算炭纸的拉伸强度为

$$T_s = \frac{F_b}{W_{cp}\bar{d}} \tag{1-22}$$

式中，T_s 为炭纸的拉伸强度，MPa；F_b 为炭纸样品断开时记录的负荷，N；W_{cp} 为炭纸样品的宽度，mm。

7. 抗弯强度测试

（1）测试方法　按以下步骤进行炭纸抗弯强度测试。

① 按测试要求截取一定尺寸的材料作为样品。

② 按规定方法测量样品的平均厚度。

③ 采用长度测量仪测量样品的宽度和长度。

④ 调整支座跨距，将制备好的样品放在支座上，且使试验机压头、支座轴向垂直于样品，应用三点弯曲法对样品抗弯强度进行测试。

⑤ 试验机压头以 0.01 ～ 10mm/min 的加载速度均匀且无冲击地施加负荷，直至样品断裂，读取断裂负荷值。

（2）数据处理　炭纸抗弯强度为

$$T_b = \frac{3FL}{2W_{cp}\bar{d}^2} \tag{1-23}$$

式中，T_b 为炭纸抗弯强度，MPa；F 为炭纸样品弯曲断裂负荷值，N；L 为支座跨距，mm。

8. 压缩率测试

（1）测试方法　按以下步骤进行炭纸压缩率测试。

① 截取与试验机的平板夹具截面尺寸相同的材料作为样品。

② 将样品装在两块光滑的平板夹具之间。测试过程中，在两块夹具的外侧施加压强，压强每增加 0.01MPa 记录一个夹具位移值和样品的厚度，直到测得的位移值与前一压强下的测试位移值的变化率小于或等于 5% 时，则认为达到最小值，停止测试。

（2）数据处理　炭纸压缩率为

$$\gamma = \frac{d_0 - d_{pi}}{d_0} \times 100\% \tag{1-24}$$

式中，γ 为炭纸压缩率，%；d_0 为炭纸样品的初始厚度，mm；d_{pi} 为炭纸在一定压强下的厚度，mm。

9. 透气率测试

（1）测试方法　按以下步骤进行炭纸透气率测试。

① 按规定方法测量样品的平均厚度。

② 将样品放置在两片相同大小的中空边框之间，边框的中间孔尺寸为 4cm×4cm，在一定温度、压力下压制成边缘不漏气的样品 / 边框组件。组件压制过程要保证样品有效部分不变形、破损。

③ 将压好的样品 / 边框组件装入两侧带有进气口和出气口的平板夹具之间，使两侧形成气室，测试气密性。两个平板夹具应具有密封元件。

④ 将没有外漏的测试池，按照图 1-33 所示安装在测试装置上。

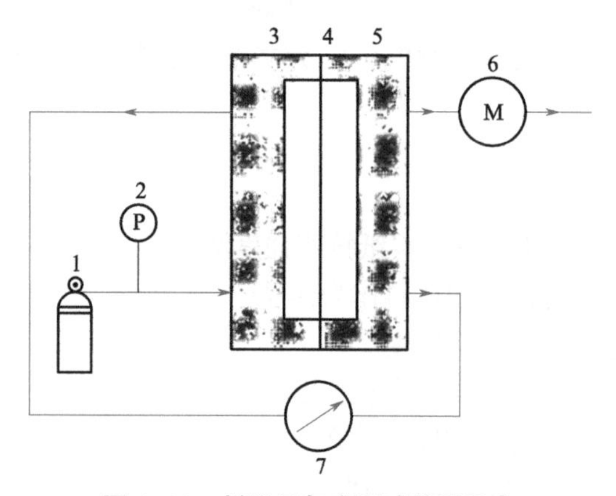

图 1-33　样品透气率测试装置示意

1—气源；2—微量调节阀；3，5—夹具；4—样品；6—流量计；7—微压差计

⑤ 调节微量调节阀，用微量压差计控制一定的压差，在室温和一定的压力差下稳定至少 5min，根据流量计示数，计算流速、微量压差计示数。

⑥ 将与③中相同大小的中空边框压制成测试组件，压制条件同③。

⑦ 按照④中方法组装后进行测试，在与⑤相同的流速下，读取空白样品微量压差计的示数，对测试结果进行校正。

（2）数据处理　炭纸渗透率为

$$V_{pc} = \frac{500 v_s \bar{d}}{p_s - p_0} \tag{1-25}$$

式中，V_{pc} 为炭纸透气率，mL・mm/（cm^2・h・mmHg）；v_s 为在压差（p_s-p_0）下气体通过样品的体积流速，mL/min；p_s 为测试样品时，微量压差计示数，Pa；p_0 为空白样品的微量压差计示数，Pa。

10. 孔隙率测试

（1）测试方法　按以下步骤进行炭纸孔隙率测试。

① 按要求准备测试样品。

② 按规定方法测量样品的平均厚度，利用长度测量仪测量样品的长度和宽度，利用精密电子天平称量样品的质量。

③ 将正庚烷和二溴乙烷配制成一定体积分数的混合液，注入具塞量筒内。

④ 将样品纤维剪碎，并用玛瑙研钵碾压粉碎至长度小于2mm，放入具塞量筒内的混合液中，用玻璃棒搅拌，使纤维分散在混合液中，盖上磨口塞，将其放入（25±1）℃的恒温水浴里，具塞量筒的塞及颈部要露出水面。

⑤ 观察混合液，若纤维在混合液内上浮或下沉，则需要相应加入正庚烷或二溴乙烷，以调节混合液密度，直至纤维在混合液内均匀悬浮。

⑥ 将混合液静置4h后，若纤维仍均匀分布于混合液内，则用密度计测量该温度下混合液的密度，即为纤维的密度值。

（2）数据处理　炭纸孔隙率为

$$\varepsilon=\left(1-\frac{M}{\rho_{CF}L_{cp}W_{cp}\bar{d}}\right)\times 100\% \tag{1-26}$$

式中，ε为炭纸孔隙率，%；M为在炭纸样品的质量，g；ρ_{CF}为碳纤维的密度，g/cm^3；L_{cp}为样品的长度，cm；W_{cp}为炭纸样品的宽度，cm；$\bar{d}$为炭纸样品的平均厚度，cm。

11. 表观密度测试

（1）测试方法　按以下步骤进行炭纸表观密度测试。

① 使用精密电子天平称量样品的质量。

② 按规定方法测量样品的平均厚度。

③ 用长度测量仪测量样品的长度和宽度。

（2）数据处理　炭纸表观密度为

$$\rho_0=\frac{M}{L_{cp}W_{cp}\bar{d}} \tag{1-27}$$

式中，ρ_0为炭纸表观密度，g/cm^3。

12. 面密度测试

（1）测试方法　采用长度测量仪测量样品的长度和宽度；用分析天平称量样品的质量。

（2）数据处理　炭纸面密度为

$$\rho_c=\frac{M}{L_{cp}W_{cp}} \tag{1-28}$$

式中，ρ_c为炭纸面密度，g/cm^2。

13. 表面粗糙度测试

（1）测试方法　按以下步骤进行炭纸表面粗糙度测试。

① 按有关要求准备样品。

② 将样品放置于表面粗糙度轮廓仪的测试台上。

③ 通过粗糙度的等级确定取样长度和行程长度，选取轮廓中线。

④ 在一定取样长度内，测试表面轮廓曲线，读取曲线上各点到轮廓中线的距离。

⑤ 在评定长度范围内，测出 m 个取样长度 L 的粗糙度轮廓曲线，计算表面粗糙度。

（2）数据处理　表面粗糙度用轮廓算术平均偏差、平均轮廓算术平均偏差、轮廓最大高度、平均轮廓最大高度等来评价。

炭纸的轮廓算术平均偏差为

$$R_a = \frac{1}{n_s}\sum_{i=1}^{n}|Y_i| \tag{1-29}$$

式中，R_a 为炭纸的轮廓算术平均偏差，μm；$|Y_i|$ 为轮廓上各点到轮廓中线纵坐标绝对值，μm；n_s 为轮廓曲线上选取的数据点。

炭纸的平均轮廓算术平均偏差为

$$\overline{R}_a = \frac{1}{m_s}\sum_{i=1}^{m}R_{a_i} \tag{1-30}$$

式中，$\overline{R}_a$ 为炭纸的平均轮廓算术平均偏差，μm；R_{a_i} 为第 i 个取样长度内的轮廓算术平均偏差，μm；m_s 为选取的取样长度的数量。

炭纸的轮廓最大高度为

$$R_z = R_p + R_u \tag{1-31}$$

式中，R_z 为样品的轮廓最大高度，即最大轮廓峰高和最大轮廓谷深之和，μm；R_p 为样品的最大轮廓峰高，即轮廓最高点到中线的距离最大值，μm；R_u 为样品的最大轮廓谷深，即轮廓最低点到中线的距离最大值，μm。

炭纸的平均轮廓最大高度为

$$\overline{R}_z = \frac{1}{m_s}\sum_{i=1}^{m}R_{z_i} \tag{1-32}$$

式中，$\overline{R}_z$ 为样品的平均轮廓最大高度，μm；R_{z_i} 为第 i 个取样长度内的轮廓最大高度，μm；m_s 为选取的取样长度的数量。

上述所有测试方法同样适用于气体扩散层的其他材料。

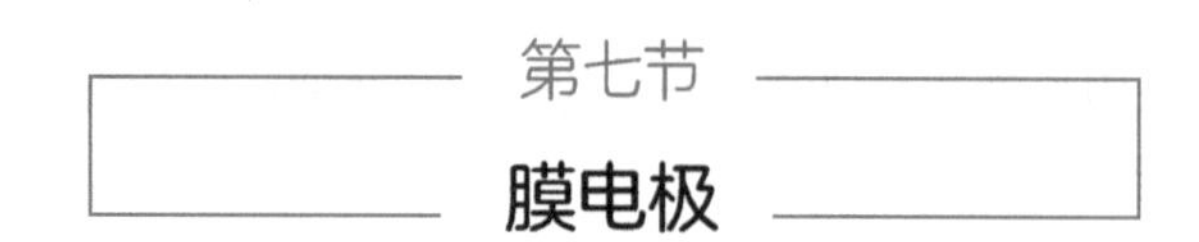

第七节　膜电极

膜电极（Membrane Electrode Assembly，MEA）是质子交换膜燃料电池的电化学反应场所，是燃料电池的核心部件，有燃料电池“心脏”之称，它的设计与制备对燃料电池性能与稳定性起着决定性作用。

一、膜电极的组成

膜电极是由质子交换膜和分别置于其两侧的催化层及气体扩散层通过一定的工艺组合在一起构成的组件，如图 1-34 所示。质子交换膜的作用是隔离燃料与氧化剂、传递质子；催化层的作用是降低反应的活化能，促进氢、氧在电极上的氧化还原过程，提高反应速率；气体扩散层的作用是支撑催化层，稳定电池结构，并具有质 / 热 / 电的传递功能。为了方便质子交换膜燃料电池堆的堆叠组装工艺批量化高效进行，膜电极通常还包括外侧的边框。边框具有一定的厚度和强度，以便与极板之间通过密封垫圈等形式实现密封，将氢气、空气、冷却剂与燃料电池堆外部环境相互隔离。密封垫圈可布置在膜电极的边框上，也可布置在极板上。

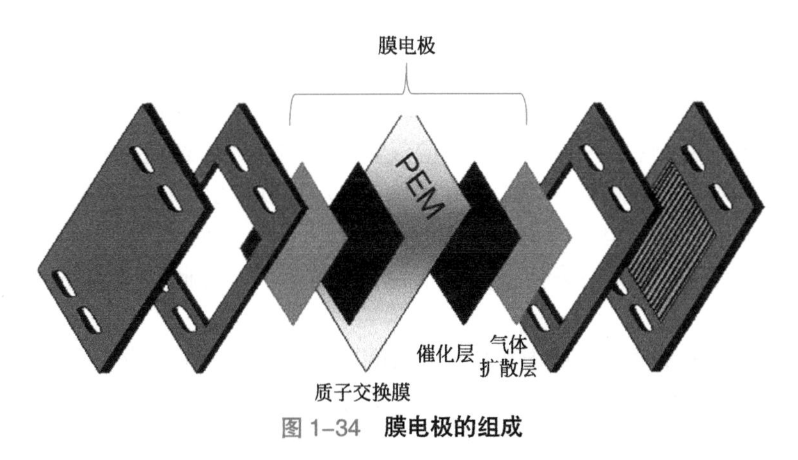

图 1-34 **膜电极的组成**

二、由膜电极组成的燃料电池单电池

膜电极是燃料电池发电的关键核心部件，膜电极与其两侧的双极板组成了燃料电池的基本单元——燃料电池单电池。在实际应用中可以根据设计的需要将多个单电池组合成为燃料电池堆以满足不同大小功率输出的需要。如图 1-35 所示为由膜电极与极板组成的燃料电池单体结构示意。

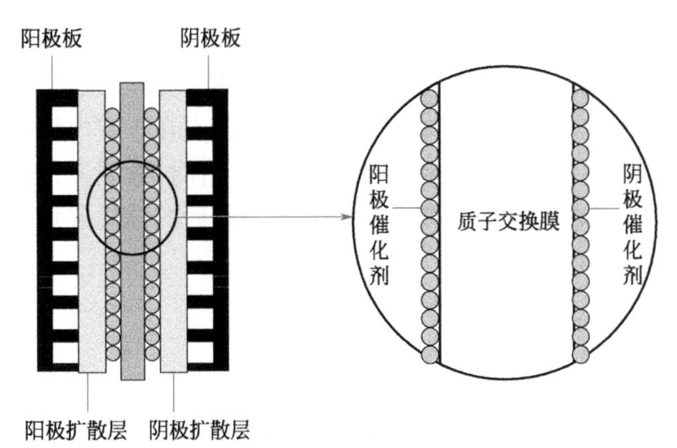

图 1-35 **由膜电极与极板组成的燃料电池单体结构示意**

氢气通过阳极极板上的气体流场到达阳极，通过电极上的阳极扩散层到达阳极催化层，吸附在阳极催化层上，氢气在催化剂铂的催化作用下分解为 2 个氢离子（即质子 H^+），并释放出 2 个电子，这个过程称为氢的阳极氧化过程。

在电池的另一端，氧气或空气通过阴极极板上的气体流场到达阴极，通过电极上的阴极扩散层到达阴极催化层，吸附在阴极催化层上，同时氢离子穿过电解质到达阴极，电子通过外电路也到达阴极。在阴极催化剂的作用下，氧气与氢离子和电子发生反应生成水，这个过程称为氧的阴极还原过程。

与此同时，电子在外电路的连接下形成电流，通过适当连接可以向负载输出电能，生成的水通过电极随反应尾气排出。

三、膜电极的要求

燃料电池对膜电极具有以下要求。

① 能够最大限度减小气体的传输阻力，使得反应气体顺利由扩散层到达催化层发生电化学反应，即最大限度发挥单位面积和单位质量的催化剂的反应活性。因此，气体扩散电极必须具备适当的疏水性，一方面保证反应气体能够顺利经过最短的通道到达催化层；另一方面确保生成的产物水能够润湿膜，同时多余的水可以排出，防止阻塞气体通道。

② 形成良好的离子通道，降低离子传输的阻力。质子交换膜燃料电池采用的是固体电解质，磺酸根固定在离子交换膜树脂上，不会浸入电极内，因此必须确保反应在电极催化层内建立质子通道。

③ 形成良好的电子通道。膜电极中碳载铂催化剂是电子的良导体，但是催化层和扩散层的存在将在一定程度上影响电导率，在满足离子和气体传导的基础上还要考虑电子传导能力，综合考虑以提高膜电极的整体性能。

④ 气体扩散电极应该保证良好的机械强度及导热性。

⑤ 膜具有高的质子传导性，能够很好地隔绝氢气、氧气，防止互窜，有很好的化学稳定性和热稳定性及抗水解性。

四、膜电极的制备

目前，膜电极的制备工艺已经发展了三代。

第一代的膜电极制备工艺主要采用热压法，如图 1-36 所示，具体是将催化剂浆料涂覆在气体扩散层上，构成阳极和阴极催化层，再将其和质子交换膜通过热压结合在一起，形成的这种膜电极称为“GDE”结构膜电极。该技术的优点在于膜电极的通气性能良好，制备过程中质子交换膜不易变形；缺点是催化剂涂覆在气体扩散层上，易通过孔隙嵌入气体扩散层内部，造成催化剂的利用率下降，并且热压黏合后的催化层和质子交换膜之间黏力较差，导致膜电极总体性能不高。

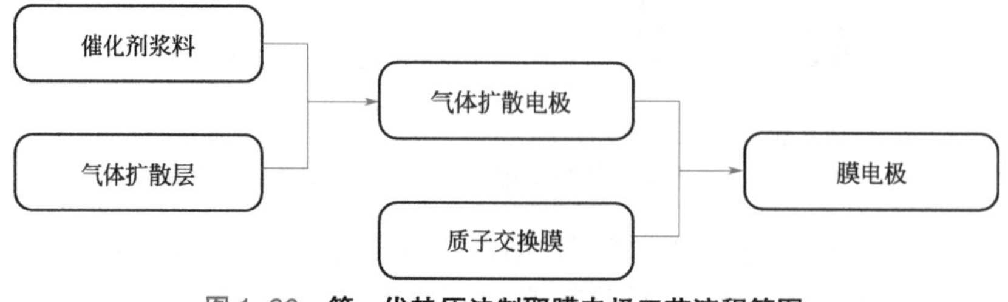

图 1-36　第一代热压法制取膜电极工艺流程简图

第二代的膜电极制备技术是催化剂直接涂膜（Catalyst Coated Membrane，CCM）技术，如图 1-37 所示，具体是将催化剂直接涂覆（利用含全氟化磺酸树脂的黏合剂）在质子交换膜的两侧，再通过热压的方式将其和气体扩散层结合在一起形成“CCM”结构膜电极。该技术提高了催化剂的利用率，并且由于使用质子交换膜的核心材料作为黏合剂，使催化剂和质子交换膜之间的阻力降低，提高了氢离子在催化层的扩散和运动，从而提高性能，是目前的主流应用技术。

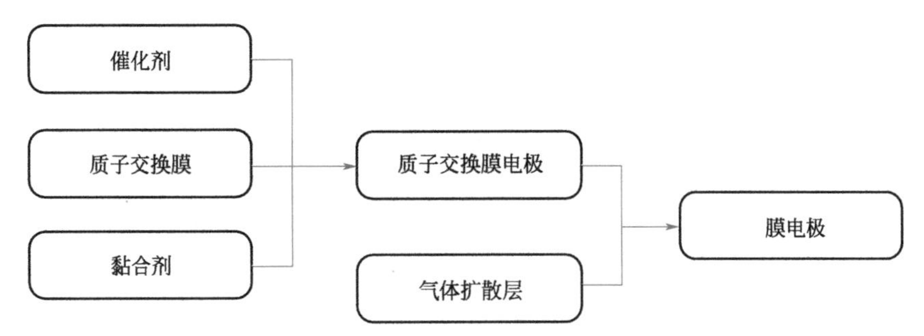

图 1-37　**第二代直接涂膜法制取膜电极工艺流程简图**

近年来，随着燃料电池电动汽车产业的发展，业内对膜电极的性能提出越来越高的要求，第二代膜电极制取方法还存在着反应过程中催化层结构不稳定、Pt 颗粒易脱落的问题，影响着膜电极的使用寿命。针对该现象，各大研究机构结合高分子材料技术及纳米材料技术，向催化层的有序化方向发展，制成的有序化膜电极具有优良的多相传质通道，大幅度降低了膜电极中催化剂 Pt 的载量，并提升了膜电极的性能和使用寿命。

结合高分子材料技术的有序化膜电极主要是在催化层构建三维、有序多孔的类反蛋白石结构，这种结构相比第二代膜电极技术具有更坚固和完整的催化层，可以减少反应中 Pt 纳米粒子脱离基体的数量损失。

结合纳米材料技术的有序化膜电极主要分为 TiO_2 纳米管膜电极和碳纳米管膜电极。前者主要是利用 TiO_2 纳米管阵列作为催化层的载体，可将 Pt 均匀地分布在 TiO_2 纳米管阵列中，并固定更多的 Pt 原子，具有很强的稳定性；后者是在膜电极的阴极催化层中采用碳纳米管为载体，形成有序、多孔结构的阴极催化层，提高了反应气体、质子、电子和水的传输速率，有序化的结构可保证孔结构的连续性并防止 Pt 纳米粒子的团聚现象，同时使催化层和气体扩散层的微孔之间保持良好的电子传递接触，增强其传质能力，大幅度提升膜电极的性能。

如图 1-38 所示为制备好的膜电极。

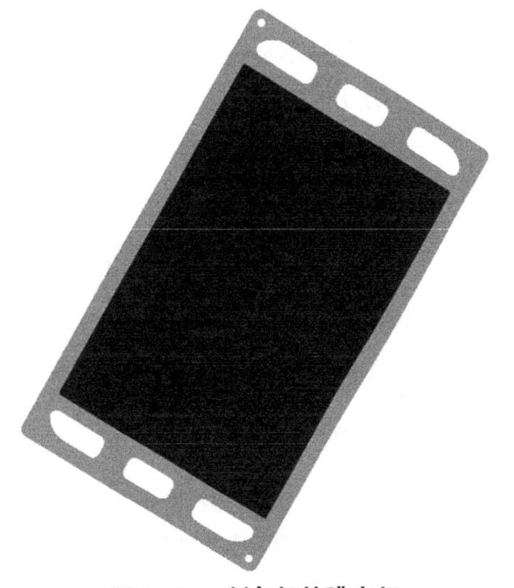

图 1-38　**制备好的膜电极**

2019 年，国内首套自主研发的“卷对卷直接涂布法”膜电极生产线正式投产，如图 1-39 所示，这标志着中国燃料电池上游核心制造技术突破国外壁垒。

图 1-39 “卷对卷直接涂布法”膜电极生产线

膜电极性能除了与质子交换膜、催化剂、气体扩散层三个组成材料性能有关外，制备的技术水平也是主要的影响因素之一。第二代膜电极工艺通过改进三个主体材料的黏合及热合顺序，增加了催化剂的利用效率，并加强了催化层和质子交换膜的联动，提高了综合性能，但该工艺目前还存在着结构不稳定、催化层易脱落等问题。结合高分子材料技术或纳米材料技术，构建有序化的催化层框架，是改进膜电极制备技术的方向之一。

五、膜电极的性能指标

膜电极的性能指标主要有膜电极的厚度均匀性、Pt 担载量、功率密度、透氢电流密度、活化极化过电位与欧姆极化过电位、电化学活性面积等。

1. 厚度均匀性

燃料电池要求膜电极超薄且厚度均匀性好，膜电极的厚度取决于质子交换膜的厚度、扩散层的厚度和边框的厚度。如质子交换膜的厚度为 10 ～ 18μm，扩散层的厚度为 180 ～ 240μm，边框的厚度为 70 ～ 125μm。

2.Pt 担载量

Pt 担载量是指单位面积膜电极上贵金属 Pt 的用量，单位为 mg/cm^2，如 Pt 担载量为 0.1 ～ $0.5mg/cm^2$。Pt 担载量也可以用单位功率膜电极上贵金属 Pt 的用量表示，单位为 g/kW，如 Pt 担载量为 0.2 ～ 0.4g/kW。

3. 功率密度

功率密度是指膜电极单位面积输出的电量，是通过测试单电池极化曲线获得的，单位为 W/cm^2。功率密度越大越好，一般要求≥ $1W/cm^2$。

4. 透氢电流密度

透氢电流密度是指在一定温度、一定压力和一定湿度条件下，用电化学方法检测得到的氢气穿过膜电极的速率，单位为 A/cm^2。

5. 活化极化过电位与欧姆极化过电位

活化极化过电位是指当电极表面电化学反应速率较快而电极过程动力学速率较慢时，导致电极表面积累带某种电荷的粒子，从而引起的电极电位损失，又称为电化学极化过电位。活化极化过电位通常由阳极活化极化过电位和阴极活化极化过电位组成，对于质子交换膜燃料电池，由于阴极反应的交换电流密度远小于阳极反应的交换电流密度，因而电池的活化极化过电位主要由阴极活化极化过电位引起。

欧姆极化过电位是由燃料电池欧姆极化引起的电位损失，它等于流经燃料电池的电流乘以燃料电池的内阻。

6. 电化学活性面积

膜电极中电催化剂的电化学活性面积是指膜电极内用电化学方法测试的催化剂的活性比表面积，单位为 m^2/g。膜电极的电化学活性面积与质子交换膜燃料电池电催化剂活性、电极结构等因素有关。

六、膜电极的性能测试

膜电极的性能测试主要包括膜电极的厚度均匀性测试、Pt 担载量测试、功率密度测试、透氢电流密度测试、活化极化过电位与欧姆极化过电位测试、电化学活性面积测试等。

1. 厚度均匀性测试

（1）测试仪器　膜电极的厚度均匀性测试仪器为测厚仪，其精度不低于 0.001mm。

（2）样品制备　样品为正方形或圆形，有效面积至少为 $25cm^2$；样品应无褶皱、缺陷和破损；样品为包括两张气体扩散层的膜电极。

（3）测试方法　按以下步骤进行测试。

① 样品在温度为（25±2）℃、相对湿度为（50±5）% 的条件下放置 1h。

② 先校准测试仪的零点，再进行测试；测试时应避免造成样品褶皱、破损；测试过程中测试头施加在样品表面的压强为 5×10^4Pa。

③ 样品测试点不少于 9 个，且均匀分布，测试点距离边缘应大于 5mm。

（4）数据处理　膜电极的厚度均匀性用厚度最大值与最小值之差以及厚度相对偏差表示。膜电极的厚度最大值与最小值之差为

$$\Delta d = d_{max} - d_{min} \tag{1-33}$$

式中，Δd 为膜电极的厚度最大值与最小值之差，μm；d_{max} 为膜电极的厚度最大值，μm；d_{min} 为膜电极的厚度最小值，μm。

膜电极的平均厚度为

$$d = \frac{\sum_{i=1}^{n} d_i}{n} \tag{1-34}$$

式中，d 为膜电极的平均厚度，μm；d_i 为某一点膜电极的厚度测量值，μm；n 为测量数据点数。

膜电极的相对厚度偏差为

$$S=\frac{d_i-d}{d}\times 100\% \tag{1-35}$$

式中，S 为膜电极的相对厚度偏差，μm。

2. Pt 担载量测试

（1）测试仪器　膜电极的 Pt 担载量测试仪器主要有离子耦合发射光谱仪（ICP），最低检测限≤ 1μg/L；电子分析天平，精度不低于 0.1mg；游标卡尺，测量范围为 0 ～ 200mm，测量精度不低于 0.02mm；马弗炉；具盖刚玉坩埚。

离子耦合发射光谱仪（ICP）可以快速同时测量多种元素，如图 1-40 所示。

图 1–40　**离子耦合发射光谱仪**

马弗炉是一种通用的加热设备，依据外观形状可分为箱式炉、管式炉、坩埚炉。具盖刚玉坩埚是指带盖的刚玉坩埚，刚玉坩埚是指 Al_2O_3 含量超过 95% 的坩埚。

（2）试剂和材料　试剂和材料主要有优级纯的浓硫酸（98%）、浓盐酸（37%）和浓硝酸（68%）；二次蒸馏水，电阻率≥ 18.2MΩ • cm；30% 的双氧水。

（3）样品制备　样品面积≥ 20cm²；测试样品应干净，边缘整齐，并且未受过化学氧化或电化学腐蚀。

（4）测试方法　按以下步骤进行测试。

① 干燥。取面积为 20cm² 的膜电极样品，置于（80±2）℃烘箱中干燥 4h。

② 取样。用游标卡尺准确测量其长度和宽度后，将其剪碎放入刚玉坩埚中。

③ 样品氧化灰化。将装有样品的具盖刚玉坩埚放入马弗炉中，先在 400 ～ 500℃的空气氛围中氧化炭化 6h，再升温至 900 ～ 950℃进行氧化灰化 12h 后，冷却到室温。

④ 样品硝化。将经过氧化灰化后的样品用二次蒸馏水润湿后，沿坩埚壁缓慢加入 5 ～ 12mL 浓硫酸和浓硝酸混合液。其中，浓硫酸与浓硝酸体积比为 1∶3。在 80℃对样品加热硝化，当酸体积浓缩到一半后，再加入适量的浓硫酸、浓硝酸和 0.2 ～ 0.6mL 的 30% 的双氧水，继续 80℃加热硝化，如此循环直至溶液接近透明，没有悬浮物为止。

⑤ 样品溶解。样品充分硝化后，再沿坩埚壁加入适量新配制的王水，80℃加热直到样

品溶液完全澄清透明为止。

⑥ 测试样配制。将上述样品全部转移至适量容积的容量瓶中，用二次蒸馏水定容作为测试样的初始体积，测试时取适量该溶液按一定比例稀释到测试需要的浓度。

（5）数据处理　根据测试结果计算铂含量。膜电极中的 Pt 担载量为

$$L_{Pt}=\frac{nc_{Pt}V_{Pt}}{S_{MEA}} \tag{1-36}$$

式中，L_{Pt} 为膜电极中的 Pt 担载量，mg/cm²；n 为测试样品配制为 ICP 分析用溶液的稀释倍数；c_{Pt} 为 ICP 测试溶液中 Pt 的浓度，mg/L；V_{Pt} 为配制的测试样品初始体积，L；S_{MEA} 为膜电极的有效面积，cm²。

膜电极中的合金金属 M 的担载量为

$$L_{M}=\frac{nc_{M}V_{Pt}}{S_{MEA}} \tag{1-37}$$

式中，L_{M} 为膜电极中合金金属 M 的担载量，mg/cm²；c_{M} 为 ICP 测试溶液中的合金金属 M 的浓度，mg/L。

3. 功率密度测试

功率密度是通过单电池极化曲线测试得到的。

极化是指由于电流流过电极界面引起的电极电势偏离其热力学电势的现象，它包括活性极化、浓差极化和欧姆极化。活性极化是为提供相应法拉第电流下（包括燃料穿过电解质引起的内电流）的电极反应的活化能所引起的极化；浓差极化是由于电极中催化剂表面上反应物的浓度低于其本体浓度或产物浓度高于其本体浓度，致使电极电位偏离其在本体浓度下电位的现象；欧姆极化是由于内电阻而引起的电池电压偏离其在内电阻为零时电池电压的现象。

极化曲线是指燃料电池阴、阳极电位或两者的电位差随电流或电流密度变化的曲线。如图 1-41 所示为电池极化曲线示意。

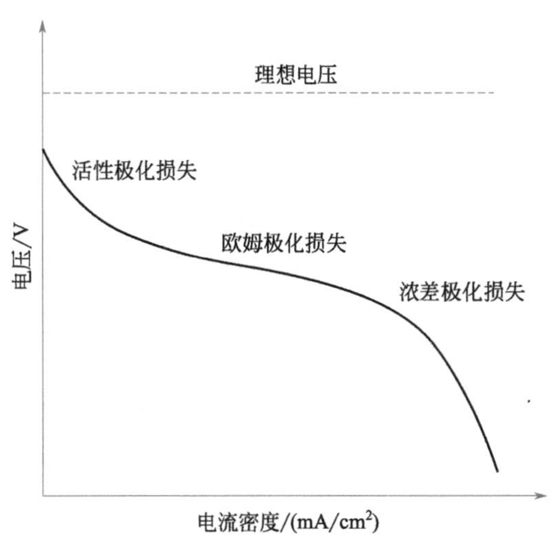

图 1-41　电池极化曲线示意

（1）样品制备　膜电极样品有效面积为 50cm²，对样品有效面积之外的四周进行密封

处理；样品应无油污、褶皱、缺陷和破损；样品数量应满足有效试验的要求。

（2）测试仪器　单电池极化测试仪器主要有端板、流场板、集流板和燃料电池测试平台。端板的抗拉强度应满足质子交换膜燃料电池单电池组装力的要求；流场板为带有计算机刻绘的蛇形流场的纯石墨板；集流板采用镀金或镀银不锈钢板；质子交换膜燃料电池测试平台示意如图 1-42 所示。反应气体经减压后由质量流量计控制入口流量，进入各自的增湿器后进入电池，电化学反应产物（水）随着尾气进入气水分离器与尾气分离后分别排放。电池和两个增湿器的温度分别由自动控制温度仪控制，外电路系统通过连接电子负载控制电流的输出。其中，电流表调节精度不低于 0.1A；电压表量程≥ 2V，调节时间≤ 100ms；H_2 质量流量控制器的精度≥ ±1%；空气 /O_2 质量流量控制器的精度≥ ±1%；温控表量程为室温至 200℃，精度≥ ±1℃；压力表的精度≥ ±1%。

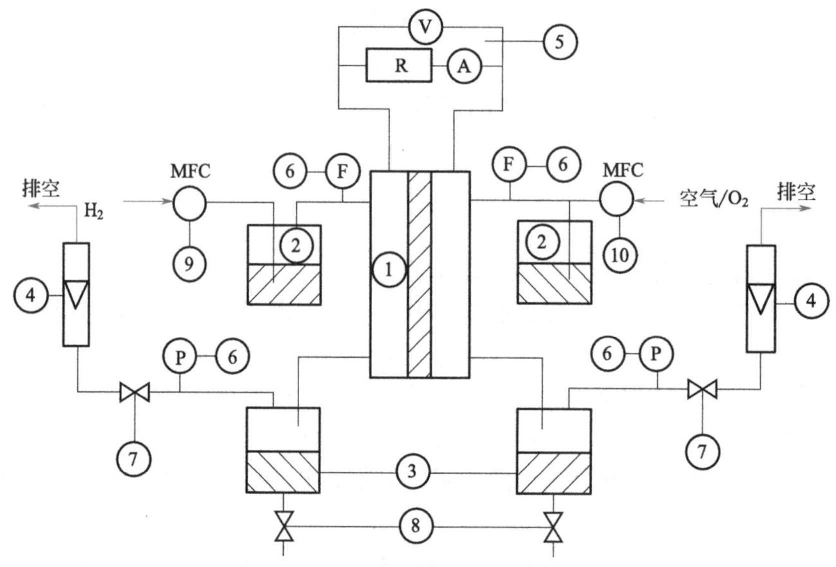

图 1-42　**质子交换膜燃料电池测试平台示意**

1—电池；2—增湿罐；3—气水分离罐；4—流量计；5—外电路；6—压力表；7—尾排阀；8—放水阀；9—H_2 质量流量控制器；10—空气 /O_2 质量流量控制器

（3）测试气体和水　测试气体和水满足以下要求。

① 采用纯度≥ 99.999% 的压缩纯 H_2，经过鼓泡增湿，并进行管线保温后进入测试电池。

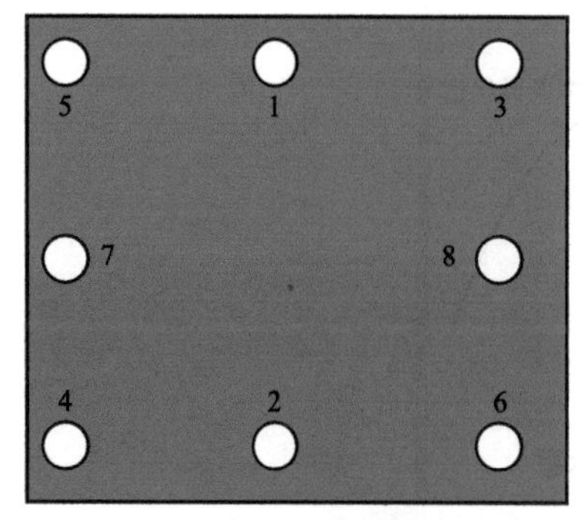

图 1-43　**电池的紧固螺栓位置**

② 氧化剂是由纯度为 99.999% 的高纯氮气和高纯氧气配制成的标准空气，其中氧气含量为 21%（质量分数）。经过鼓泡增湿，并进行管线保温后进入测试电池。

③ 增湿用去离子水的电导率小于 0.25μS/cm。

（4）电池组装　根据定位孔位置，按顺序将端板、流场板、集流板及膜电极进行组装，按照图 1-43 所示的数字顺序，使用紧固螺栓、螺母以及渐进型力矩扳手对电池进行夹紧处理。

电池组装力应满足的要求：气体扩散层与双极

板之间的接触电阻最小；扩散层厚度方向的压缩率小于 20%。

（5）电池试漏　电池试漏分为湿式浸水法和压差试漏法。

① 湿式浸水法。堵住电池阴极的入口、出口以及阳极的出口，向阳极的入口通入一定压力的测试气体（如 H_2、N_2 或空气）；待气体流量稳定后，将电池完全浸没于水中，使用目测法，检查水中是否有气泡冒出，并根据气泡冒出的部位来判断电池是否漏气、漏气的程度以及漏气的部位。取出电池，干燥后进行相应的密封处理。推荐测试气体压力≤ 0.1MPa。

② 压差试漏法。如果没有检测到外漏，则对电池进行干燥处理后，堵住电池阳极的入口，按照图 1-44 所示的方法连接电池的气体接口与具有刻度的 U 形管压差计，即堵住电池的阳极入口，向阴极入口通入一定压力的测试气体，将阴极出口与 U 形管一端相连接，阳极出口与 U 形管的另一端连接，连接过程中应注意做好密封，防止气体泄漏。根据 U 形管压差计两侧的水位差，检测电池的漏气程度。U 形管水位差越小，表示电池的膜电极串气越严重。

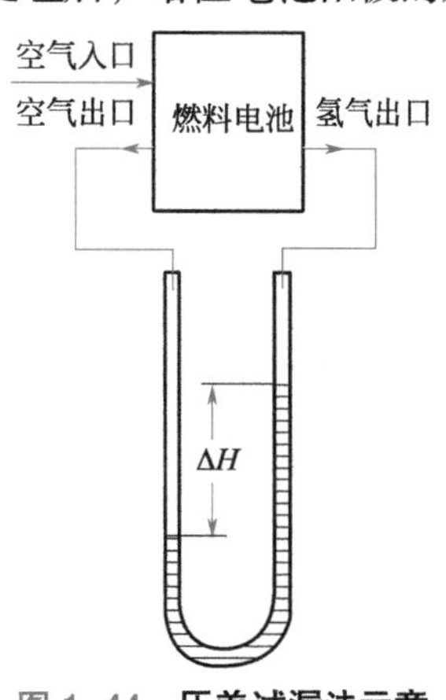

图 1-44　压差试漏法示意

在采用压差试漏法时，要控制并记录阴极入口的压力，确保 U 形管中的水不进入电池；检测气体压力时必须稳定，否则无法读取稳定的压差，也无法判断压差是由于气体压力不稳所导致，还是由于膜电极串气所导致。

（6）单电池活化　活化是指在设定条件下运行燃料电池从而达到设计性能或最优性能的过程。将单电池安装到燃料电池测试平台上，以反应气体为活化介质，按照下列操作工况对单电池进行活化。

① 电池反应温度为 75℃。

② 反应气体相对湿度为 100%。

③ 反应气体化学计量比，H_2 为 1.2，空气为 2.5。

④ 出口背压为 0.1MPa。

⑤ 电池运行的电流密度≥ 500mA/cm^2。

⑥ 电池运行时间≥ 4h。

电池的活化条件也可由研究者根据实际情况确定。

（7）极化曲线测试　按以下步骤进行单电池极化曲线的测试。

① 在规定电池操作条件下，采用恒定电流方法，按照表 1-3 中的运行参数测试电池输出电流和电压。从电池开路开始，电流密度每增加 50 ～ 100mA/cm^2，恒电流放电 15min，记录电压值。

表 1-3　运行参数表

序号	电流 /A	电流密度 /（mA/cm^2）	H_2 入口流量 /（L/min）	空气入口流量 /（L/min）
0	0	0	0.023	0.149
1	2.5	50	0.023	0.149
2	5	100	0.046	0.298

续表

序号	电流 /A	电流密度 /（mA/cm²）	H_2入口流量 /（L/min）	空气入口流量 /（L/min）
3	7.5	150	0.068	0.447
4	10	200	0.091	0.596
5	15	300	0.137	0.894
6	20	400	0.183	1.191
7	25	500	0.228	1.489
8	30	600	0.274	1.787
9	35	700	0.320	2.085
10	40	800	0.365	2.383
11	45	900	0.411	2.681
12	50	1000	0.456	2.979
13	55	1100	0.502	3.277
14	60	1200	0.548	3.574

② 当电池工作电压低于0.2V时终止测试。

③ 前一次极化曲线测试结束时间超过0.5h后，重复测试第二次，每个单电池至少测试三次极化曲线。

（8）数据处理　按极化曲线测试中记录的电压、电流结果，绘制放电电压与电流密度的关系曲线。

单电池功率密度为

$$p_s = \frac{IU}{S_{MEA}} \tag{1-38}$$

式中，p_s为单电池功率密度，W/cm²；I为记录的电流，A；U为记录的电压，V；S_{MEA}为膜电极的有效面积，cm²。

绘制单电池功率密度与电流密度的关系曲线。

4. 透氢电流密度测试

（1）测试仪器　膜电极透氢电流密度测试仪器主要有电化学测试仪和质子交换膜燃料电池测试平台。

（2）样品制备　样品的有效面积≥5cm²，对样品有效面积之外的四周进行密封处理；测试样品应无油污、褶皱、缺陷和破损；样品数应满足有效试验的要求。

（3）测试方法　按以下步骤进行测试。

① 将膜电极样品组装成单电池，并按照图1-42所示安装在燃料电池测试平台中，控制电池温度为（75±2）℃。

② 分别在燃料电池的阴极、阳极通入相对湿度为100%增湿的高纯N_2和H_2，控制H_2流速为10mL/min，N_2流速为20mL/min。

③ 控制电池出口背压为 0.2MPa。

④ 在测试所要求的温度、湿度和压力下稳定 4h 后，以阳极作为电极和参比电极，阴极作为工作电极，将单电池组件与电化学平台进行连接。按照实验条件进行透氢电流的电化学检测，记录透氢电流随时间的变化曲线 *I-t*。

测试透氢电流实验条件：施加电压范围为 0 ～ 0.5V，应能保证从阳极渗透至阴极的 H_2 完全氧化；电池温度一般为 80℃；扫描速度为 2mV/s。

（4）数据处理　典型的电化学透氢电流曲线如图 1-45 所示。

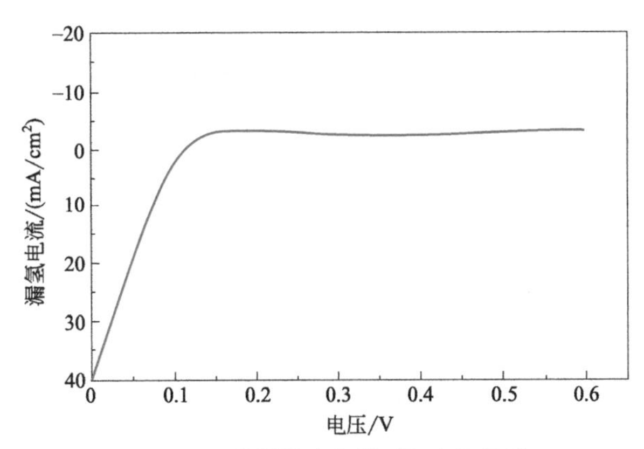

图 1–45　**典型的电化学透氢电流曲线**

膜电极的透氢电流密度为

$$i_c = \frac{I_c}{S_{MEA}} \tag{1-39}$$

式中，i_c 为膜电极的透氢电流密度，A/cm^2；I_c 为从电化学方法测试 *I-t* 曲线的平台部分读取的电流值（一般取 0.4V 左右），A。

5. 活化极化过电位与欧姆极化过电位测试

（1）测试仪器　膜电极的活化极化过电位与欧盟极化过电位的测试仪器主要有数字存储式示波器和燃料电池测试用电子负载，数字存储式示波器的带宽≥ 500MHz，采样率≥ 1GS/s；燃料电池测试用电子负载的电流调解精度≤ 0.1A。

数字存储示波器是采用数字电路进行模 / 数转换，并通过存储器实现对触发前信号进行记忆的一种具备存储功能的数字化设备。数字存储示波器除了具有模拟示波器的功能外，还具有波形触发、存储、显示、测量、波形数据分析处理等独特优点。

如图 1-46 所示为数字存储示波器。

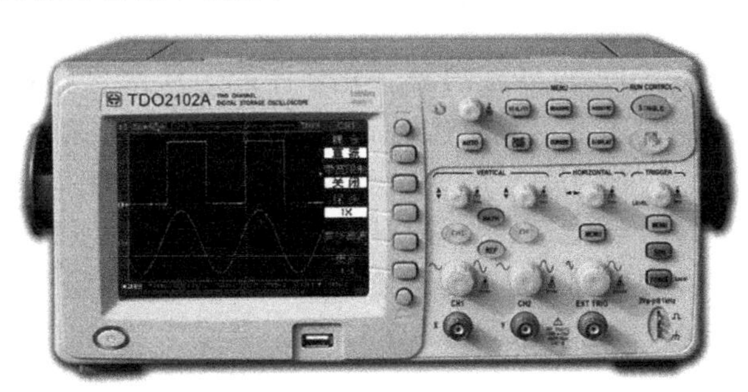

图 1–46　**数字存储示波器**

电子负载是通过控制内部功率或晶体管的导通量（量占空比大小），依靠功率管的耗散功率消耗电能的设备。它能够准确检测出负载电压，精确调整负载电流，同时可以实现模拟负载短路，模拟负载包括电感性负载、电阻性负载和电容性负载。如图 1-47 所示为燃料电池测试用电子负载。

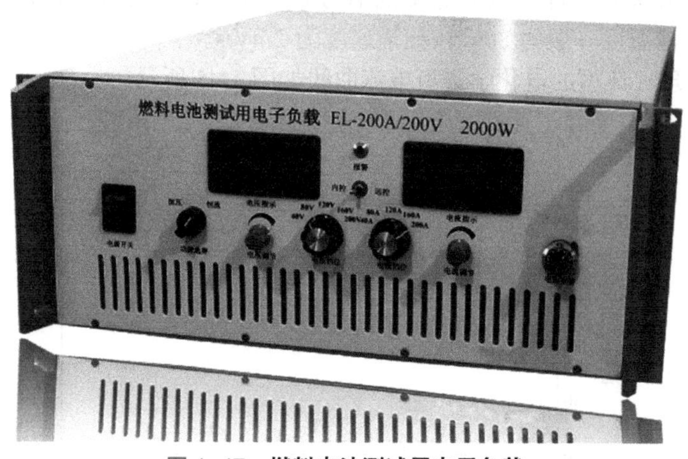

图 1-47 **燃料电池测试用电子负载**

（2）样品制备　样品尺寸≥ $25cm^2$；测试样品应无褶皱、缺陷和破损；样品数应满足有效试验的要求。

（3）测试方法　按以下步骤进行膜电极的活化极化过电位与欧姆极化过电位测试。

① 将膜电极测试样品组装成单电池，并按照规定方法进行单电池试漏和活化。

② 按照图 1-48 所示的电路示意，将数字存储示波器接入燃料电池测试平台，控制操作条件，进行常压测试和加压测试。

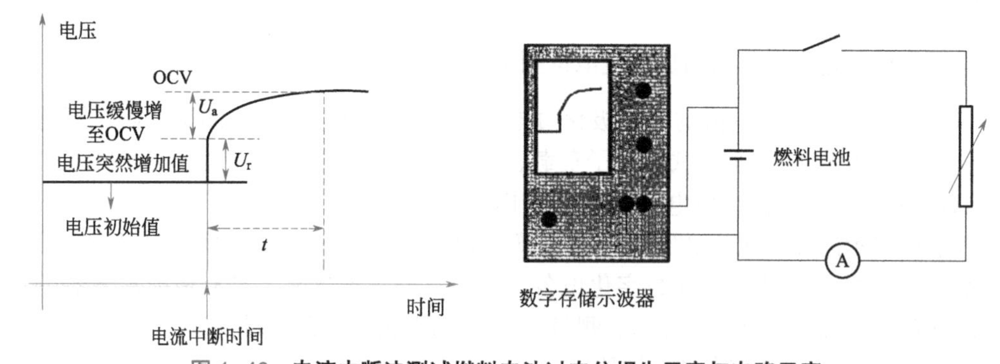

图 1-48 **电流中断法测试燃料电池过电位损失示意与电路示意**

a. 常压测试。燃料为纯度 99.99% 的 H_2，化学计量比为 1.2，相对湿度为 100%；氧化剂为纯度 99.999% 的高纯氮气和高纯氧气配制成标准空气，其中氧气含量为 21%（质量分数），化学计量比为 2.5，相对湿度为 100%；电池温度为 75℃；出口背压为 0。

b. 加压测试。燃料为纯度 99.99% 的 H_2，化学计量比为 1.2，相对湿度为 100%；氧化剂为纯度 99.999% 的高纯氮气和高纯氧气配制成标准空气，其中氧气含量为（20.5±1.0）%（质量分数），化学计量比为 2.5，相对湿度为 100%；电池温度为 75℃；出口背压为 0.2MPa。

③ 调节电子负载，使电池在 600mA/cm^2 电流密度下运行至少 2h。

④ 突然切断电流，用示波器记录电压 - 时间曲线。

（4）数据处理　从示波器的电压 - 时间变化曲线上读取电压突然增加部分，作为欧姆损失极化过电压，电压缓慢增加部分则对应于活化极化过电位。

6. 电化学活性面积测试

（1）测试仪器　膜电极的电化学活性面积测试仪器主要有电化学测试仪和质子交换膜燃料电池测试平台。

（2）样品制备　样品尺寸≥ 1cm^2，对样品有效面积之外的四周进行密封处理；测试样品应无油污、褶皱、缺陷和破损；样品数应满足有效试验的要求。

（3）测试方法　按以下步骤进行膜电极的电化学活性面积测试。

① 按照规定方法将膜电极测试样品组装成单电池。

② 按照规定方法对单电池进行试漏和活化。

③ 用高纯 N_2 吹扫工作电极及其反应腔、气体管线等，吹扫时间不少于 4h。

④ 将单电池与电化学综合测试系统相连接。

⑤ 阳极侧通入相对湿度 100% 的 H_2，作为参比电极和对电极，阴极侧通入相对湿度 100% 的 N_2 作为工作电极。

⑥ 控制 H_2 流速为 10mL/min，N_2 流速为 20mL/min。

⑦ 按照实验扫描条件对单电池进行循环伏安（CV）扫描，待 CV 曲线稳定后，进行记录。实验扫描条件：电压扫描范围是 0 ～ 1.2V，扫描速度是 20mV/s。

（4）数据处理　单电池测试 ECA 获得的典型 CV 曲线如图 1-49 所示。

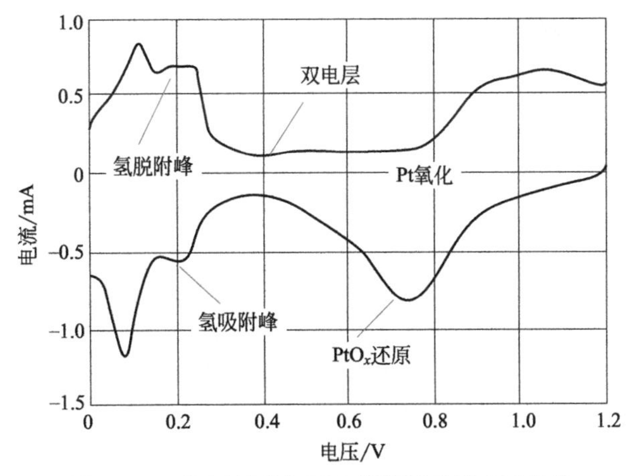

图 1–49　单电池测试 ECA 获得的典型 CV 曲线

根据测试得到的氢脱附峰面积，可以计算膜电极中 Pt 的电化学活性面积为

$$S_{ECA}=\frac{0.1S_H}{Q_r vM_{Pt}} \tag{1-40}$$

式中，S_{ECA} 为膜电极中 Pt 的电化学活性面积，m^2/g；S_H 为循环伏安曲线上氢的氧化脱附峰面积，A • V；Q_r 为光滑 Pt 表面吸附氢氧化吸附电量常数，取 0.21mC/cm^2；v 为循环伏安扫描速度，V/s；M_{Pt} 为膜电极中 Pt 的质量，g。

第八节

双极板

双极板又称流场板，是燃料电池的核心零部件，是在燃料电池堆中用于收集电流、分隔氢气和空气并引导氢气和空气在电池内气体扩散层表面流动的导电隔板，它主要起机械支撑、物料分配、热量传递以及电子传导的作用。双极板是燃料电池堆的骨架，对燃料电池堆的性能和成本有很大的影响。

一、双极板的类型

双极板按照材料大致可分为 3 类：炭质材料双极板、金属材料双极板以及复合材料双极板（金属与炭质）。

1. 炭质材料双极板

炭质材料包括石墨、模压炭材料及膨胀（柔性）石墨。传统双极板采用致密石墨，经机械加工制成气体流道。石墨双极板化学性质稳定，与膜电极之间接触电阻小，常用于商用车燃料电池。

如图 1-50 所示为石墨双极板。

图 1–50 **石墨双极板**

石墨双极板的优点是导电性高，导热性好，耐腐蚀性强，耐久性高；缺点是易脆，组装困难，厚度不易做薄，制作周期长，机械加工难，成本高。

2. 金属材料双极板

铝、镍、钛及不锈钢等金属材料可用于制作双极板。如图 1-51 所示为金属材料双极板。

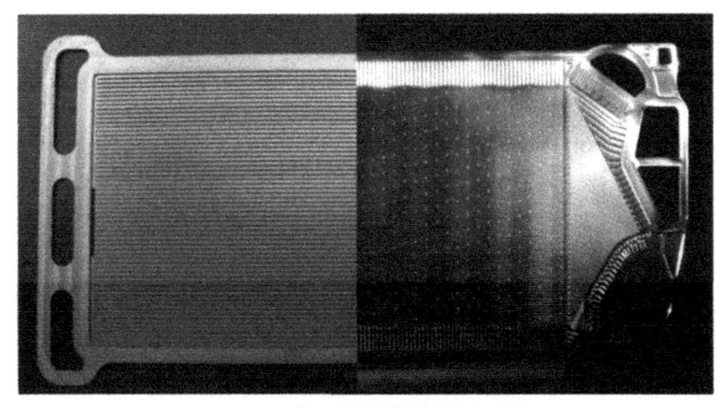

图 1–51　**金属材料双极板**

金属材料双极板的强度高，韧性好，而且导电、导热性能好，功率密度更大，可以方便地加工制成很薄的质子交换膜燃料电池的双极板（0.1 ～ 0.3mm）；缺点是易腐蚀，表面需要改性。金属材料双极板主要应用于燃料电池乘用车，如丰田 Mirai 采用的就是金属材料双极板，其燃料电池模块功率密度达到 3.1kW/L；英国新一代金属材料双极板燃料电池模块的功率密度更是达到了 5kW/L。金属材料双极板使质子交换膜燃料电池模块的功率密度大幅提升，已成为乘用车燃料电池的主流双极板。

3. 复合材料双极板

若双极板与膜电极之间的接触电阻大，则欧姆电阻产生的极化损失多，运行效率下降。在常用的各种双极板材料中，石墨材料的接触电阻最小，不锈钢和钛的表面均形成不导电的氧化物膜使接触电阻增高。

复合材料双极板兼具石墨双极板和金属材料双极板的优点，密度低，抗腐蚀，易成型，使电池堆装配后达到更好的效果。但加工周期长，长期工作可靠性差，因此没有大范围推广，未来将向低成本化方向发展。

常用双极板的比较见表 1-4。

表 1–4　常用双极板的比较

双极板类型	优势	劣势
石墨双极板	导电性、导热性、耐腐蚀性好，质量小，技术成熟	体积大，强度和加工性能较差
金属材料双极板	强度高，导电性、导热性好，成本低	密度较大，耐腐蚀性差
复合材料双极板	兼具石墨材料的耐腐蚀性和金属材料的高强度特点，阻气性好	质量大，加工烦琐，成本高

二、双极板的作用

双极板在燃料电池中的位置如图 1-52 所示，它位于膜电极两侧，具有以下作用。

① 与膜电极连接组成单电池。

② 提供气体流道，输送氢气和氧气，并防止电池气室中的氢气与氧气串通。

③ 电流收集和传导，在串联的阴阳两极之间建立电流通路。

④ 支撑电池堆和膜电极。

⑤ 排出反应中产生的热量。

⑥ 排出反应中产生的水。

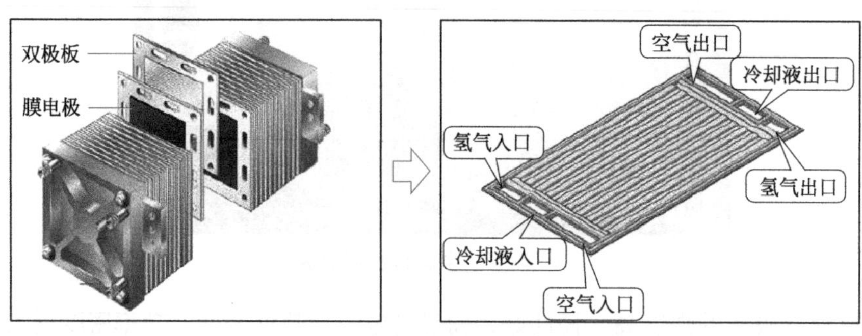

图 1-52 **双极板在燃料电池中的位置**

三、双极板的要求

燃料电池对双极板具有以下要求。

① 良好的导电性。双极板具有集流作用，必须具有尽可能小的电阻以确保电池性能。

② 良好的导热性。以确保电池在工作时温度分布均匀并使电池的废热顺利排出，提高电极效率。

③ 良好的化学稳定性和抗腐蚀能力。双极板被腐蚀后表面电阻增大，进而使电池性能下降，故双极板材料必须在其工作温度与电位范围内，同时具有在氧化介质（如氧气）和还原介质（如氢气）两种条件下的耐腐蚀能力。

④ 均匀分布流体。流体均匀分布确保燃料和氧化剂均匀到达催化层，有利于充分利用催化剂，从而大大提高燃料电池的性能。

⑤ 良好的气密性。双极板用以分隔氧化剂与还原剂，因此双极板应具有阻气功能，不能采用多孔透气材料制备。如果采用多层复合材料，至少有一层必须无孔，防止在电池堆中阴、阳极气体透过流场板直接反应，降低电池堆的性能甚至发生危险。

⑥ 机械强度高，质量小，体积小，容易加工。双极板质量小和体积小，可使燃料电池的质量比功率和体积比功率变大，而容易加工则可提高生产效率，大大降低电池的成本。

四、流场的形式

流场的基本功能是引导反应剂在燃料气室内的流动，确保电极各处均能获得充足的反应剂供应。所谓流场均由各种图案的沟槽与脊构成，脊与电极接触，起集流作用，沟槽引导反应气体的流动。

点状、网状、多孔体、平行沟槽、蛇形、交指状等各种流场，它们各具优缺点，需根据所研究电池类型与反应气纯度进行选择。如图 1-53 所示是它们的结构示意。

点状流场结构简单，特别适于用纯氢、纯氧，气态排水的燃料电池（如碱性氢氧燃料电池）。对主要以液态水排出的 PEMFC，由于反应气流经这种流场难以达到很高的线速度，不利于排出液态水，因此很少采用。

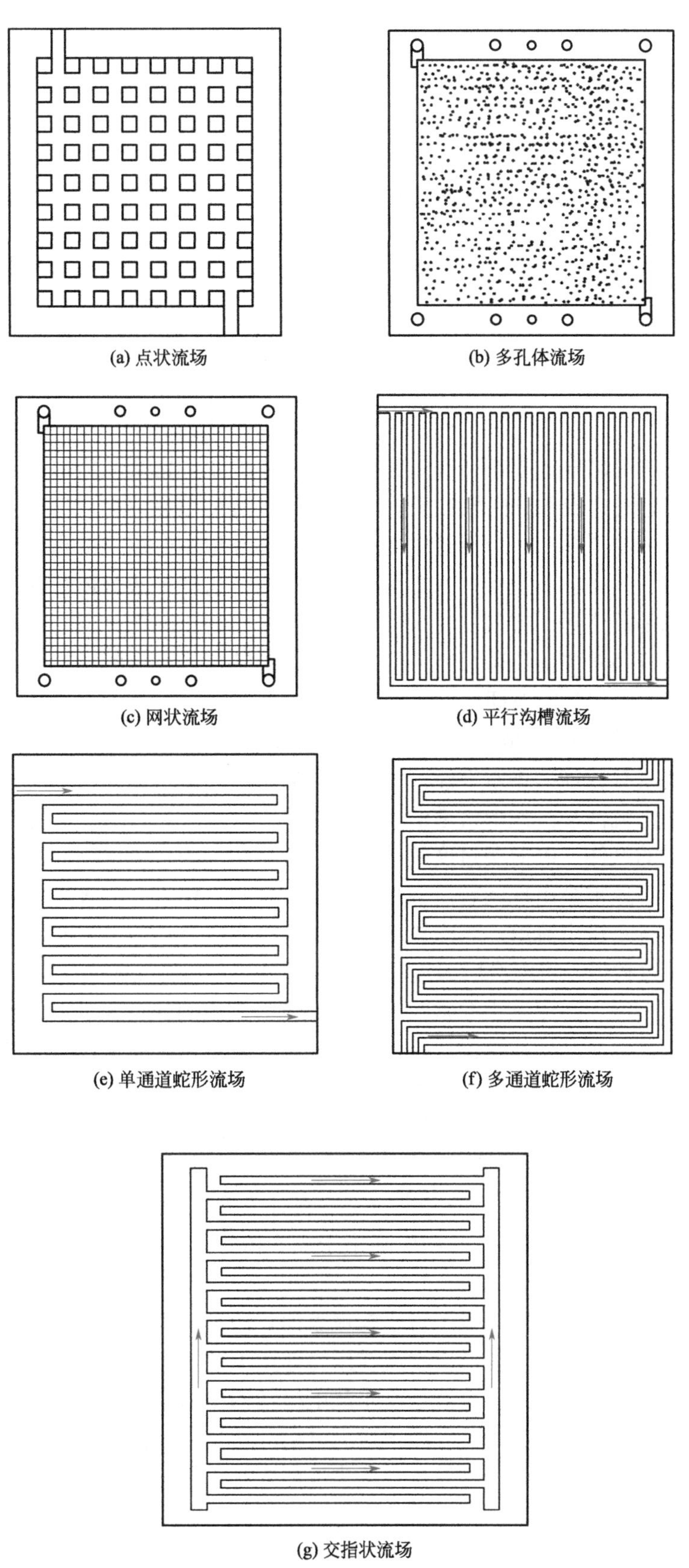

图 1-53 **各种流场示意**

由多孔体（如多孔炭与多孔金属，如泡沫镍）加工的多孔体流场和由各种金属网构造的网状流场与分隔氧化剂及燃料的导电板组合构成流场板。与可加工为一体的其他流场相比，必须注意降低流场与分隔板之间的接触电阻。这两种流场的突出优点是它对电极扩散层强度要求低，可用炭布作为电极的扩散层，而且当反应气通过这种流场时，易形成局部湍流而有利于扩散层的传质，减小浓差极化。但它们仅可用于低电流密度的小电池或单电池的设计，并不适合作为高功率的大型燃料电池堆的流场，因为在这种流场中反应气体的分布并不均匀。在高输出功率情形下电化学反应将集中于燃料电池中心区域，而快速电化学反应所产生的水容易阻塞流道。

平行流场具有较低的流体阻力，因此所消耗的泵功率较小。在平行流场设计中，要求减小每个流道中的质量流，并以更小的压降来提供更多的均匀气体分配。如果以空气作为氧化剂，那么会发现，在长时间工作后因水积累和阴极燃料分配，电池电压可能出现下降和不稳定现象。当燃料电池连续工作时，阴极所产生的水经常会阻塞部分流道，使得反应气体无法通过，容易造成部分区域的膜电极（MEA）无法获得气体供应而影响燃料电池性能。平行流配置的缺点是，一个流道中的一个障碍将导致剩余流道的重新分配，并因此存在一个阻塞死区下流。各流道中的水量可能各不相同，这将导致气体分配不均匀。这种设计的另一个问题是流道短，方向变化少。结果是流道中的压降低，但管道系统中的压降和有气体分配的歧管装置中的压降可能不低。靠近歧管装置入口处的最初少数几个电池将比靠近歧管装置末尾处的各电池拥有更大的流量。

蛇形流道从起点到终点是连续的。此种流场设计在反应气体进出口的两端必须有较大的压差，因此具有较佳的排水性能。蛇形流道的另一个优点是通道中的任何障碍都无法全部阻塞障碍的下流活动。蛇形流道的一个缺点是流经整个流道时反应物被耗尽，因此必须提供适当数量的气体，以避免过度的极化损失。当空气用作氧化剂时，伴随阴极气流分配和电池水管理，通常会出现问题。当燃料电池长时间工作时，阴极生成的水会在阴极积累，需要压力来将水排出流道。当在燃料电池电极表面进行流体分配时，这种设计是比较有效的。不过，这种设计可能会因为流道比较长而引起大的压强损失。

对工作电流密度大、流场板非常大或以空气作为氧化剂的情况，由于需要高质量流率的燃料气体或氧化剂，基于蛇形设计提出了可选设计方案。多蛇形流场相对单蛇形流场来说，它极大地降低了压力损失，因此可以降低附属设备的消耗，可以增加电池堆的输出功率。但是这种设计的每个流道仍然很长，因此每个流道的气体浓度还是很不均匀。可适度增加流道数目而形成多通道蛇形流场。使用几个连续的流道可以限制压降，并能降低用于压缩单个蛇形道上空气的功率大小。这种设计方案使得不会因水积累而在阴极表面形成任何迟钝面积。流道上的反应物压降小于蛇形流道压降，但因各蛇形流道很长，压降仍会很大。

交指状流场设计中的反应物流平行于电极表面。通常，从板入口到板出口的流道是不连续的，流道是死端的，这使得反应物流在压力作用下穿过多孔的反应物层，到达连接于歧管装置的流道中。这种设计可有效地将水从电极结构中移走，防止淹没并增强性能。交指状流场是一种好的设计，原因是气体被送入电极的活化层，使得对流避免淹没和气体扩散限制。有时会在文献中提到这种设计，认为性能要好于传统的流场设计，尤其是在燃料电池阴极一侧。但这种流场在确保反应气在电极各处的均匀分配与控制反应气流经流场的压力降方面均需深入研究，并与相应工艺开发相配合。

建议使用蛇形流场，图 1-54 所示给出了按照技术规范设计的单蛇形流道的双极板样本，按照有效面积 25cm^2 设计。阳极和阴极流场板与膜电极接触的表面都有一个水平蛇形单凹槽作为气流流道。流道宽为 1mm，深为 1mm，间隔≤ 1mm。电极和气体扩散层的尺寸应稍大于 50mm×50mm，以免膜被流道边缘切到。组装时应能避免膜与流道边缘直接接触。燃料与氧化剂均从流道顶部流向底部。

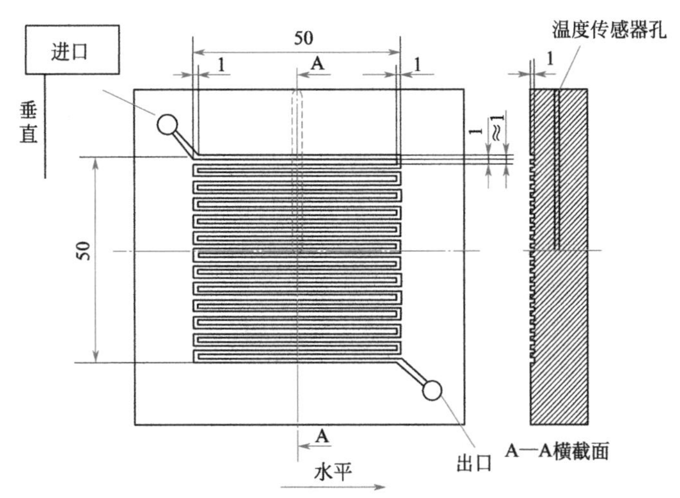

图 1–54　**单蛇形流道的双极板样本**

图 1-55 所示给出了按照技术规范设计的三蛇形流道的双极板，有效面积为 25cm^2。

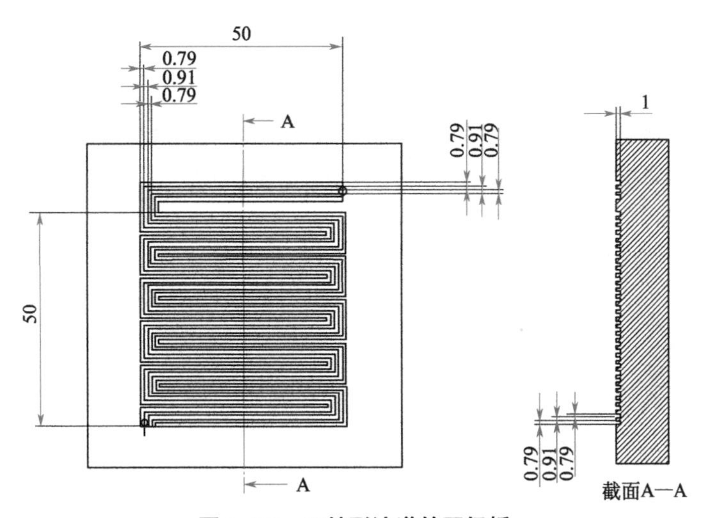

图 1–55　**三蛇形流道的双极板**

用于试验的双极板应允许进行电池运行温度的精确测量。例如，双极板的一个面的边缘可能会有一个用于安置温度传感器的孔，此时孔的深度应能达到双极板的中心。

燃料电池性能的好坏很大一部分取决于双极板，具体影响因素包括以下内容。

① 流场板的类型。

② 流体在流场中的流动方向。

③ 流道的长度与数量。

④ 流道中添加挡板。

⑤ 流道尺寸等。

五、双极板的制备

国内氢燃料电池堆以石墨双极板为主，厚度为1～2mm，单堆额定功率以30kW居多，且主要面向商用车领域。

从制备工艺路线上来看，目前国内的石墨双极板大多采用机械加工的方式，这种方式虽然节省了开模具的费用，但是制作工艺复杂，加工周期过长，从而导致成本较高。据了解，石墨双极板的加工成本占双极板整体成本的60%以上，因此寻找成本低廉的加工方法是燃料电池汽车加快国产化的必经之路。

因此，国内亦有企业通过注塑开模的方式来缩短生产时长，提高产量，然而采用这种方式必须对原材料的把控得当，否则容易出现电导率差、强度不到位、容易发生形变等问题。

一块金属双极板的厚度在1mm以内，制备工艺要求非常高。金属双极板生产流程中主要包括材料准备、成形和分割、质量检测、激光焊接、涂层处理、密封。

1. 材料准备

制造燃料电池金属双极板时，带材的选择一般有两种：一种是预先做过涂层处理的带材；另一种是未经涂层处理的带材。经涂层处理的带材，通常不需要在极板成形后进行涂层处理，以便更快、更便宜地生产双极板，但是其涂层稳定性在经过加工和焊接后会有一些问题。除了丰田公司外，目前市面上的双极板生产商主要还是使用未经涂层处理的不锈钢带材居多，如SU316L不锈钢，厚度为0.075～0.1mm。

2. 成形和分割

带材清理后，便会进行成形和分割，生产出阴极板和阳极板。各厂家的成形方式和流程都会有所不同，有的使用冲压成形方式，有的使用液压成形方式，还有些厂家会使用一些其他成形方式。

如图1-56所示为带材的成形与分割。

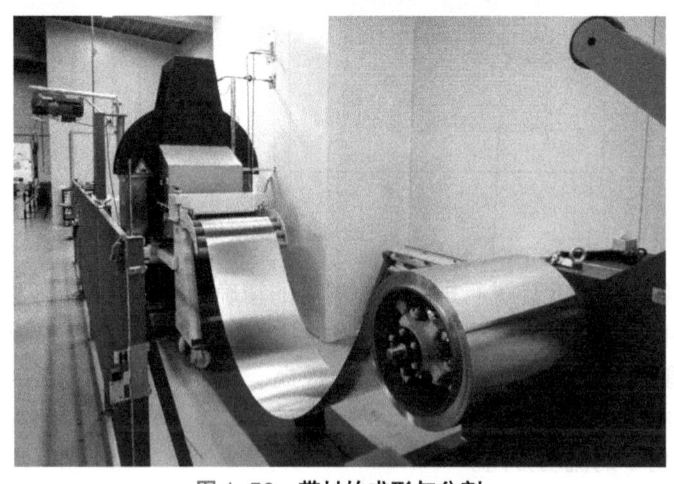

图1-56　带材的成形与分割

3. 质量检测

单片的极板制造完成后，对每片极板进行质量检测，判断脊和沟的尺寸、厚度及误差是否满足设计要求。

4. 激光焊接

满足质量要求的阴阳极板在这一步中，通过激光焊接在一起，构成一个完整的双极板。激光束沿着双极板周边设计好的密封槽进行焊接，激光行经之处，所产生的焊缝如图 1-57 所示，将阴阳极板连接起来。焊接后，将双极板的冷却剂腔完全密封，最后对其进行密封性能检测。

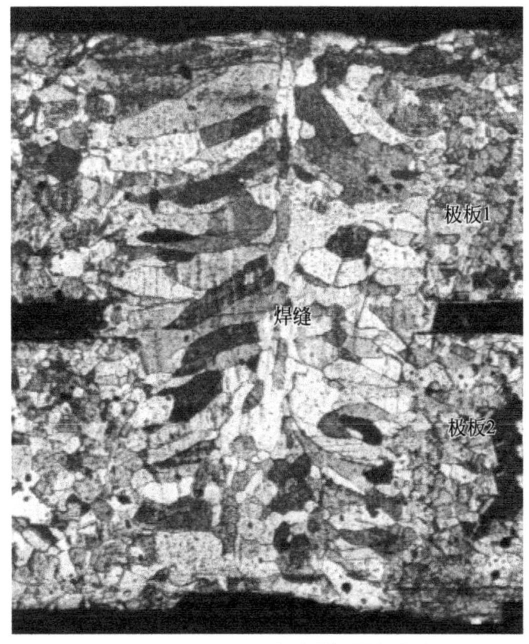

图 1–57　双极板的焊接

5. 涂层处理

对双极板进行涂层处理，来提高其耐腐蚀性能。目前常用的涂层处理方式为使用物理气相沉积（Physical Vapor Deposition，PVD）技术。

6. 密封

最后一步是在双极板上设计好的密封槽内填入密封材料。这一步不同厂家的设计都会有所不同，有些厂家将定制好的密封圈粘贴在双极板上，有些厂家使用点胶工艺，还有些厂家使用与气体扩散层（Gas Diffusion Layers，GDL）集成在一起的密封圈，因此双极板厂商的生产流程中不一定包含这一步。

如图 1-58 所示为形式各样的双极板。

图 1–58　形式各样的双极板

六、双极板的性能指标

双极板的性能指标分为双极板材料的性能指标和双极板部件的性能指标。双极板材料的性能指标主要有气体致密性、抗弯强度、密度、电阻和腐蚀电流密度等；双极板部件的性能指标主要有气体致密性、阻力降、面积利用率、厚度均匀性和平面度等。

1. 气体致密性

气体致密性常用透气率来评价，透气率是指在单位压力下单位时间内透过单位面积和单位厚度物体的气体量，单位为 $cm^3/(cm^2 \cdot s)$。燃料电池要求双极板的透气率低。

2. 抗弯强度

抗弯强度是指在规定条件下，双极板在弯曲过程中所能承受的最大弯曲应力，单位为MPa。燃料电池要求双极板的抗弯强度高。

3. 密度

密度是指双极板单位体积的质量，单位为 g/cm^3。燃料电池要求双极板的密度要小，以便降低燃料电池的质量。

4. 电阻

双极板的电阻用体电阻率和接触电阻来评价。体电阻率是指双极板材料本体的电阻率，单位为 $m\Omega \cdot cm$；接触电阻是指两种材料之间的接触部分产生的电阻，双极板的接触电阻主要指双极板与炭纸之间的接触电阻，单位为 $m\Omega \cdot cm^2$。

5. 腐蚀电流密度

腐蚀电流密度是指单位面积的双极板材料在燃料电池运行环境中，在腐蚀电位下由于化学或电化学作用引起的破坏产生的电流值，单位为 $\mu A/cm^2$。腐蚀电流密度的大小反映了双极板腐蚀速率的快慢，是表征双极板材料及部件在燃料电池运行环境下耐腐蚀性能的物理量。

6. 阻力降

阻力降是指气体流经双极板的进出口压力差，单位为MPa。

7. 面积利用率

面积利用率是指双极板的有效面积比，即双极板的有效面积（流场部分的面积）与双极板总面积的比值。

8. 厚度均匀性

燃料电池要求双极板在满足强度的条件下，厚度尽量薄，而且要均匀。双极板的厚度均匀性可以用厚度最大值与最小值之差、相对厚度偏差评价。

9. 平面度

平面度是指双极板的脊背部分具有的宏观凹凸高度相对理想平面的偏差，双极板的平面度直接影响双极板与炭纸之间的接触电阻，从而影响电池性能。

七、双极板的性能测试

双极板的性能测试分为双极板材料的性能测试和双极板部件的性能测试。双极板材料的性能测试包括气体致密性测试、抗弯强度测试、密度测试、电阻测试、腐蚀电流密度测试；双极板部件的性能测试包括气体致密性测试、阻力降测试、面积利用率测试、厚度均匀性测试、平面度测试。

1. 双极板材料气体致密性测试

（1）测试仪器　双极板材料气体致密性测试主要仪器有气相色谱仪和渗透池。

（2）样品制备　样品形状一般为 5cm×5cm 的正方形；样品应无褶皱、划痕和破损。

（3）测试方法　按以下步骤进行双极板材料气体致密性测试。

① 将样品夹在两块均具有气体进口和出口的不锈钢夹具之间，使两侧形成气室，作为实验渗透池。

② 将渗透池按照图 1-59 所示的试验装置示意安装在试验装置上。渗透池由两个具有气体进口和出口的不锈钢板夹具组成，样品放置在两个夹具中间。夹具与样品之间采用线密封，两侧形成气室。氧气 / 氢气和惰性气体进入渗透池在样品的两侧流动，从而可以维持双极板两侧保持一定的压力差。两侧的压力主要通过精密压力表控制。被测气体渗透的推动力是样品两侧的气体浓度差，这样从渗透池流出的惰性气体中就含有从双极板的另一侧渗透过来的被测气体；气相色谱仪用于检测渗透池出口被测气体的浓度。

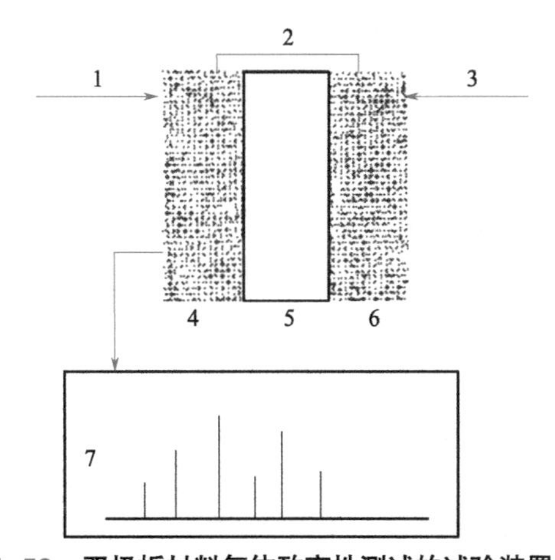

图 1-59　双极板材料气体致密性测试的试验装置示意

1—氦气 / 氮气；2—渗透池；3—氧气 / 氢气；4，6—夹具；5—样品；7—气相色谱

③ 室温下分别在气室的两侧通入氧气 / 氢气和惰性气体，使气室两侧保持一定的压力差。压力通过两侧精密压力表来控制。

④ 在室温和一定压力差下稳定至少 2h，将惰性气体的出口通入气相色谱仪测量被测气体的浓度，并记录色谱图。

（4）数据处理　双极板材料的透气率为

$$C=\frac{q}{S} \tag{1-41}$$

式中，C 为双极板材料的透气率，$cm^3/(cm^2 \cdot s)$；q 为双极板材料单位时间的气体渗透量，cm^3/s；S为渗透池的有效测试面积，cm^2。

测试不同压力差下的透气率，绘制压力差与透气率的关系曲线。

2. 双极板材料抗弯强度测试

（1）测试仪器　双极板材料抗弯强度测试仪器主要有试验机、试验夹具、测厚仪和卡尺。试验夹具不应引起试样在夹具处断裂，施加负荷时，应满足试样的纵轴与通过夹具中心线的拉伸方向重合。

（2）样品制备　按测试要求截取一定尺寸的材料作为样品；样品应无褶皱、划痕和破损。

（3）测试方法　按以下步骤进行双极板材料抗弯强度测试。

① 用卡尺和测厚仪测量样品的宽度及厚度，精确度为 ±0.5%。

② 调整试验机的支座跨距，将制备好的样品放在支座上，且使试验机压头、支座轴向垂直于试样，应用三点弯曲法对双极板材料抗弯强度进行测试。

③ 压头以 1 ～ 10mm/min 的加载速度均匀且无冲击地施加负荷，直至试样断裂，读取断裂负荷值。

（4）数据处理　双极板材料的抗弯强度为

$$\sigma = \frac{3PL}{2bh^2} \tag{1-42}$$

式中，σ为双极板材料的抗弯强度，MPa；P为双极板材料断裂负荷值，N；L为支座跨距，mm；b为双极板材料试样的宽度，mm；h为双极板材料试样的厚度，mm。

3. 双极板材料密度测试

（1）测试仪器　双极板材料密度测试仪器和材料主要有电子分析天平、温度计和金属丝等，其中电子分析天平的精度不低于 0.1mg；温度计用于测定水温，精度不低于 0.5℃；金属丝为镍铬丝或铂合金丝，直径小于 0.2mm，用于吊挂试样。

（2）样品制备　样品形状一般为 5cm×5cm 的正方形；样品应无褶皱、划痕和破损；将样品用无水乙醇清洗，晾干，放入干燥器内待用；除去镍铬丝或铂合金丝上的油脂，待用。

（3）测试方法　按以下步骤进行双极板材料密度的测试。

① 在温度为 25℃条件下分别称量样品的质量和金属丝的质量。

② 将由该金属丝悬挂着的样品浸入温度为 25℃的蒸馏水中；样品浸没于蒸馏水中但要保持其悬浮于烧杯中，不接触烧杯壁，如图 1-60 所示。用一根细金属丝尽快地除去黏附在样品上的气泡后，称量水中样品质量。

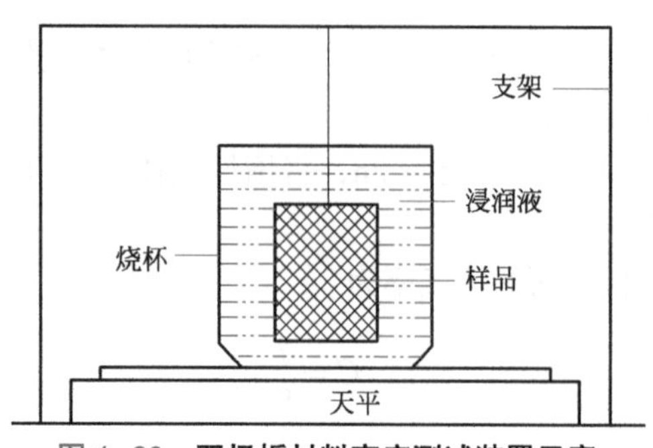

图 1-60　**双极板材料密度测试装置示意**

（4）数据处理　双极板材料样品在25℃时的密度为

$$\rho = \frac{m_1 \rho_t}{m_1 + m_3 - m_2} \tag{1-43}$$

式中，ρ 为双极板材料样品在25℃时的密度，g/cm^3；m_1 为双极板材料样品在空气中的质量，g；m_2 为双极板材料样品悬挂在水中的质量，g；m_3 为金属丝的质量，g；ρ_t 为水在25℃时的密度。

4. 双极板材料电阻测试

（1）测试仪器　双极板材料电阻测试仪器主要有四探针低阻测量仪和低电阻测量仪，其中四探针低阻测量仪的精度不低于0.1mΩ·cm；低电阻测量仪的精度不低于0.1mΩ。

四探针低阻测量仪是运用四探针测量原理的多用途综合测量设备，是专用于测试半导体材料电阻率及方块电阻（薄层电阻）的专用仪器，如图1-61所示。

图1-61　**四探针低阻测量仪**

低电阻测量仪用于测量各种电阻，如图1-62所示。

图1-62　**低电阻测量仪**

（2）样品制备　样品形状一般为5cm×5cm的正方形；样品应无褶皱、划痕和破损。

（3）测试方法　双极板材料电阻测试分为体电阻率测试和接触电阻测试。

① 体电阻率测试。每次测量前都应校准测量仪的零点，测量时应避免样品变形、样品表面灰尘等因素的影响；用四探针低阻测量仪分别在样品的靠近边缘和中心的至少 5 个部位测量，记录不同部位体电阻值。

② 接触电阻测试。按照图 1-63 所示将样品装在测试装置上；用低阻测量仪测量电阻值，测量电极为镀金的铜电极；测量时将样品两侧放置燃料电池扩散层用的炭纸作为支撑物，以进一步改善接触状况；测试过程中，压力每增加 0.1MPa 记录一个电阻值，直到当前电阻测试值与前一电阻测试值的变化率≤ 5%，则认为达到电阻的最小值，停止测试。记录不同压力下的电阻值 R_1。

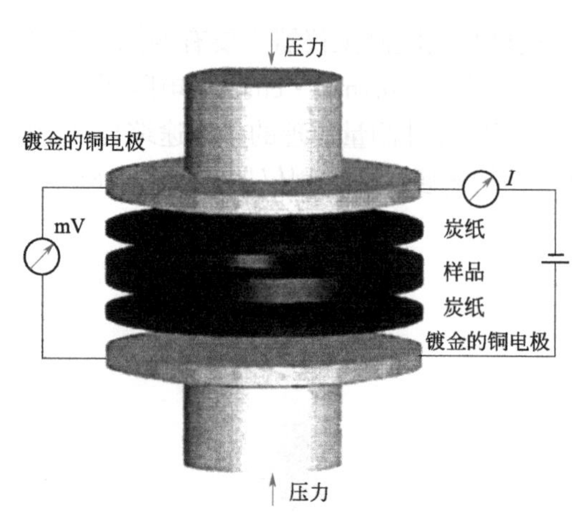

图 1–63　**垂直方向面电阻测试装置示意**

③ 按照相同方法，将一张作为燃料电池扩散层用的炭纸放置在两个镀金的铜电极间并施加一定压力，按照上述同样方法测试不同压力下的电阻值 R_2。

（4）数据处理　双极板材料的体电阻率为

$$\rho_b = \frac{GD\sum_{i=1}^{n}\rho_i}{n} \tag{1-44}$$

式中，ρ_b 为双极板材料的体电阻率，mΩ · cm；ρ_i 为双极板材料试样不同部位电阻率测量值，mΩ · cm；G 为双极板材料试样厚度校正系数；D 为双极板材料试样形状校正系数；n 为测试的数据点数。

双极板与炭纸间的接触电阻为

$$R = \frac{R_1 - R_2 - R_{BP} - R_{CP}}{2} \tag{1-45}$$

式中，R 为双极板与炭纸间的接触电阻，mΩ；R_1 为双极板材料本体电阻、炭纸本体电阻、两个双极板与炭纸间接触电阻、两个镀金的铜电极本体电阻及两张炭纸与镀金的铜电极间的接触电阻的总和，mΩ；R_2 为两个镀金的铜电极本体电阻、炭纸本体电阻及两张炭纸与镀金的铜电极间的接触电阻的总和，mΩ；R_{BP} 为双极板材料本体电阻，mΩ；R_{CP} 为炭纸本体电阻，mΩ。

5. 双极板材料腐蚀电流密度测试

（1）测试仪器　双极板材料腐蚀电流密度测试主要仪器有电化学恒电位测试仪和电化

学测试池。其中电化学测试池采用五口烧瓶，主要用于盛放电解质溶液，电解质材料为玻璃或塑料等耐腐蚀性材料。五口烧瓶的一个瓶口用于放置和参比电极相连的盐桥，一个瓶口用于放置对电极，一个瓶口用于放置通气管，中间一个瓶口用于放置测试样品制备的工作电极，另一个瓶口用于置换溶液。五口烧瓶如图 1-64 所示。

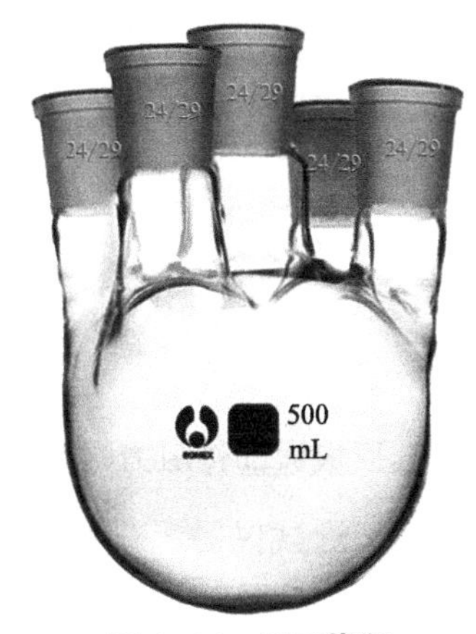

图 1-64　五口烧瓶

（2）样品制备　按测试要求截取一定尺寸（可以为 2cm×2cm）、有效面积为 1cm^2 的送试材料作为样品；样品应无褶皱、划痕和破损；用乙醇等溶剂清洗样品表面，并在氮气气氛下于 80℃干燥 10min；将电极与样品表面连接，除有效测试面积为 1cm^2 的测试表面外，其余表面予以绝缘密封，绝缘密封材料一般采用环氧树脂或硅胶等。

（3）测试方法　按以下步骤进行双极板材料腐蚀电流密度测试。

① 以样品为工作电极，以饱和甘汞电极为参比电极，以铂片或铂丝为辅助电极进行测试。参比电极是指测量电极电势时作参照比较的电极；辅助电极又称为对电极，其作用是与工作电极组成极化回路，使工作电极有电流通过。

② 向温度为 80℃的 H_2SO_4 电解质溶液中以 20mL/min 的流速通入氧气或氢气。

③ 对样品进行线性电位扫描，扫描速率为 2mV/s，电位扫描范围为 −0.5 ～ 0.9V。

④ 对测得的极化曲线进行塔菲尔拟合，塔菲尔直线的交点所对应的电流即为样品的腐蚀电流。

（4）数据处理　双极板材料的腐蚀电流密度为

$$I_C = \frac{I}{S_C} \tag{1-46}$$

式中，I_C 为双极板材料的腐蚀电流密度，μA/cm^2；I 为双极板材料的腐蚀电流，μA；S_C 为双极板材料样品的有效测试面积，cm^2。

6. 双极板部件气体致密性测试

（1）测试仪器　双极板部件气体致密性测试主要仪器有气相色谱仪和渗透池。

（2）样品制备　样品的形状和尺寸根据实际需要确定，同时提供双极板及其配套的不锈钢夹具和密封线；样品应无褶皱、划痕和破损。

（3）测试方法　按以下步骤进行双极板部件气体致密性测试。

① 将样品夹在两块均具有气体进口和出口的不锈钢夹具之间，使两侧形成气室，组装假电池。

② 堵住电池阴极的入口、出口以及阳极的出口，向阳极的入口通入一定压力的测试气体（如 H_2、O_2 或空气）。待气体流量稳定后，将电池完全浸没于水中，使用目测法，检查水中是否有气泡冒出，并根据气泡冒出的部位来判断假电池是否密封较好，是否有外漏。

③ 将没有外漏的假电池按照图 1-59 所示的试验装置示意安装在试验装置上。

④ 室温下分别在气室的两侧通入氧气或氢气和惰性气体，使气室两侧保持一定的压力差。压力通过两侧精密压力表来控制。

⑤ 在室温和一定的压力差下稳定至少 2h，将惰性气体的出口通入气相色谱仪测量被

测气体的浓度，并记录色谱图。

（4）数据处理　双极板部件的透气率为

$$C=\frac{q}{S_C} \tag{1-47}$$

式中，C 为双极板部件的透气率，$cm^3/(cm^2 \cdot s)$；q 为双极板部件单位时间的气体渗透量，cm^3/s；S_C 为渗透池的有效测试面积，cm^2。

7. 双极板部件阻力降测试

（1）测试仪器　双极板部件阻力降测试仪器和材料主要有精密压力控制器及不锈钢夹具。

（2）样品制备　准备测试用双极板及与其配套的夹具和密封线；样品数量为 5 个（保证得到 3 个有效值），应无褶皱、划痕和破损。

（3）测试方法　按以下步骤进行双极板部件阻力降测试。

① 按照图 1-65 所示将双极板组装到具有密封胶线和气体进口及出口的夹具之间，组装燃料电池假电池。

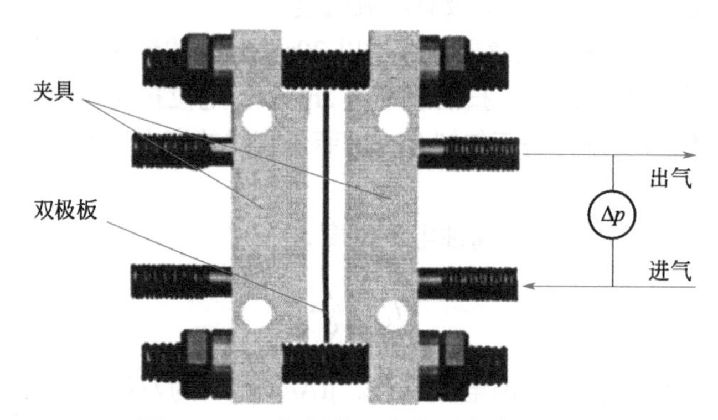

图 1–65　双极板的阻力降测试装置示意

② 堵住双极板的氧化剂腔的气体出入口，使燃料气腔单腔进气，在一定入口气体流量和入口压力下，测量气体流经双极板的进出口压差即燃料气腔的阻力降。每次测量时必须保证气体流动平稳。气体的入口压力范围可以为 0.01 ～ 0.2MPa，入口气体流量范围可以为 0.5 ～ 2L/min。

③ 堵住双极板的燃料气腔的气体出入口，使氧化剂腔单腔进气，在一定入口气体流量和入口压力下，测量气体流经双极板的进出口压差即氧化剂腔的阻力降。每次测量时必须保证气体流动平稳。

（4）数据处理　双极板部件的阻力降为

$$\Delta p=p_1-p_2 \tag{1-48}$$

式中，Δp 为双极板部件的阻力降，MPa；p_1 为双极板部件的入口压力，MPa；p_2 为双极板部件的出口压力，MPa。

8. 双极板部件面积利用率测试

（1）测试仪器　双极板部件面积利用率测试仪器主要是卡尺，用于测试双极板的长度和宽度，其精度不低于 0.01mm。

（2）样品制备　样品的流场部分有效面积至少为 25cm^2（5cm×5cm）；样品应无褶皱、划痕和破损。

（3）测试方法　用卡尺测试双极板的总长度和总宽度；测试流场部分的面积。

（4）数据处理　双极板部件的面积利用率为

$$U = \frac{S_U}{L_U D_U} \times 100\% \tag{1-49}$$

式中，U 为双极板部件的面积利用率，%；S_U 为双极板流场部分的面积，cm^2；L_U 为双极板的总长度，cm；D_U 为双极板的总宽度，cm。

9. 双极板部件厚度均匀性测试

（1）测试仪器　双极板部件厚度均匀性测试主要仪器有测厚仪和卡尺，其中测厚仪用于测试双极板的厚度，精度不低于 1μm；卡尺用于测试双极板的长度和宽度，精度不低于 0.01mm。

（2）样品制备　样品有效面积一般为 25cm^2（5cm×5cm）；样品应无褶皱、划痕和破损。

（3）测试方法　按以下步骤进行双极板部件厚度均匀性测试。

① 每次测量前都应校准测厚仪的零点，且在每个试样测量后重新检查其零点。

② 测量时将量头平缓放下，避免样品变形和破损。测试在室温条件下进行。

③ 每 25cm^2 样品的测试点不少于 9 个，且分布均匀。

（4）数据处理　双极板部件的厚度最大值与最小值之差为

$$\Delta d = d_{max} - d_{min} \tag{1-50}$$

式中，Δd 为双极板部件的厚度最大值与最小值之差，mm；d_{max} 为双极板部件的厚度最大值，mm；d_{min} 为双极板部件的厚度最小值，mm。

双极板部件的平均厚度为

$$\bar{d} = \frac{\sum_{i=1}^{n} d_i}{n} \tag{1-51}$$

式中，$\bar{d}$ 为双极板部件的平均厚度，mm；d_i 为双极板部件某一点的厚度测量值，mm；n 为测量数据点数。

双极板部件的相对厚度偏差为

$$\Delta S = \frac{d_i - \bar{d}}{\bar{d}} \times 100\% \tag{1-52}$$

式中，ΔS 为双极板部件的相对厚度偏差，%。

10. 双极板部件平面度测试

（1）测试仪器　双极板部件平面度测试仪器主要有平面度测试仪和测试台，其中平面度测试仪的精度不低于 1μm。

（2）样品制备　样品有效面积一般为 25cm^2（5cm×5cm）；样品应无褶皱、划痕和破损。

（3）测试方法　按以下步骤进行双极板部件平面度测试。

① 每次测量前都应校准平面度测试仪，且在每组试样测量后应重新校准。

② 按照规定方法，确定样品测试区域尺寸和最佳参照平面。

③ 测试双极板的平面度。对于双极板的流场部分，主要测试双极板的脊背部分，双极板的沟槽部分不考虑在内。

（4）数据处理　双极板的最高的凸出值与最深的凹下值之差为

$$\Delta d_p = d_{p_{max}} - d_{p_{min}} \tag{1-53}$$

式中，Δd_p 为双极板的最高凸出值与最深凹下值之差，mm；$d_{p_{max}}$ 为双极板的最高凸出值，mm；$d_{p_{min}}$ 为双极板的最深的凹下值，mm。

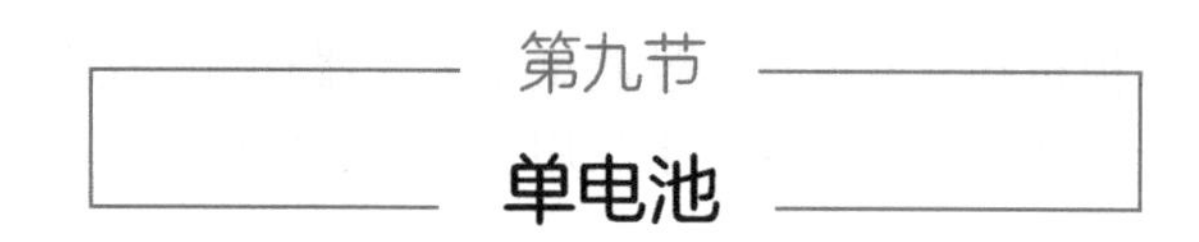

第九节 单电池

单电池是燃料电池的基本单元，相当于单个电芯，理论电压为 1.2V 左右，实际运作过程中有损耗，电压为 0.7V 左右。

一、单电池的组成

质子交换膜燃料电池的单电池应包含以下全部或部分组件。

① 一片膜电极组件。电极面积应足够大以满足参数测量要求。虽然较大的燃料电池采用较大面积的电极可能会得到与实际应用更相关的数据，但仍建议电极面积在 $25cm^2$ 左右。

② 密封件。密封件材料应当与电池反应气体、各组件和反应物以及运行温度相匹配，应能阻止气体的泄漏。

③ 一块阳极侧的双极板和一块阴极侧的双极板。双极板应由具有可忽略的气体渗透性、高导电性的材料制成。推荐使用树脂浸渍、高密度合成石墨、聚合物 / 碳复合材料，或者耐腐蚀的金属材料，如钛或不锈钢。如果使用金属材料，其表面应有涂层或镀层以减少接触电阻。流场板应当抗腐蚀，有合适的密封。

④ 一块阳极侧的集流板和一块阴极侧的集场板。集流板应由具有高电导率的材料（如金属）制成。可以在金属集流板表面涂覆 / 镀上降低接触电阻的材料，如金或银；但要注意选择涂层材料，该涂层材料应与电池的组件、反应气体和产物相容。集流板应有足够的厚度以减小电压降，同时应有用于导线连接的输出端。如果双极板同时是集流板，则不再需要单独的集流板。

⑤ 一块阳极侧的端板和一块阴极侧的端板。端板（夹固板）应为平板且表面光滑，应具有足够的机械强度以承受螺栓紧固时产生的弯曲压力。如果端板具有导电性，应将其与集流板隔绝以防止发生短路。

⑥ 电绝缘片（薄板）。电绝缘片用于隔绝集流板和端板。

⑦ 紧固件，可能包括螺栓、弹簧和垫圈等。紧固件应具有高的机械强度，以承受

电池组装和运行时产生的压力。可以使用垫片和弹簧保持作用在单电池上的压力恒定均匀。应使用扭力扳手或其他测量仪器确定电池上的压力的精确。建议使用电绝缘的紧固件。

⑧ 温控装置。为了使单电池保持恒温且沿流场板和通过电池方向温度分布均匀，应提供温控装置（加热或冷却）。温控装置的设计可遵循一定的温度曲线图。温控装置应能防止过热。

⑨ 其他辅助部件。单电池主要由双极板和膜电极构成，如图 1-66 所示，其中膜电极由质子交换膜、催化层和气体扩散层组成。

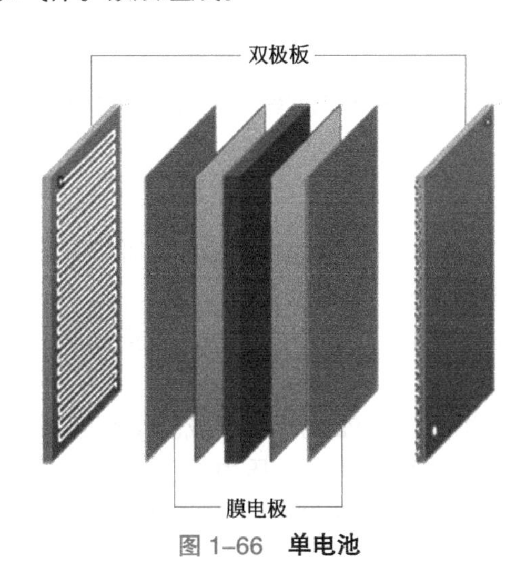

图 1-66 **单电池**

二、单电池的组装

单电池的组装包括电池装配和漏气检查。

1. 电池装配

电池组装程序对电池数据的可重复性有很大的影响。电池装配程序包括以下内容。

① 质子交换膜放置定位，包括阳极侧和阴极侧确认。

② 气体扩散层放置定位，包括阳极和阴极用气体扩散层确认，也包括气体扩散层面向质子交换膜和流场确认。

③ 密封件 / 密封的安装。

④ 固定装置或装配夹具的定位（如果有的话）。

⑤ 加压规程，例如，扩散介质压缩值，螺栓紧固次序，压缩弹簧，以及最终的扭矩规定。

如图 1-67 所示为采用典型部件组装的单电池，这些部件采用螺栓和螺母压在一起。弹性垫圈和弹性密封件根据需要垫在螺母上以防止松动。CCM（Catalyst Coated Membrane）表示催化剂涂覆膜，是表面涂覆了一层催化剂的膜，构成电极的反应区域。气体扩散层位于电极和流场板之间具有气孔结构的导电部件，充当电子传导介质，提供反应物向电极传递的扩散通道并移除反应产物。集流板和流场板一般用双极板代替。

单电池装配后，应检查端板和集流板之间的绝缘性。

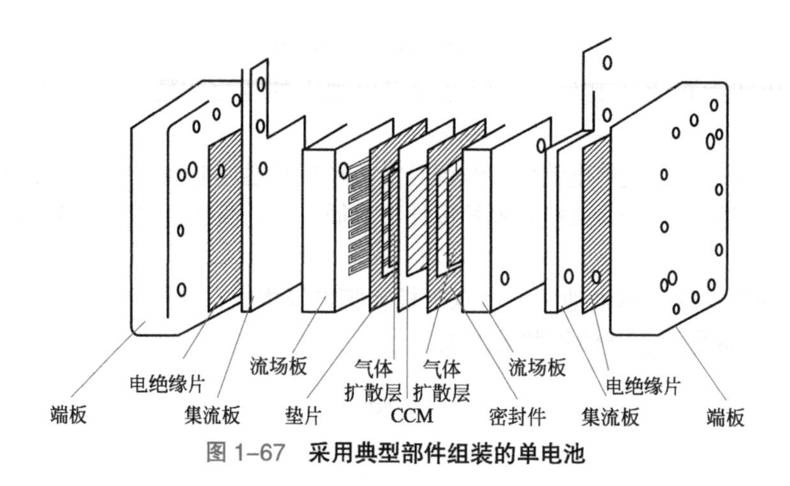

图 1-67 采用典型部件组装的单电池

2. 漏气检查

单电池装配后，要进行漏气检查。电池的外部和内部泄漏应极少。

典型的漏气试验规程分为程序 1 和程序 2。

程序 1：向阳极和阴极均通入氮气，设置背压为接近 0kPa，然后关闭阳极和阴极气体的出口阀门。

第一步，向阳极一侧施加至 50kPa 的压力（或者最高运行压力的 150%），同时向阴极一侧施加至 30kPa 的压力（或者最高运行压力的 125%）。关闭阳极和阴极气体的入口阀门，将气体密封在电池内，使电池在这种状态下保持 10min，并分别监测阳极和阴极的压强。

第二步，向阴极一侧施加至 50kPa 的压力（或者最高运行压力的 150%），同时向阳极一侧施加至 30kPa 的压力（或者最高运行压力的 125%）。关闭阳极和阴极气体的入口阀门，将气体密封在电池内，使电池在这种状态下保持 10min，并分别监测阳极和阴极的压强。

在第一步中，如果阳极侧的压力降低，并且阴极侧的压力升高，则表明气体穿透膜。在第二步中，如果阴极侧的压力降低，并且阳极侧的压力升高，则表明气体从相反方向穿透膜。如果任意一侧的压力下降与另一侧不相关，表明发生了一端外漏；如果两边的压力均降低，很可能发生了外部泄漏。

程序 2：向阳极和阴极均通入氮气，设置背压为接近 0kPa，然后关闭阳极和阴极气体的出口阀门。

第一步，向阳极和阴极同时加压至 30kPa。关闭阳极和阴极气体的入口阀门，将气体密封在电池内，使电池在这种状态下保持 10min，并分别监测阳极和阴极的压强。记录电池的漏气量。

第二步，向阳极侧加压至 30kPa，同时阴极侧为 0kPa，关闭阳极和阴极气体的入口阀门，将气体密封在电池内，使电池在这种状态下保持 10min，并分别监测阳极和阴极的压强。记录由阳极向阴极侧的气体穿透量。

第三步，向阴极侧加压至 30kPa，同时阳极侧为 0kPa，关闭阳极和阴极气体的入口阀门，将气体密封在电池内，使电池在这种状态下保持 10min，并分别监测阳极和阴极的压强。记录由阴极向阳极侧的气体穿透量。

三、单电池的测试平台

单电池试验需要一个测试平台，测试平台的设备至少能满足以下试验参数的单电池试验过程。

① 反应气体流量的调节。测量燃料电池在所需要的化学计量比下的燃料和氧化剂气体的流量。

② 反应气体增湿的控制。在气体输送给燃料电池前增湿反应气体到所需的露点。

③ 反应气体压强的控制。调节燃料电池内反应气体的压强。

④ 负载控制。加载从电池得到规定的电流。负载控制应既能以恒电流模式又能以恒压模式运行。

⑤ 电池加热或冷却的控制。加热或冷却单电池达到所需运行温度。

⑥ 电池电压监控和数据采集。设备在试验过程中测量和记录电池电压。

⑦ 测试台控制。测试台必须能控制以上参数。

⑧ 安全系统。安全系统应该能够在出错的情况下自动（或带有音响报警的手工操作）停止试验。

如图 1-68 所示为单电池的测试平台示意。

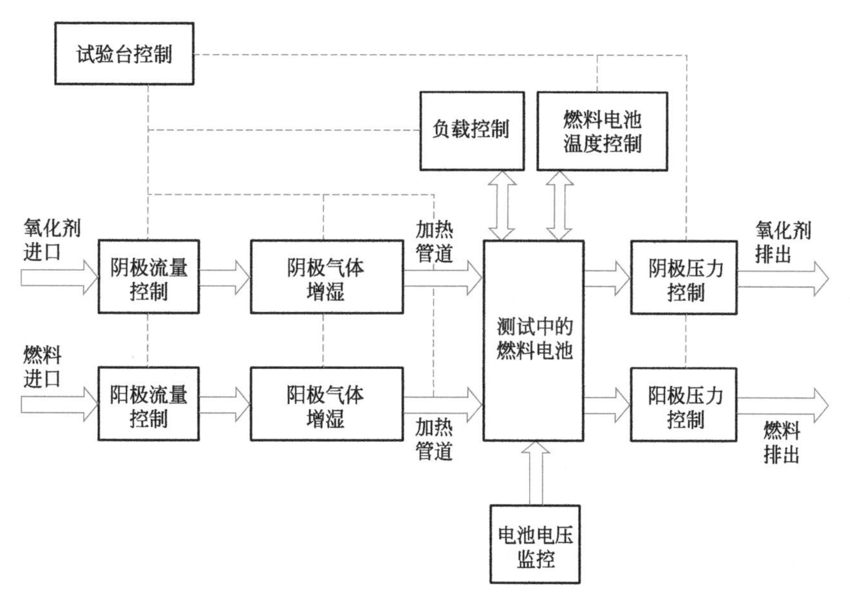

图 1-68　**单电池的测试平台示意**

四、单电池的性能试验

单电池的性能试验主要包括稳态试验、恒定气体流量的 *I-U* 特性试验、恒定气体化学计量比下的 *I-U* 特性试验、极限电流试验、氢气扩散增益试验、氧气扩散增益试验、温度影响试验、氧化剂湿度影响试验、燃料组成试验、过载试验、长时间运行试验、启动 / 关机循环试验和加载循环试验等。

1. 稳态试验

（1）试验目的　稳态试验的目的是测试标准状态下电池的输出电压（或电流）和输出

功率。

（2）试验方法　有两种类似的方法进行该试验。

① 把所有的输入参数定为设定值。设定电流为额定电流密度并保持不变，直到电池电压稳定在 ±5mV 以内保持 15min。记录电池电压值。从试验结果计算出在标准试验状态下的输出功率。额定电流密度是指由制造商规定的膜电极组件或单电池持续工作时的最大电流密度。

② 把所有的输入参数定为设定值。设定电压为设定值并保持不变，直到电池电流稳定在 ±2% 以内保持 15min。记录电池电流值。从试验结果计算出在标准试验状态下的输出功率。

2. 恒定气体流量的 *I–U* 特性试验

（1）试验目的　恒定气体流量的 *I-U* 特性试验目的是确定电池电压（和功率密度）在恒定气体流量下随电流密度的变化而发生的变化。

（2）试验方法　按电池生产商规定的最大电流密度下的标准化学计量比设定燃料和氧化剂的流量。设定并保持该电流，电池电压稳定在 ±5mV 之间保持 15min。

保持燃料和氧化剂流量不变，电流在 0 到最大电流密度之间进行合适的间隔变化以获得电池的 *I-U* 曲线。对每个电流密度值，电压稳定在 ±5mV 之间至少保持 5min。应精确记录试验结果。

如果预期的最大电流密度已知，典型的电流密度增量分别为 0、2%、5%、10%、20%、30%、50%、70%、90% 和 100%；如果最大电流密度未知，典型的电流密度增量分别为 0、20、50、100、200、400、600、800、1000、1200、1400、1600、1800 和 2000，单位为 mA/cm^2。

3. 恒定气体化学计量比下的 *I–U* 特性试验

（1）试验目的　恒定气体化学计量比下的 *I-U* 特性试验目的是确定气体化学计量比在恒定条件下电流密度改变的电池电压（和功率密度）的变化。化学计量比是指供应给电池的燃料气体（氧化剂）与根据电流计算的化学反应需要量的摩尔比。

（2）试验方法　设定燃料和氧化剂的流量相对于电池生产商规定的最大电流密度下的标准化学计量比。设定并保持该电流，电池电压稳定在 ±5mV 之间保持 15min。

燃料和氧化剂化学计量比在每个电流状态下保持不变，电流在 0 到最大电流密度之间进行合适的间隔变化以获得电池的 *I-U* 曲线。对每个电流密度值，电压稳定在 ±5mV 之间至少保持 5min。应精确记录试验结果。

4. 极限电流试验

极限电流是指把电压值外推至 0V 时的电流。

（1）试验目的　极限电流试验的目的是评价电池中 MEA 的传质极限。

（2）试验方法　根据电池制造商规定的额定电流密度下标准化学计量比设定燃料和氧化剂的流量。保持燃料和氧化剂化学计量比恒定，小幅度逐步增加电流（即逐步增加燃料和氧化剂流量），记录每一步电池电压。当电压迅速地降低到接近 0V 时（但不为 0V），记录下电流值，并迅速减小电流以免损害 MEA。

5. 氢气扩散增益试验

（1）试验目的　氢气扩散增益试验的目的是评价阳极的扩散性能。通过氢气扩散增益测试评价实际使用中用重整气（氢气、二氧化碳、氮气及其他杂质的混合气）作为燃料的MEA 的性能。

（2）试验方法　本试验可采用两种方法中的一种：恒定气体流量或者恒定气体化学计量比。一旦选定了一种方法，整个试验过程中都应该使用同一种方法。试验应按以下流程进行。

① 按设定流速、增湿及压力给电池阳极侧通入氢气作为燃料。用所选择的方法测量使用氢气和空气时的 *I-U* 特性曲线。

② 使用氢气和氮气的混合气作为阳极燃料。这里，氮气取代了重整气中的非氢气成分。重整气的组成由制造商规定。采用选定的方法，使用氢气和氮气混合气以及空气，获取 *I-U* 特性曲线。

③ 比较以纯氢为燃料和以混合气为燃料的 *I-U* 特性曲线，如果两者差异大于用能斯特（Nernst）方程预测的理论值，表明阳极可能存在扩散问题。

6. 氧气扩散增益试验

（1）试验目的　氧气扩散增益试验的目的是评价阴极的扩散性能，即评价在实际应用中以空气为氧化剂的 MEA 的性能。

（2）试验方法　本试验可采用两种方法中的一种：恒定气体流量或者恒定气体化学计量比。一旦选定了一种方法，整个试验过程中都应该使用同一种方法。试验应按以下流程进行。

① 使用空气作为氧化剂，以选定的方法测量 *I-U* 特性曲线。

② 用氧气代替空气，采用同样流量、增湿以及压力，采用选定的方法测量 *I-U* 特性曲线。

③ 比较氧气和空气的 *I-U* 特性曲线，如果两者差异大于用能斯特（Nernst）方程预测的理论值，表明阴极可能存在扩散问题。

7. 温度影响试验

（1）试验目的　温度影响试验的目的是测量电池温度对电池性能的影响。温度通常会影响电极反应速率和电解质的传导率。

（2）试验方法　按电池制造商规定设置电池温度，同时增加或降低露点和进气温度，保持阴、阳极在燃料电池运行温度恒定时的湿度。在每个温度水平上，测量电池的 *I-U* 特性曲线。

8. 氧化剂湿度影响试验

（1）试验目的　氧化剂湿度影响试验的目的是测量氧化剂的不同湿度对电池性能的影响，氧化剂湿度通常会影响电解质的传导和气体向阴极的扩散。

（2）试验方法　本试验可采用两种方法中的一种：恒定气体流量或者恒定气体化学计量比。一旦选定了一种方法，整个试验过程中都应该使用同一种方法。试验应按以下流程进行：在标准状态下设置燃料湿度；根据相应的露点温度设置几个级别的氧化剂湿度，获

取相应的 *I-U* 特性曲线。

9. 燃料组成试验

（1）试验目的　燃料组成试验的目的是测试重整气的组成对电池性能的影响。本试验用于测定电极对不同类型燃料气的耐受程度。重整气通常包括氢气、一氧化碳和惰性气体如二氧化碳、氮气；各组分含量取决于原料和重整方法的差异。惰性气体通常会影响氢气向电极的扩散。

（2）试验方法　本试验可采用两种方法中的一种：恒定气体流量或者恒定气体化学计量比。一旦选定了一种方法，整个试验过程中都应该使用同一种方法。试验应按以下流程进行：采用标准的燃料气体，用选定的方法测量得到 *I-U* 特性曲线；然后把标准燃料气体改成另一种具有不同组成的燃料气体，用选定的方法测量 *I-U* 特性曲线。

10. 过载试验

（1）试验目的　过载试验的目的是评价电池的电过载耐久性。电池的过载耐久性受催化剂和电极的气体扩散能力的影响。

（2）试验方法　设置负载在额定电流与极限电流之间，按照标准化学计量比设置燃料与氧化剂流量，然后设置电流；按照电池制造商规定的时间段运行电池，在电池运行过程中记录电池电压。

11. 长时间运行试验

（1）试验目的　长时间运行试验的目的是测定电池在规定的恒定电流条件下长期运行时的电压变化。长时间运行试验通常在稳态下进行，但在试验过程中会按固定的时间间隔周期性测试 *I-U* 特性和电池电阻，以评价电池性能。

（2）试验方法　根据电池制造商规定的允许运行时间在标准试验条件下持续运行电池，记录电池运行期间的电压。如果需要，每隔一定时间记录标准试验条件下的 *I-U* 特性曲线和电池电阻，建议最少测量十组数据。

12. 启动 / 关机循环试验

（1）试验目的　启动 / 关机循环试验的目的是测定在规定条件下电池运行的性能变化，该变化情况是启动 / 关机次数的函数。该试验可作为特定运行条件下应用的 MEA 寿命的特定试验。

（2）试验方法　当电池在 100% 负载（额定电流密度）下运行一定时间后，关闭负载（开路）一段时间，然后加载，100% 负载运行。重复该过程，记录电压。负载的启动 / 关机工况以及运行时间由电池制造商规定。

13. 加载循环试验

（1）试验目的　加载循环试验的目的是测定在规定条件下燃料电池运行的电压变化，该变化是电流密度对时间的动态函数。该试验可作为特定运行条件下应用的 MEA 寿命的特定试验。

（2）试验方法　当电池在 100% 负载（额定电流密度）下运行一定时间后，保持气体的化学计量比恒定，将负载从 100% 降为部分负载运行一定时间，然后将负载再次升至 100%。重复该过程，记录电压。负载工况以及运行时间由电池制造商规定。

典型的加载循环工况和试验时间如下。

建议使用两种电流密度工况使电池性能在两种电流密度水平之间工作：一种工况动态变化，持续 1min；另一种工况较稳定，持续 1h。

开始循环试验前，为稳定操作条件，第一次大电流密度功率阶段时的电流密度设定为额定电流密度，然后按照图 1-69 和图 1-70 中的两种工况中的一种进行加载循环。

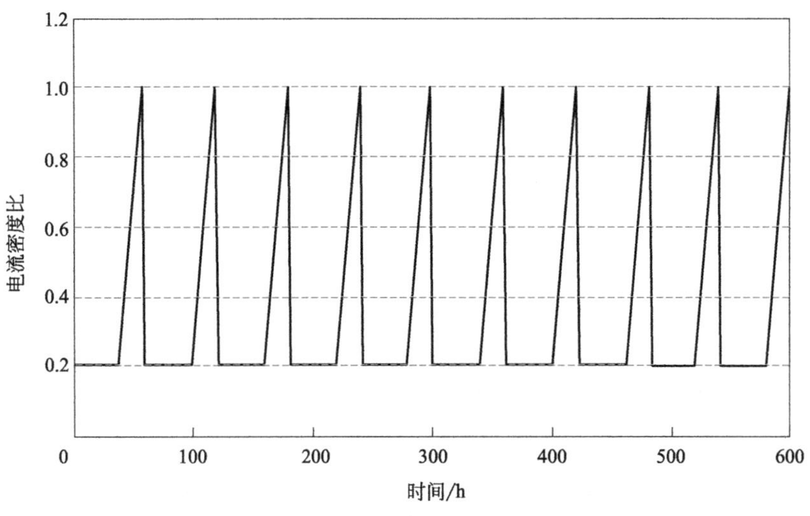

图 1-69 **第一个负载循环工况**

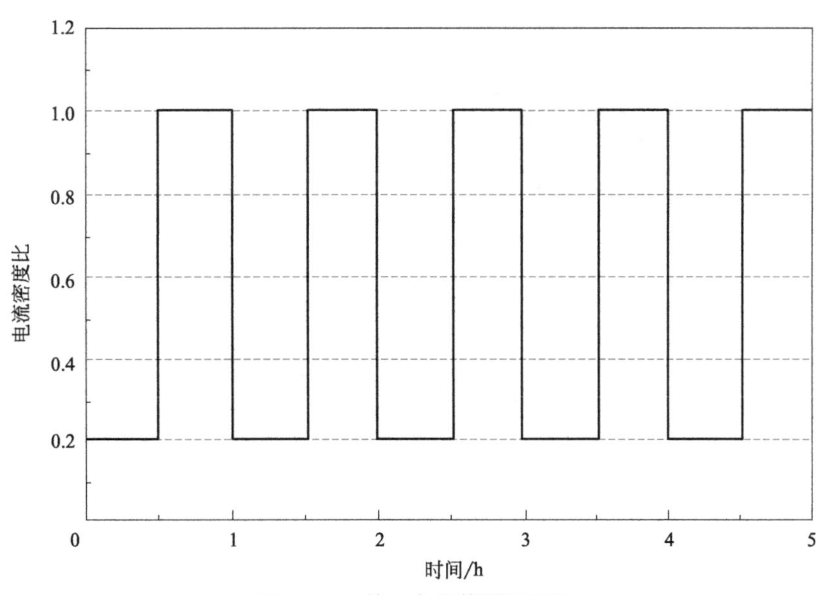

图 1-70 **第二个负载循环工况**

第一个负载循环工况分为两部分：低电流密度区为额定电流密度的 20%，40s；高电流密度区为从低电流密度区增长到额定电流密度，20s。

第二个负载循环工况分为两部分：低电流密度区为额定电流密度的 20%，0.5h；高电流密度区为额定电流密度，0.5h。

运行时间由运行条件和特定应用决定，可设定在 500 ～ 1000h 之间。

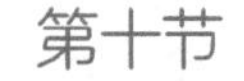

第十节 燃料电池堆

燃料电池堆是发生电化学反应的场所，也是燃料电池动力系统的核心部分，由多个单电池以串联方式层叠组合构成。

一、燃料电池堆的组成

燃料电池堆是由两个或多个单电池和其他必要的结构件组成的、具有统一电输出的组合体，如图 1-71 所示。必要结构件包括双极板、膜电极、端板、密封件、紧固件等。将双极板与膜电极交替叠合，各单体之间嵌入密封件，经前、后端板压紧后用紧固件紧固拴牢，即构成燃料电池堆。燃料电池堆也简称为电堆。

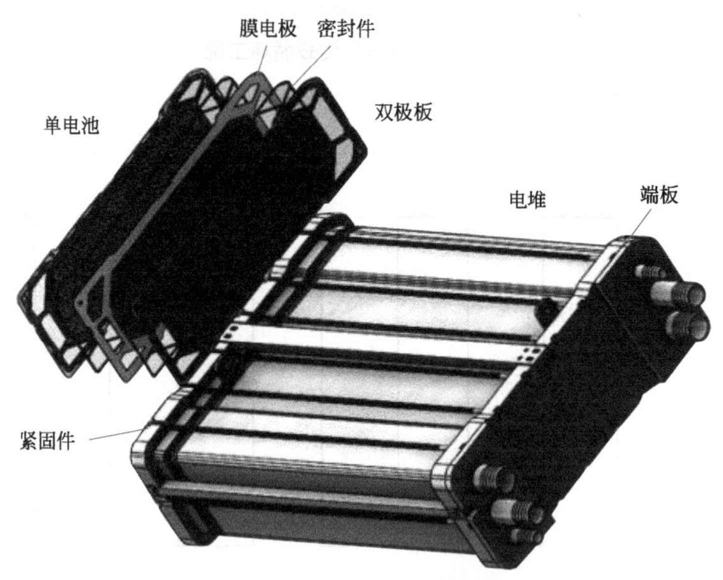

图 1–71　**燃料电池堆的组成**

1. 端板

端板的主要作用是控制接触压力，因此足够的强度和刚度是端板最重要的特性。足够的强度可以保证在封装力作用下端板不发生破坏，足够的刚度则可以使得端板变形更加合理，从而均匀地传递封装载荷到密封层和膜电极上。

燃料电池堆端板的材料选择与结构设计是影响电池堆性能、寿命及成本的关键因素，主要体现在以下方面。

① 装配压力。装配压力不足，气体扩散层压缩量过低，电池堆内部会产生较大的接触电阻，降低电池堆电能输出，同时可能导致电池堆的密封效果变差；装配压力过大，气体

扩散层会过度压缩或阻塞流道，影响气体的传输，并可能破坏膜电极。

② 装配压力分布。端板结构设计不合理，导致压力分布不均匀，影响气体分配、电流密度的分布以及热量管理，最终缩短电池堆的运行寿命。

③ 端板的重量与体积。端板的重量和体积影响电池堆的体积功率密度和比功率密度。

④ 成本。端板材料、加工及相关紧固件的费用占电池堆成本的 5% ～ 15%，成为电池堆研发及产业化进程中成本控制上不可忽视的环节。

质子交换膜燃料电池堆端板一般使用金属、环氧树脂、玻璃纤维板和聚酯纤维板等，端板上设置有集流板，负责将电流导出电池，还设置了弹簧和弹簧盖板，通过弹簧和弹簧盖板将燃料电池堆的紧固力控制在一定范围内。

为保证在整车使用寿命内的燃料电池堆安全性，车用质子交换膜燃料电池堆制造商必须对端板设计进行机械强度、冷热循环、振动冲击、疲劳寿命等的分析校核。另外，端板还需要进行强度测试，保证振动冲击条件下的可靠性和安全性。燃料电池堆在工作时温度较高，需要保证端板在较高温度下的稳定性并控制形变。

2. 膜电极

膜电极（MEA）是质子交换膜燃料电池的核心组件，它一般由质子交换膜、催化层和气体扩散层组成。质子交换膜燃料电池的性能由膜电极决定，而膜电极的性能主要由质子交换膜性能、气体扩散层结构、催化层材料和性能、膜电极本身的制备工艺所决定。

3. 双极板

双极板又称流场板，是电池堆的核心结构零部件，起到均匀分配气体、排水、导热、导电的作用，占整个燃料电池 60% 的重量和约 20% 的成本，其性能优劣直接影响电池的输出功率和使用寿命。双极板材料主要有金属双极板、石墨双极板和复合双极板，丰田 Mirai、本田 Clarity 和现代 NEXO 等燃料电池乘用车均采用金属双极板，而商用车一般采用石墨双极板。

4. 密封件

质子交换膜燃料电池堆对于密封有很高的要求，不允许有任何泄漏。在密封设计时，要注意以下事项。

① 压强和压力分布均匀性，即密封材料的压力在整体上分布均匀，不会有压力太高或压力太低的局部区域。

② 受压变形的横向稳定性，即密封材料纵向受压的时候，既不会有横向平移、剪切和侧翻等趋势，也对外部横向作用力具有抵抗能力。

③ 由于弹性材料在燃料电池堆预期使用寿命内受压发生蠕变，应避免由此导致的燃料电池堆整体压缩量变化，因此宜采用压缩量控制而非装配压力控制。

密封件的主要作用是保证燃料电池堆内部的气体和液体正常、安全流动，需要满足以下要求。

① 较高的气体阻隔性，保证对氢气和氧气的密封。

② 低透湿性，保证高分子薄膜在水蒸气饱和状态下工作。

③ 耐湿性，保证高分子薄膜工作时形成饱和水蒸气。

④ 环境耐热性，适应高分子薄膜工作的环境。

⑤ 环境绝缘性，防止单电池间电气短路。

⑥ 橡胶弹性体，吸收振动和冲击。

⑦ 耐冷却液，保证低粒子析出率。

为达到较好的密封效果，应从材料选型、结构设计、制造工艺等方面保证密封设计能够承受电池堆预期使用寿命中的温度、压力、湿度、腐蚀、老化、蠕变、工况变化、振动、冲击等作用。

双极板与膜电极之间的活化区域密封一般采用硅橡胶、氟硅橡胶、三元乙丙橡胶、聚异戊二丁烯和氯丁橡胶等高弹体材料。最常用的是采用密封圈密封，通常在双极板上开设一定形状的密封槽并放置密封圈，在双极板两侧施加一定的封装力使密封圈变形，实现可靠的接触密封。还有预制成型（密封垫片）密封方式，在双极板上安装橡胶密封垫片并与膜电极边框进行挤压密封。

电池堆整体封装设计应考虑整堆应力分布、寿命阶段内的振动和冷热冲击耐受性、工艺成本等因素。在力争体积紧凑、重量降低的情况下，实现电池堆的最优封装。

5. 紧固件

紧固件的作用是维持燃料电池堆各组件之间的接触压力。电池堆紧固方式有螺栓紧固式和绑带捆扎式。螺栓紧固式是较早采用的方式，其装配简单，设计要点为螺栓数量、分布、预紧力的大小以及螺栓预紧力的次序。绑带紧固的优势在于结构紧凑，可实现相对高的功率密度，其设计要点包括绑带材料、绑带宽度和厚度、绑带分布数量和位置。

无论是螺栓紧固式还是绑带捆扎式，主承压部分均为端板，所以端板的设计要基于端板材料的刚度和强度，结合应力及形变，确定适宜的端板厚度和形状，有利于实现电池堆整体压力均匀分配，实现轻量化。

二、燃料电池堆的组装

燃料电池堆的组装要使用专用设备，如图 1-72 所示，一般按以下步骤进行。

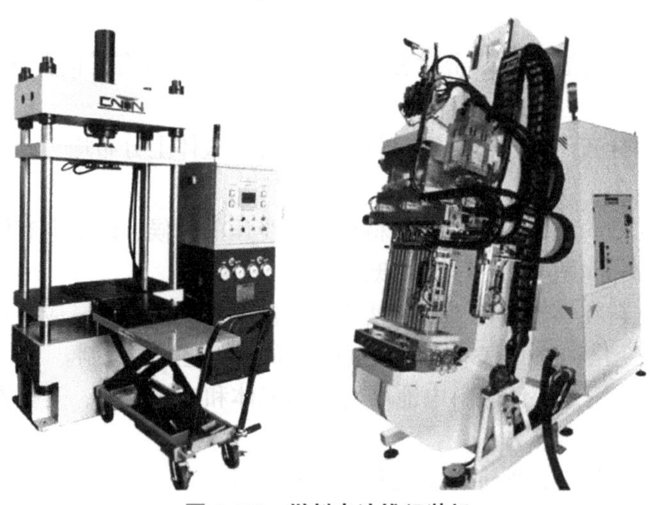

图 1–72　**燃料电池堆组装机**

① 将双极板、膜电极、双极板按顺序依次叠加在已经安装好绝缘板、集流板的下端板上，组装出第一个单电池。

② 重复步骤①，组装出若干个单电池；再利用组装辅助定位装置把单电池整齐地叠加成电池堆。

③ 安装好最后的单电池后，叠上上端板部分，使用组装机施加设计好的压力将电池堆压紧。

④ 在电池堆的进气歧管上安装好气密性测试设备，按照测试流程进行气密性检验。

⑤ 气密性检验通过后，在保持压力的情况下，安装好螺杆（紧固件）。随后即可撤除压力，至此一个电池堆组装完毕。这时组装好的电池堆一般称为电池堆本体。

在实际应用中，电池堆本体及其他附件都封装于一个壳体之内，即实际应用中看到的成品电池堆，如图 1-73 所示。

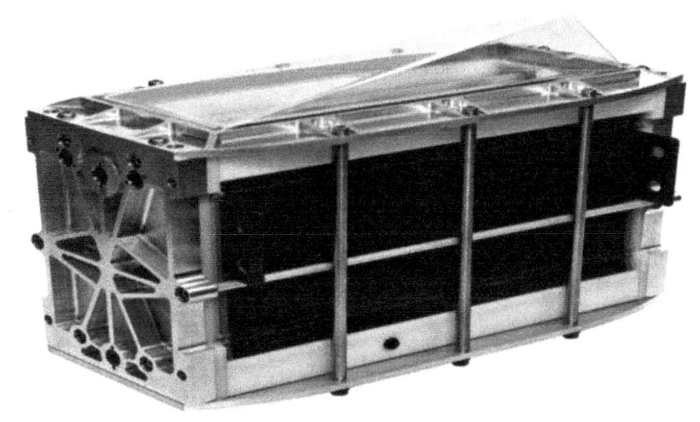

图 1-73 **电池堆成品**

电池堆的封装壳体具有以下要求。

① 壳体材料密度要小，强度要高，且易于机械加工成型。

② 需要考虑内部接触处，确保电池堆的短路防护。

③ 具有一定的外界防水能力。

④ 具有一定的酸碱防腐蚀能力，且具有一定的高低温耐久性。

壳体内一般包括电池堆本体、固定模块、巡检模块、汇流排模块、交互模块，如图 1-74 所示。

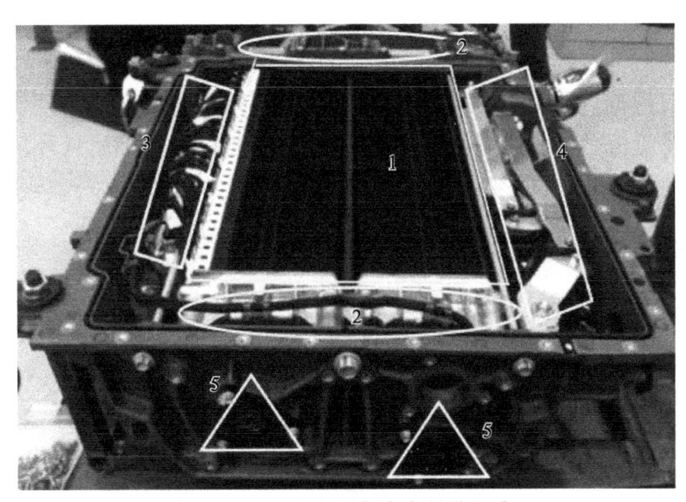

图 1-74 **电池堆壳体内部的组成**

1—电池堆本体；2—固定模块；3—巡检模块；4—汇流排模块；5—交互模块

（1）电池堆本体　电池堆本体是燃料电池的核心，是发生电化学反应以提供动力的场所。

（2）固定模块　固定模块可保证电池堆本体与壳体牢牢地固定在一起，避免在外力载荷作用下，电池堆本体在壳体内发生滑动，从而影响电池堆本体的结构稳定性。

（3）巡检模块　作为燃料电池唯一的电子模块，主要用于采集燃料电池电压，同时做出简单的故障诊断（如最低单体电压报警等），这些信息与燃料电池控制器实现交互。如图 1-75 所示为某燃料电池的巡检模块。

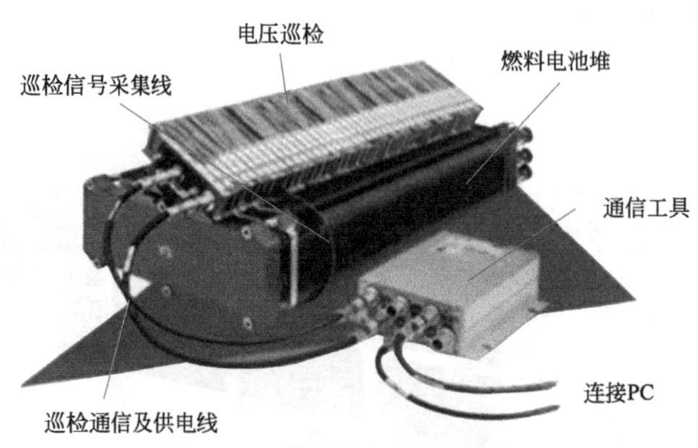

图 1-75　某燃料电池的巡检模块

（4）汇流排模块　汇流排模块为燃料电池中高压电气部件的一部分，其主要作用是汇集电流，并通过高压接插件向外界输出电流。

（5）交互模块　交互模块用于壳体内部与大气环境的交互。壳体上应有开口，与大气相通，从而避免壳体内渗漏氢气的聚集；但是开口处又必须有防水功能，避免外部水分进入壳体内，导致壳体内水的冷凝聚集；另外壳体的开口应具有向外排水而外部液态水又不能进入壳体内部的功能。各个电池堆厂家的方案有所不同，有的采用防水透气膜，安装于封装壳体上；有的采用吹扫的方式，在封装壳体上开设吹扫口，通过主动吹气的方法排除壳体内部的氢气和水分。

三、燃料电池堆的设计要求

燃料电池堆应根据风险评估进行设计。所有零部件都应适合于预期使用时的温度、压力、流速、电压及电流范围；在预期使用中，能耐受燃料电池堆所处环境的各种作用、各种运行过程和其他条件的不良影响。

1. 正常运行条件下的特性

燃料电池堆在规定的所有正常运行条件时，应不会产生任何破坏。

2. 气体泄漏

在制造中应尽量减少易燃气体的泄漏，并应在说明书中对泄漏速率予以说明。

3. 带压力运行

如果燃料电池堆采用气密并承压的外壳封装，则外壳应符合《压力容器安全技术监察规程》。压力并不是燃料电池堆设计所要考虑的重要因素。对于足够的强度、刚度及稳定性和 / 或其他运行特性的要求，应首先重视尺寸的确定、材料的选择和工艺规程。

4. 着火和点燃

应对燃料电池堆采取保护措施（如通风、气体检测、防止运行温度高于自燃温度等），以确保燃料电池堆内部泄漏或对外泄漏的气体不至于达到其爆炸浓度。这些措施的设计规范（如要求的通风速率）应由燃料电池堆制造商提供，以便燃料电池系统集成制造商采取预防措施，确保安全。

燃料电池堆内，膜或其他类似材料用量低于燃料电池堆总重量的 10%。

5. 安全措施

按照安全规范设计的燃料电池堆，允许在没有外部安全措施的情况下运行。

燃料电池堆安全的主动控制可由燃料电池堆模块或燃料电池系统中的安全装置来实现。

6. 管路和管件装配

管路的尺寸应符合设计要求，其材料应满足预期输送的流体和流体压力的要求。

流体泄漏不致产生危险的部位才可采用螺纹连接，如空气供应回路、冷却回路。所有其他接缝都应焊接，或至少要按制造商要求与指定的密封部位装配连接。在燃料气体或氧气管路中，使用的应是磨口接头、法兰接头或压力接头，以防燃料气或氧气泄漏。

管路系统应满足有关规定的气体泄漏试验要求。

应彻底清理管路的内表面以除去颗粒物，应仔细清除管路端口的障碍物和毛刺。

7. 接线端子和电气连接件

对外电路供电的电气连接应满足以下要求。

① 固定在其安装构件上，不会自行松动。

② 导电部分不会从其预定位置滑脱。

③ 正确连接以确保导电部分不致受到损伤而影响其功能。

④ 在正常紧固过程中能防止发生旋转、扭曲或永久变形。

⑤ 裸露的导电连接件有保护层。

8. 带电零部件

制造商应在技术文件中详细说明存在的带电零部件，特别是系统关闭后由于残余电压而存在危险的带电部分，告知燃料电池系统集成制造商应防止电击，还应预防燃料电池堆带电部分的意外短路。

9. 绝缘材料及其绝缘强度

燃料电池堆中带电部分和不带电的导电部分之间的所有绝缘结构设计，都应符合电气绝缘结构有关标准的相应要求。

影响构件功能的材料的力学特性应得到保证，当其所在部位温度比正常运行温度的最高值还高 20K（但不应低于 80℃）时，仍应符合设计要求。

10. 接地

不带电金属零部件应与公共接地点相连。

为了确保良好的电接触，所有电气连接件都不应松动或扭曲，并保持足够的接触压力。所有电气连接件都应采取防腐措施，相互连接的金属件之间不应发生化学腐蚀。

11. 冲击与振动

预期使用中的冲击与振动不应引起任何危险。

12. 监控方法

为确保燃料电池堆的安全，电池堆制造商应该提供电池堆温度、电池堆和 / 或单电池的电压。监控点的位置由电池堆制造商规定并向燃料电池系统制造商加以说明。在用其他方式对燃料电池堆提供安全运行保障的情况下，这些方式必须具有与对温度及压力监控等效的安全保障能力。

四、燃料电池堆的通用安全要求

燃料电池堆为燃料电池电动汽车提供驱动用的电能，属于高压系统，对其安全性要求较高。

1. 一般要求

燃料电池堆具有以下一般要求。

① 燃料电池堆应有外壳做必要的防护，防止其部件与外部高温部件或环境接触。燃料电池堆外壳应具有避免容易对人体产生危害的结构。

② 当燃料电池堆中含有易燃、易爆气体或有害物质时，应在易见位置清楚地标注出来。

③ 燃料电池堆中使用的材料对工作环境应有耐受性，燃料电池堆的工作环境包括振动、冲击、多变的温湿度、电势以及腐蚀环境；在易发生腐蚀、摩擦的部位应采取必要的防护措施。

④ 应对燃料电池堆反应气和冷却液的进口或出口温度、压力或流量等其他相关参数进行监测或者计算。

⑤ 应对燃料电池堆的电压或者电流进行监测或计算。

⑥ 燃料电池堆的介电强度应符合相关规定的要求。介电强度是一种材料作为绝缘体时的电强度的量度，它定义为试样被击穿时，单位厚度承受的最大电压，表示为伏特每单位厚度。物质的介电强度越大，它作为绝缘体的质量越好。

⑦ 如果燃料电池堆单独密封但密封外壳不是气密性外壳，应有防止氢气在壳内积聚的措施，如强制通风等。

⑧ 燃料电池堆的机械结构应具有一定的抵抗跌落、振动、挤压等的能力。

2. 机械冲击安全要求

燃料电池堆受冲击之后，机械结构应不发生损坏，气密性和绝缘性满足相关要求。

试验方法是把燃料电池堆安装固定后，在 3 个轴向（X 向、Y 向和 Z 向）以 $5g$ 的冲击加速度进行冲击试验。机械冲击脉冲采用半正弦波形，持续时间为 15ms，每个方向各进行一次。X向是车辆前进方向，Y向是侧向，Z向是垂直方向。

3. 气密性安全要求

采用压降法测试燃料电池堆的气密性，结果不应低于初始压力的 85%。

试验方法是燃料电池堆处于冷态，关闭燃料电池堆的氢气排气端口、空气排气端口和冷却液出口，同时向氢气流道、空气流道和冷却液流道加注氦氮混合气体，氦气浓度不低于 10%，压力均设定在正常工作压力，压力稳定后关闭阀门，保压 20min，测试压力的变化。

4. 电安全要求

电安全包括绝缘性能、人员触电防护和接地保护。

① 绝缘性能要求。燃料电池堆在加注冷却液并处于冷态循环状态下，正负极的对地绝缘性要求分别不应低于 100Ω/V。可通过测量绝缘电阻来判断。

② 人员触电防护要求。燃料电池堆人员触电防护要求应符合相关规定。

③ 接地保护要求。当燃料电池堆输出电压为 60V 时，燃料电池堆需有接地点，接地点与所有裸露的金属间电阻小于 0.1Ω。测量前，应将燃料电池堆与其相连的其他供电电源和负载断开（如有），测量时测量仪表端子分别连接至接地端子和燃料电池堆外壳（或应接地的导电金属件）。

5. 警示标识

燃料电池堆的警示标识应满足以下规定。

① 当燃料电池堆的最高电压大于 60V 时，燃料电池堆上应有高压电标识符号。

② 燃料电池堆要进行极性标识，正极使用红色，负极使用黑色。

五、燃料电池堆的通用安全性措施

由于质子交换膜燃料电池堆中有燃料和其他储能物质或能量（如易燃物质、加压介质、电能、机械能等），因此应按照以下顺序为质子交换膜燃料电池堆采取通用安全措施。

① 在这些能量尚未释放时，首先消除质子交换膜燃料电池堆的外在隐患。

② 对这些能量进行被动控制（如采用防爆片、泄压阀、隔热构件等），确保能量释放时不危及周围环境。

③ 对这些能量进行主动控制（如通过燃料电池中的电控装置）。在这种情况下，由控制装置故障引发的危险应逐一加以考虑。

④ 提供适当的、与残存危险有关的安全标记。

采取以上措施时，应需特别注意以下危险。

① 机械危险——尖角锐边、跌倒危险、运动的和不稳定的部件、材料强度以及带压力的液体和气体。

② 电气危险——人员接触带电零部件、短路、高压电。

③ 电磁兼容性危险——暴露在电磁环境中的燃料电磁堆出现故障或由于燃料电磁堆的电磁辐射导致其他（附近）设备发生故障。

④ 热危险——热表面、高温液体、气体释放或热疲劳。

⑤ 火灾和爆炸危险——易燃气体或液体，在正常或异常运行条件下或在故障情况下，易燃易爆混合物的潜在危险。

⑥ 故障危险——由于软件、控制电路或保护 / 安全元器件的失效或加工不良或误动作引起的不安全运行。

⑦ 材料的危险——材料变质、腐蚀、脆变，有毒有害气体释放。

⑧ 废物处置危险——有毒材料的处置、回收，易燃液体或气体的处置。

⑨ 环境危险——在冷、热、风、雨、进水、地震、外源火灾、烟雾等环境下的不安全运行。

六、燃料电池堆体积功率密度

燃料电池堆体积功率密度是指单位燃料电池堆体积具有的功率，它是评价燃料电池堆性能的重要评价指标之一。

首先要对燃料电池堆的体积进行测量。燃料电池堆体积测量示意如图 1-76 所示。

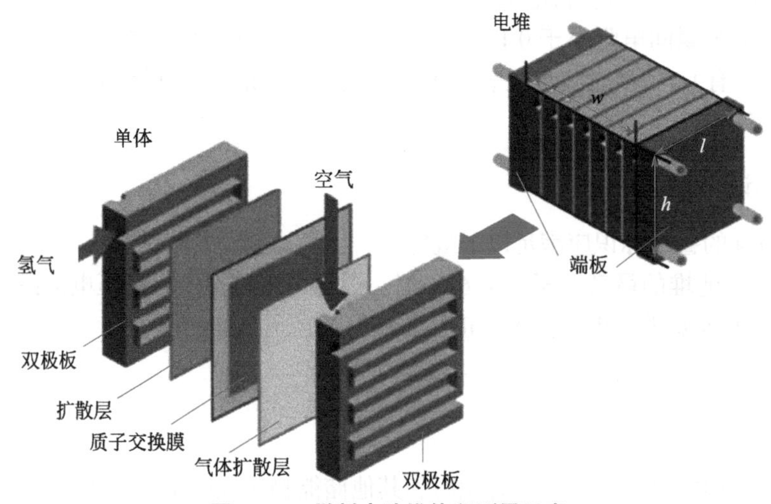

图 1–76　**燃料电池堆体积测量示意**

燃料电池堆的体积为

$$V_d = \frac{wlh}{10^6} \tag{1-54}$$

式中，V_d 为燃料电池堆的体积，L；w 为两个端板之间的宽度，mm；l 为双极板的长度，mm；h 为双极板的高度，mm。

对于双极板的长度，应测量燃料电池堆双极板长度方向的最远外廓尺寸；对于双极板的高度，应测量燃料电池堆双极板高度方向的最远外廓尺寸。

通过测量燃料电池堆的电压和电流，计算燃料电池堆的功率为

$$P_s = \frac{U_s I_s}{1000} \tag{1-55}$$

式中，P_s 为燃料电池堆的功率，kW；U_s 为燃料电池堆的电压，V；I_s 为燃料电池堆的电流，A。

燃料电池堆的体积功率密度为

$$p_v = \frac{P_s}{V_d} \tag{1-56}$$

式中，p_v 为燃料电池堆的体积功率密度，kW/L。

七、燃料电池堆使用寿命

车用燃料电池堆使用寿命是指燃料电池在车用工况循环下从开始使用至伏安特性衰减到规定的最低程度时的累计使用时间。工况循环是指被测燃料电池堆对应车载燃料电池系统从启动到停机连续运行中燃料电池堆的工况变化历程。

1. 测试设备及条件

（1）测试对象　测试对象一般为单一燃料电池堆或多个燃料电池堆的组合体。所测的电池堆，内部膜电极及双极板的结构尺寸和材料与实际应用的燃料电池堆相同。

对于燃料电池系统中多电池堆组合的情况，可取其中一个电池堆为测试对象，也可取部分或全部电池堆组合体为测试对象。测试对象需要从系统中取出后安装于测试平台进行测试。

在测试平台上安装测试对象前，检查确认测试对象无外观损伤，并确认燃料电池堆符合的基本安全要求。

（2）测试平台　燃料电池堆使用寿命测试的主要测量器件及测量精度见表 1-5。

表 1–5　主要测量器件及测量精度

测量器件	精度
湿度测量装置	相对湿度不低于 ±3.0%
温度测量装置	不低于 ±1.0℃
压力测量装置	不低于 ±1.0kPa
燃料质量流量测量装置	不低于 ±1.0%
空气质量流量测量装置	不低于 ±1.0%
电压测量装置	不低于 ±0.5%
电流测量装置	不低于 ±0.5%

燃料电池堆测试平台示意如图 1-77 所示。测试设备应能按照测试程序自动调控，并记录测量参数；应具备多通道电压采集功能，能够显示和记录燃料电池堆每节燃料电池的电压；供气流量和湿度变化速度不低于测试所用工况谱中的变载速度。要求进气温度、湿度、压力传感器布置在电池堆进气口上游 100mm 之内，电池堆温度传感器布置在冷却液出口下游 100mm 之内或电池堆内部，进气流量计布置在气体增湿之前的管路。

完成测试设备与燃料电池堆或模块连接后，确认燃料电池堆各接口处不泄漏，并用手持式或其他类型的氢气检测仪检查燃料电池堆的氢气密封性。

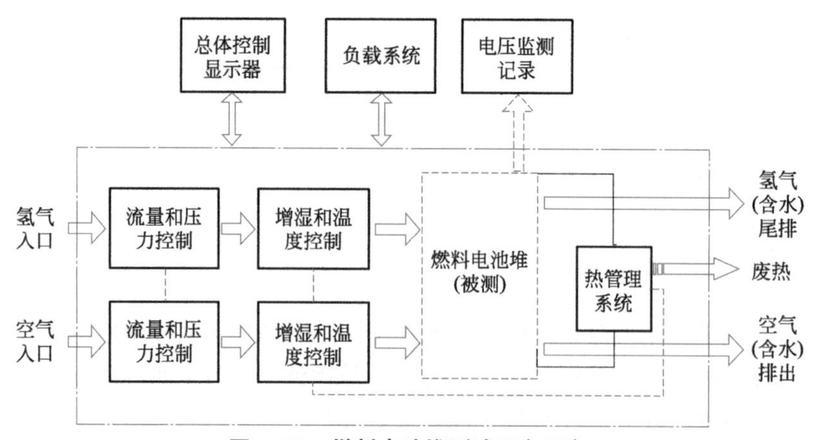

图 1-77　燃料电池堆测试平台示意

（3）测试环境与基本要求　规定测试环境条件为：海拔不超过 1000m，环境温度为 5 ～ 40℃，实验室与室外应保持通风。

基本要求：所用氢气纯度应不低于 99.97%，符合《质子交换膜燃料电池汽车用燃料　氢气》（GB/T 37244—2018）的规定。

（4）特别规定　燃料电池堆的测试评价应依据以下规定执行。

① 燃料电池堆额定电流，由委托方指定，或对应燃料电池平均每节电压 0.65V 时的电流。额定电流是指被测燃料电池堆对应车载燃料电池系统在额定工况下燃料电池堆的输出电流，此电流下燃料电池堆能够维持运行一定时间。

② 燃料电池堆怠速电流，由委托方指定，或对应燃料电池平均每节电压 0.85V 时的电流。怠速电流是指被测燃料电池堆对应车载燃料电池系统在怠速工况下燃料电池堆的输出电流，此电流下燃料电池堆能够维持燃料电池系统自身工作一定时间，但对外不输出功率。

③ 燃料电池堆基准电流，在完成初步活化后对应燃料电池平均每节电压 0.70V 时的电流。

④ 车用燃料电池堆使用寿命的评价准则，从伏安曲线开始至伏安曲线最终，在基准电流下燃料电池平均每节电压衰减 10%。

2. 燃料电池堆电流的确定

首先按照规定的方法对燃料电池堆进行活化。完成活化后，测试燃料电池堆的发电性能。测试中要设定燃料电池堆进气温度、进气湿度、进气压力、供气化学计量比、冷却液温度及冷却液压力等参数。

发电性能测试方法：在怠速至平均每节燃料电池电压 0.60V 范围，至少测量 10 个工况点，记录各工况稳定时的输出电流和电压，并记录开路电压。在燃料电池平均单节电压（0.700±0.005）V 工况，记录各节燃料电池电压。

由“电流 - 电压”测试结果，确定燃料电池的基准电流、怠速电流和额定电流。

3. 燃料电池堆初始电压的确定

按照图 1-78 和表 1-6 进行 100h 运行。工况谱为：每小时启停 1 次、加载 27 次、怠速 21min、额定工况 18min。燃料电池堆每运行 4h，停机休息 1h。1h 完成 1 个工况循环。最后一个循环结束时，按照发电性能测试方法测试燃料电池堆的发电性能，并记录基准电流下燃料电池各节电压。利用燃料电池堆发电性能曲线，确定基准电流工况下平均单节燃料电池电压 U_0，作为燃料电池堆使用寿命计算公式中的初始电压。

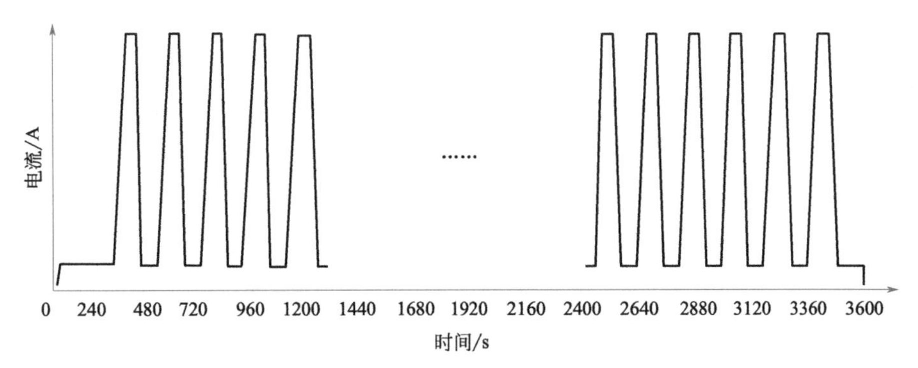

图 1–78　用于燃料电池堆稳定性考核的参比工况谱

表 1–6　燃料电池堆稳定性考核操作规程

步骤	工况	要求	
1	启动	前提条件	各节燃料电池电压＜ 0.3V
		过程	按要求的控制方法完成启动
2	怠速	180s	
3	循环变载	计数完成变载 27 次	
		加载过程时间	30s
		加载终点	额定电流
		额定电流停留时间	35s
		减载时间	16s
		减载终点	怠速电流
		怠速停留时间	40s
4	停机	按要求的控制方法完成停机，燃料电池堆在停机后 1min 内电压降至开路电压 50% 以下	

4. 燃料电池堆使用寿命的测试

燃料电池堆使用寿命一般采用分工况测试，工况分为怠速工况、额定工况、变载工况、启停工况等。试验过程中，燃料电池堆不得进行拆装和调整紧固力，如果出现膜电极、双极板或密封件损坏，应终止寿命测试。如果发生意外停机，应及时降低燃料电池堆电压至各节 0.3V 以下，可继续试验。

（1）怠速工况　怠速实验循环工况包括启动、怠速、基准电流工况、停机过程，其测试循环如图 1-79 所示，操作规程见表 1-7。

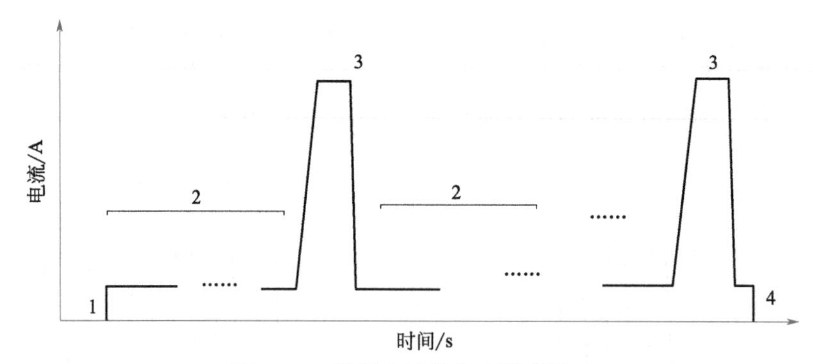

图 1-79　燃料电池堆怠速测试循环

表 1-7　燃料电池堆怠速测试循环操作规程

步骤	工况	要求	
1	启动	前提条件	各节燃料电池电压＜0.3V
		停留电流	怠速
2	怠速	开始计时	
		运行电流	怠速电流
3	基准电流工况	每隔约 1h，从怠速加载到基准电流工况，维持 90s，记录电压，减载至怠速工况	
4	停机	条件	怠速工况及基准电流工况连续运行 4h
		停机及处理	按要求的控制方法完成停机，燃料电池堆在停机后 1min 内电压降至开路电压 50% 以下

每 4h 完成 1 个测试循环，至少完成 15 个循环，每个循环停机后至少休息 1h。

根据所记录基准电流工况的电压，绘制“燃料电池平均单节电压 - 怠速时间”图。对每个怠速循环最后所测基准电流工况电压进行线性拟合，得电压变化率 $V_{怠}$。

怠速工况致使燃料电池电压变化率为

$$U_1 = V_{怠} - \frac{V_1}{4} \tag{1-57}$$

式中，U_1 为怠速工况致使燃料电池电压变化率，V/h；$V_{怠}$ 为每个怠速循环最后所测基准电流工况电压进行线性拟合得到的电压变化率，V/h；V_1 为每次启停的电压衰减率，V/ 次。

（2）额定工况　额定工况试验循环包括启动、怠速、额定电流工况、基准电流工况、怠速 - 停机，其测试循环如图 1-80 所示，具体操作规程见表 1-8。

每 4h 完成 1 个测试循环，至少完成 15 个循环，每个循环停机后至少休息 1h。

根据所记录基准电流工况的电压，绘制“燃料电池平均单节电压 - 额定工况时间”图，对每个额定工况循环最后所测基准电流工况电压进行线性拟合，得电压变化率 $V_{额}$。

额定工况致使燃料电池电压变化率为

$$U_2 = V_{额} - \frac{V_1}{4} \tag{1-58}$$

式中，U_2 为额定工况致使燃料电池电压变化率，V/h；$V_{额}$为每个额定工况循环最后所测基准电流工况电压进行线性拟合得到的电压变化率，V/h。

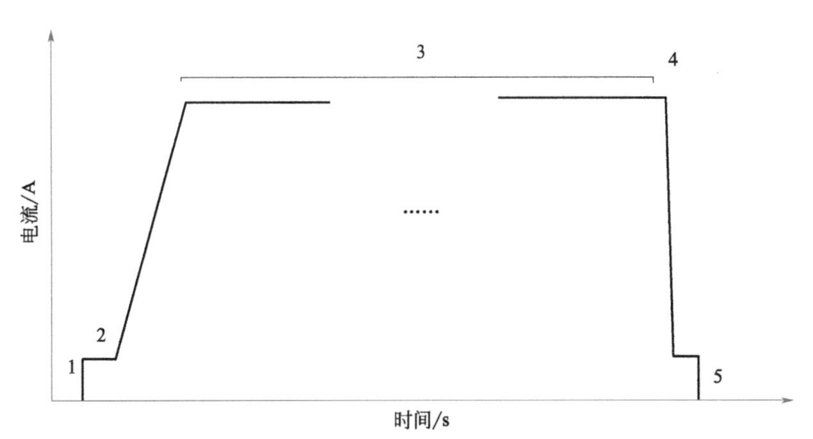

图 1–80　**燃料电池堆额定工况测试循环**

表 1–8　燃料电池堆额定工况测试循环操作规程

步骤	工况	要求	
1	启动	前提条件	各节燃料电池电压＜ 0.3V
		停留电流	怠速
2	怠速	停留时间	90s
3	额定电流工况	运行电流	额定电流
		变载过程时间	加载过程 30s，减载过程 16s
4	基准电流工况	每隔约 1h，从额定工况变载到基准电流工况，维持 90s，记录电压，再回额定工况	
5	怠速 - 停机	条件	额定工况及基准电流工况连续运行 4h
		怠速停留时间	30s
		停机及处理	按要求的控制方法完成停机，燃料电池堆在停机后 1min 内电压降至开路电压 50% 以下

（3）变载工况　变载测试循环包括启动、怠速、循环变载、基准电流工况、停机，其测试循环如图 1-81 所示，具体操作规程见表 1-9。

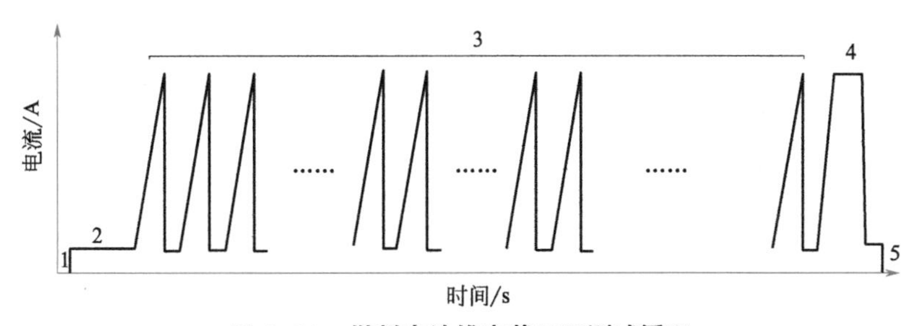

图 1–81　**燃料电池堆变载工况测试循环**

表 1-9 燃料电池堆变载工况测试循环操作规程

<table>
<tr><th>步骤</th><th>工况</th><th colspan="2">要求</th></tr>
<tr><td rowspan="2">1</td><td rowspan="2">启动</td><td>前提条件</td><td>各节燃料电池电压＜0.3V</td></tr>
<tr><td>停留电流</td><td>怠速</td></tr>
<tr><td>2</td><td>怠速</td><td>停留时间</td><td>240s</td></tr>
<tr><td rowspan="6">3</td><td rowspan="6">循环变载</td><td colspan="2">开始记录加载次数</td></tr>
<tr><td>加载过程时间</td><td>30s</td></tr>
<tr><td>额定电流停留时间</td><td>3s</td></tr>
<tr><td>减载过程</td><td>16s</td></tr>
<tr><td>减载终点</td><td>怠速电流</td></tr>
<tr><td>怠速停留时间</td><td>15s</td></tr>
<tr><td rowspan="2">4</td><td rowspan="2">基准电流工况（记 1 次加载）</td><td>条件</td><td>完成加载 216 次考核</td></tr>
<tr><td>方法</td><td>从怠速加载到基准电流工况，维持 90s，记录电压，减载至怠速工况，怠速停留 200s 再回额定工况</td></tr>
<tr><td>5</td><td>停机</td><td colspan="2">按要求的控制方法完成停机，燃料电池堆在停机后 1min 内电压降至开路电压 50% 以下</td></tr>
</table>

每 4h 完成 1 个测试循环，至少完成 15 个循环，每个测试循环停机后至少休息 1h。

依基准电流工况电压，绘制“燃料电池平均单节电压 - 变载次数”图，每次基准电流工况电压测量代表 217 次变载，对所测电压点做线性拟合，得到电压变化率 $V_{变}$。

变载工况致使燃料电池电压变化率为

$$V_2 = V_{变} - \frac{1}{217}\left(V_1 + \frac{3680U_1}{3600} + \frac{738U_2}{3600}\right) \tag{1-59}$$

式中，V_2 为变载工况致使燃料电池电压变化率，V/ 次；$V_{变}$为每次基准电流工况电压测量，对所测电压点做线性拟合得到的电压变化率，V/ 次。

每个测试循环，对应一次启停循环。绘制“燃料电池平均单节电压 - 测试循环次数”图。对所测电压点做线性拟合，得到电压变化率 $V_{循环1}$，单位为 V/ 次。

（4）启停工况　将变载测试循环中间增加 7 次启停，拆分成 8 段完成，每 30min 左右为 1 个“启动 - 变载 - 停机”小循环，如图 1-82 所示。1 个完整循环的测试，包括 8 次启停、217 次加载、额定工况时间 738s、怠速时间 3680s，其中最后一次加载到基准电流工况维持 90s，记录电压。表 1-10 是其测试循环操作规程。

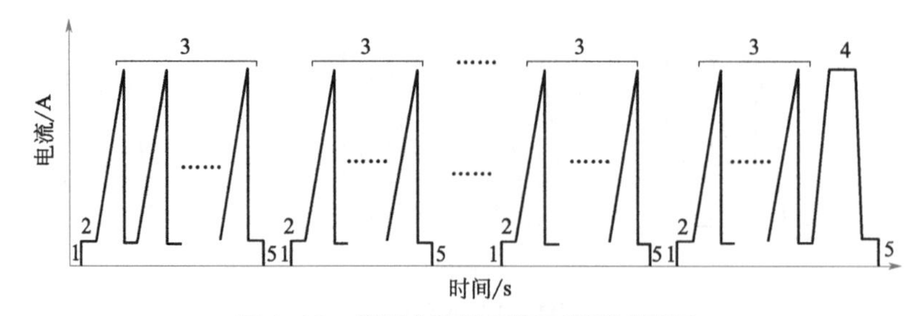

图 1-82　**燃料电池堆启停工况测试循环**

表 1-10　燃料电池堆启停工况测试循环操作规程

<table>
<tr><th>步骤</th><th>工况号</th><th>工况</th><th colspan="2">要求</th></tr>
<tr><td rowspan="12">第 1 小循环</td><td rowspan="2">1</td><td rowspan="2">启动</td><td>前提条件</td><td>各节燃料电池电压＜0.3V</td></tr>
<tr><td>停留电流</td><td>怠速</td></tr>
<tr><td>2</td><td>怠速</td><td>停留时间</td><td>30s</td></tr>
<tr><td rowspan="8">3</td><td rowspan="8">循环变载（27 次）</td><td colspan="2">开始记录加载次数</td></tr>
<tr><td>加载始点</td><td>怠速电流</td></tr>
<tr><td>加载过程时间</td><td>30s</td></tr>
<tr><td>加载终点</td><td>额定电流</td></tr>
<tr><td>额定电流停留时间</td><td>3s</td></tr>
<tr><td>减载过程</td><td>16s</td></tr>
<tr><td>减载终点</td><td>怠速电流</td></tr>
<tr><td>怠速停留时间</td><td>15s</td></tr>
<tr><td>4</td><td>停机</td><td colspan="2">按要求的控制方法完成停机，燃料电池堆在停机后 1min 内电压降至开路电压 50% 以下</td></tr>
<tr><td rowspan="4">第 2 小循环</td><td>1</td><td>启动</td><td colspan="2">同上工况 1</td></tr>
<tr><td>2</td><td>怠速</td><td colspan="2">30s</td></tr>
<tr><td>3</td><td>循环变载（27 次）</td><td colspan="2">同上工况 3</td></tr>
<tr><td>4</td><td>停机</td><td colspan="2">同上工况 4</td></tr>
<tr><td>第 3 小循环
至
第 7 小循环</td><td colspan="4">m_3 次变载（各工况同上）
至
m_7 次变载（各工况同上）</td></tr>
<tr><td rowspan="5">第 8 小循环</td><td>1</td><td>启动</td><td colspan="2">同上工况 1</td></tr>
<tr><td>2</td><td>怠速</td><td colspan="2">30s</td></tr>
<tr><td>3</td><td>变载循环（27 次）</td><td colspan="2">同上工况 3</td></tr>
<tr><td>4</td><td>基准电流工况（记 1 次加载）</td><td colspan="2">从怠速加载到基准电流工况，维持 90s，记录电压，减载至怠速工况，怠速停留 200s</td></tr>
<tr><td>5</td><td>停机</td><td colspan="2">按要求的控制方法完成停机，燃料电池堆在停机后 1min 内电压降至开路电压 50% 以下</td></tr>
</table>

每 8 个小循环为 1 个测试循环，至少完成 15 个循环，每完成一个测试循环停机休息至少 1h。

根据所记录基准电流工况的电压，绘制“燃料电池平均单节电压 - 测试循环次数”图。

对所测基准电流工况电压点做线性拟合，得到电压变化率 $V_{循环2}$。

每次启停致使燃料电池电压变化率为

$$V_1 = \frac{1}{7}\left(V_{循环2} - V_{循环1}\right) \tag{1-60}$$

5. 燃料电池堆使用寿命的计算

在计算寿命指标时，可选择参比工况谱或自定工况谱。参比工况谱用于预测燃料电池堆在统一的工况谱条件下的使用寿命；自定工况谱用于预测燃料电池堆在委托方指定的其他工况谱条件下的使用寿命。

参比工况谱包括以下参数。

① 每小时启停次数 n_1=1 次。

② 每小时加载次数 n_2=27 次，每次加载过程 30s，减载过程 16s。

③ 每小时怠速运行时间 t_1=21min。

④ 每小时额定工况运行时间 t_2=18min。

委托方提供燃料电池堆的自定工况谱包括以下参数。

① 每小时启停次数 n_1（次）。

② 怠速运行时间 t_1（min）。

③ 加载次数 n_2（次）、每次加载和减载过程时间（s）。

④ 额定工况运行时间 t_2（min），以及其他工况出现的频次或所占时间。

要求所有工况谱所占时间的总和为（3600±30）s。关于变载次数的统计方法，可参考机械疲劳损伤理论中的变载统计方法。

燃料电池堆性能衰减率为

$$A = V_1 n_1 + V_2 n_2 + \frac{U_1}{60} t_1 + \frac{U_2}{60} t_2 \tag{1-61}$$

式中，A 为燃料电池堆性能衰减率，V/h。

燃料电池堆的使用寿命范围为

$$t_{Lf} \in \left(\frac{0.075U_0}{|A|} + 100, \frac{0.1U_0}{|A|} + 100 \right) \tag{1-62}$$

式中，t_{Lf} 为燃料电池堆的使用寿命，h；U_0 为燃料电池堆的初始电压，V。

八、国内燃料电池堆产品介绍

氢燃料电池堆是整个燃料电池产业链的核心部分，其性能和成本直接决定了燃料电池产业化进程。评价氢燃料电池堆性能的指标主要包括其耐久性、启动温度以及比功率，其中比功率是近年国内外研究机构和企业重点攻克的方向之一。目前，国内电池堆企业正在迅速崛起，无论是从膜电极、双极板等核心零部件技术突破方面，还是从整堆功率等级以及功率密度方面都有长足的进步。国内氢燃料电池堆企业有新源动力股份有限公司、上海捷氢科技有限公司、上海神力科技有限公司、安徽明天氢能科技股份有限公司、上海氢晨新能源科技有限公司、浙江锋源氢能科技有限公司等。

如图 1-83 所示为新源动力股份有限公司推出的 70kW 燃料电池堆，采用金属双极板，峰值功率为 85 kW，工作电压范围为 230 ～ 370V，其空气侧最高工作压力为 250kPa，工作温度范围为 -30 ～ 87℃，防护等级为 IP67，抗震性能满足 SAEJ 2380—2013 标准要求，绝缘性能≥ 2MΩ，可以实现 -40℃储存和 -30℃启动。在阴极无外增湿的操作条件下，稳定输出功率可达 70kW，电池堆功率密度可达到 3.4kW/L。

图 1-83　新源动力股份有限公司推出的 70kW 燃料电池堆

如图 1-84 所示为上海捷氢科技有限公司生产的 P390 燃料电池堆，其功率为 115kW，体积功率密度为 3.1kW/L，低温冷启动温度为 -30℃，主要用于燃料客车上。

图 1-84　上海捷氢科技有限公司生产的 P390 燃料电池堆

如图 1-85 所示为上海神力科技有限公司生产的燃料电池堆，主要用于商用车，其体积功率密度可达到 2.2kW/L。其中 SFC-MD 系列燃料电池模块的额定功率可以达到 47kW，工作温度范围 -30 ～ 75℃；而 SFC-HD 系列大功率燃料电池模块的额定功率可以达到 76kW，工作温度范围 -30 ～ 85℃，可实现 -20℃启动。

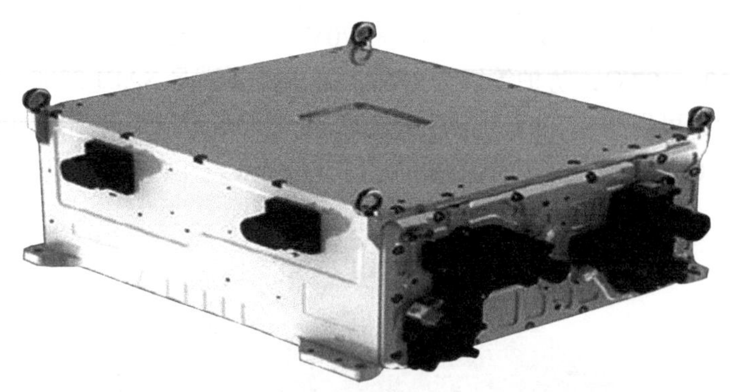

图 1-85　上海神力科技有限公司生产的燃料电池堆

安徽明天氢能科技股份有限公司的燃料电池堆，其体积功率密度可达到 3.0kW/L，电池堆功率范围覆盖 20 ～ 100kW。如图 1-86 所示为安徽明天氢能科技股份有限公司生产的燃料电池堆，其工作温度为 -30 ～ 80℃，功率为 60kW，空气侧最高工作压力为 250kPa。

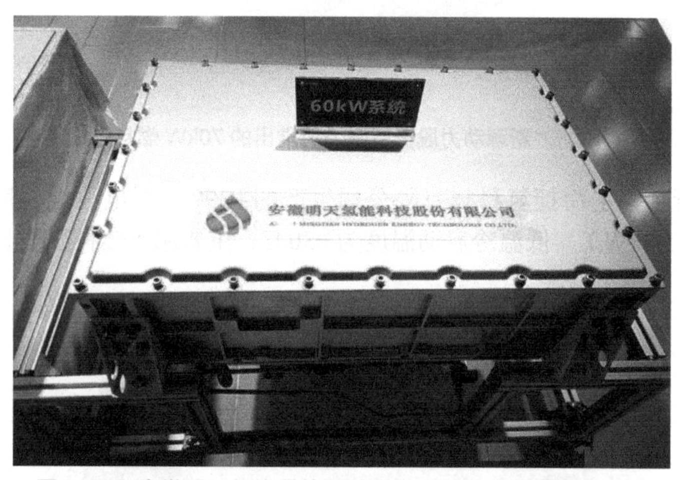

图 1-86　安徽明天氢能科技股份有限公司生产的燃料电池堆

如图 1-87 所示为上海氢晨新能源科技有限公司生产的燃料电池堆，其功率为 100kW，体积功率密度可达到 3.3kW/L。

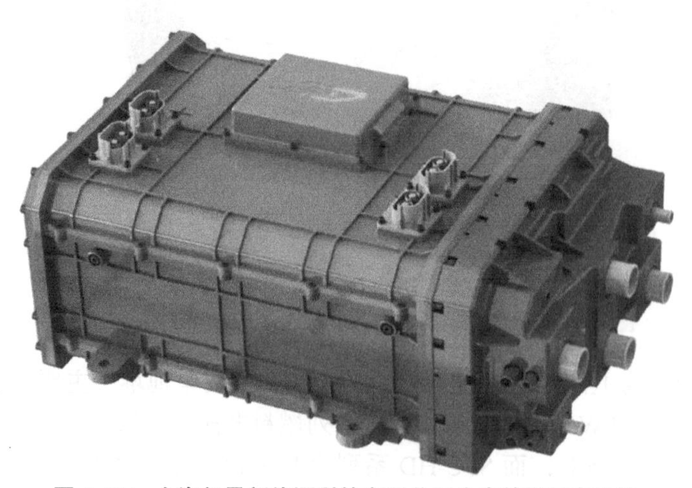

图 1-87　上海氢晨新能源科技有限公司生产的燃料电池堆

如图 1-88 所示浙江锋源氢能科技有限公司生产的燃料电池堆，其功率包括 60kW、80kW、100kW、120kW、150kW；对应的额定电压分别为 117V、156V、195V、234V、293V；额定电流为 515A，体积功率密度可达到 4.5kW/L。

图 1-88　浙江锋源氢能科技有限公司生产的燃料电池堆

第十一节 燃料电池发电系统

燃料电池发电系统是指一个或多个燃料电池堆和其他主要及适当的附加部件的集成体，用于组装到一个发电装置或一个交通工具中。燃料电池发电系统常简称为燃料电池系统。

一、燃料电池发电系统的类型

燃料电池发电系统分为固定式燃料电池发电系统、便携式燃料电池发电系统和微型燃料电池发电系统。

1. 固定式燃料电池发电系统

固定式燃料电池发电系统是指连接并固定于适当位置的燃料电池发电系统，如图 1-89 所示，它主要包括燃料处理系统、氧化剂处理系统、通风系统、热管理系统、水处理系统、自动控制系统、功率调节系统、内置式能量储存装置等。

（1）燃料处理系统　燃料处理系统是指燃料电池发电系统所需要的、准备燃料及必要时对其加压的、由化学和 / 或物理处理设备以及相关的热交换器和控制器所组成的系统。

（2）氧化剂处理系统　氧化剂处理系统是指用来计量、调控、处理并可能对输入的氧化剂进行加压以便供燃料电池发电系统使用的系统。

（3）通风系统　通风系统是指通过机械或自然方式向燃料电池发电系统机壳提供空气的系统。

（4）热管理系统　热管理系统是指用来加热或冷却 / 排热的系统，从而保持燃料电池发电系统在其工作温度范围内，也可能提供对过剩热的再利用，以及帮助在启动阶段对能量链加热。

（5）水处理系统　水处理系统是指用以对燃料电池发电系统所用的回收水或补充水进行必要处理的系统。

（6）自动控制系统　自动控制系统是指由传感器、制动器、阀门、开关和逻辑元件组成的系统，用以使燃料电池发电系统在无须人工干预时，参数能保持在制造商给定的限值范围内。

（7）功率调节系统　功率调节系统是指用于调节燃料电池堆的电能输出使其满足制造商规定的应用要求的设备。

（8）内置式能量储存装置　内置式能量储存装置是指由置于系统内部的电能储存装置所组成的系统，用来帮助或补充燃料电池模块对内部或外部负载供电。

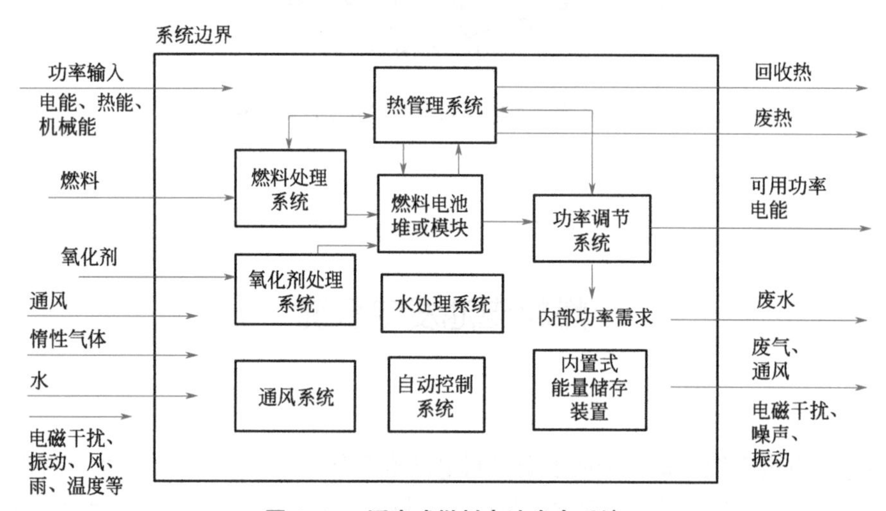

图 1-89　**固定式燃料电池发电系统**

2. 便携式燃料电池发电系统

便携式燃料电池发电系统是指不被永久紧固或其他形式固定在一个特定位置的燃料电池发电系统，如图 1-90 所示。

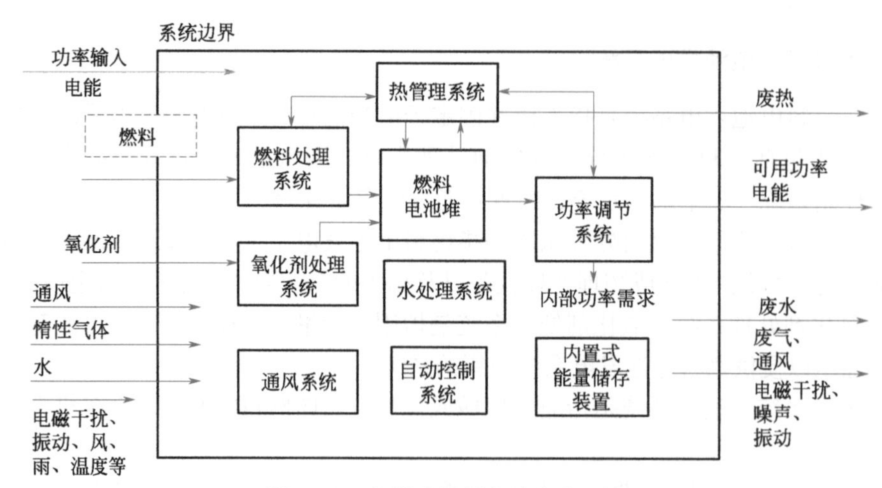

图 1-90　**便携式燃料电池发电系统**

3. 微型燃料电池发电系统

微型燃料电池发电系统是指可佩戴或易用手携带的微型发电装置和相关的燃料容器，如图 1-91 所示。

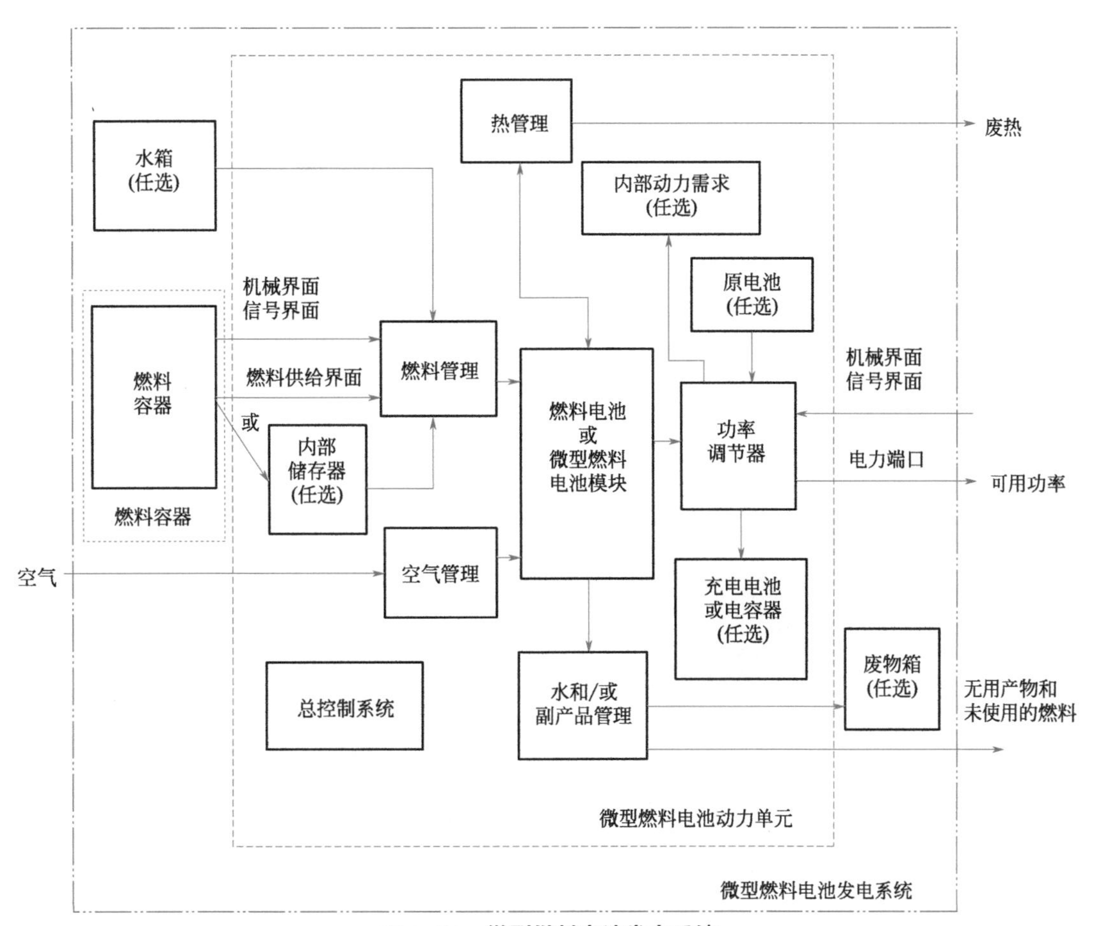

图 1–91 微型燃料电池发电系统

二、燃料电池系统的组成

一个燃料电池系统由以下几个主要部分组成：一个或多个燃料电池堆，输送燃料、氧化剂和废气的管路系统，电池堆输电的电路连接、监测和 / 或控制手段。此外，燃料电池系统还包括：输送额外流体（如冷却介质、惰性气体）的装置，检测正常或异常运行条件的装置，外壳或压力容器和模块的通风系统，以及模块操作和功率调节所需的电子元件。

1. 典型燃料电池系统的组成

典型燃料电池系统主要由燃料电池堆、DC/DC 变换器、空压机、加湿器、水泵、散热器、氢气循环泵、氢瓶等组成，如图 1-92 所示。

（1）燃料电池堆　燃料电池堆是燃料电池发电系统的核心和主体，也是燃料电池的关键技术，如图 1-93 所示。

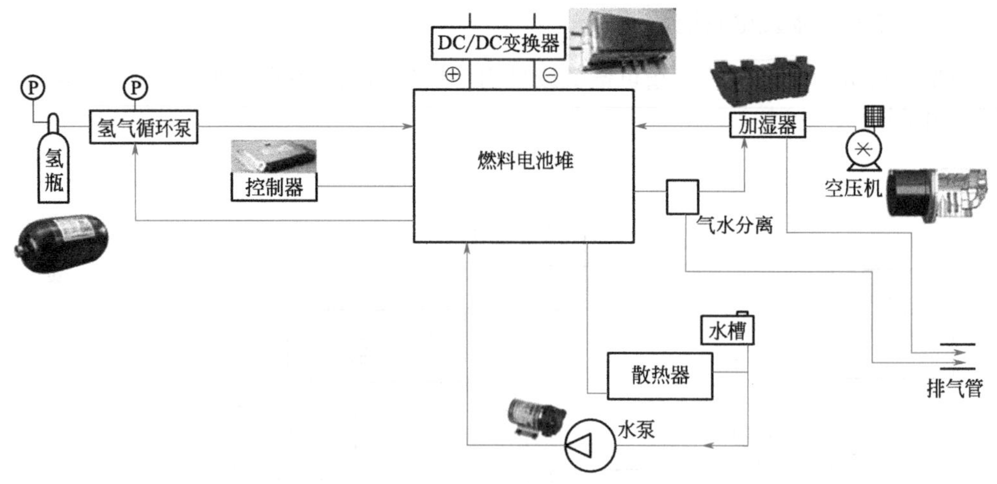

图 1-92　**典型燃料电池系统的组成**

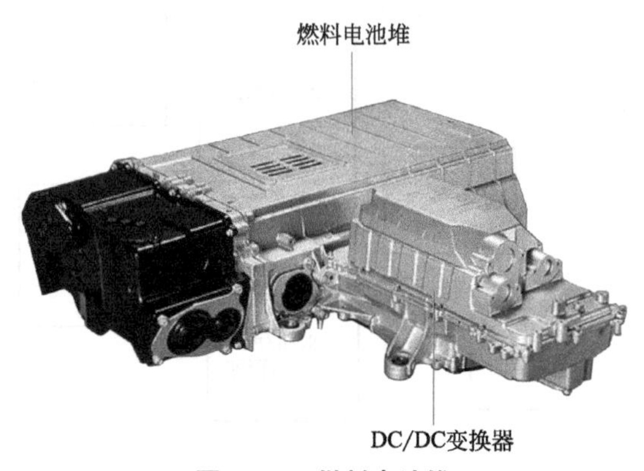

图 1-93　**燃料电池堆**

（2）DC/DC 变换器　DC/DC 变换器如图 1-94 所示，用于将燃料电池输出的低压直流电升压为高压直流输出，为燃料电池电动汽车提供电能，同时为动力蓄电池充电。DC/DC 变换器通过对燃料电池系统输出功率的精确控制，实现整车动力系统之间的功率分配以及优化控制。

图 1-94　**DC/DC 变换器**

（3）空压机　在燃料电池中，氢和氧发生电化学反应产生电流，其中的氧可以使用纯氧或从空气中直接获得，但是用空气更方便、经济。给氧气增加压力，目的是增加燃料电池反应的效率和速率，燃料电池两侧的压力越大越好，这样效率更高，单位时间内产生的电流也更大，质子交换膜电池系统的典型工作压力为 1 ～ 3MPa。

空压机具有以下基本要求。

① 无油。润滑油膜覆盖在质子交换膜上，会隔绝氧气和氢气的电化学反应。

② 高效率。空压机寄生功率会严重影响电池堆反应效率。

③ 小型化和低成本。由于功率密度和成本限制，小型化和低成本有利于产业化。

④ 低噪声。空压机噪声是燃料电池发动机主要噪声来源。

⑤ 特性范围宽。满足环境温度、海拔高度变化需求，空压机需要有更宽的 MAP 特性。

⑥ 动态响应快。车用动力系统采用氢电全功率驱动，空压机需要在每个工况下都能够及时提供适合的压缩空气。

如图 1-95 所示为某燃料电池的空压机。

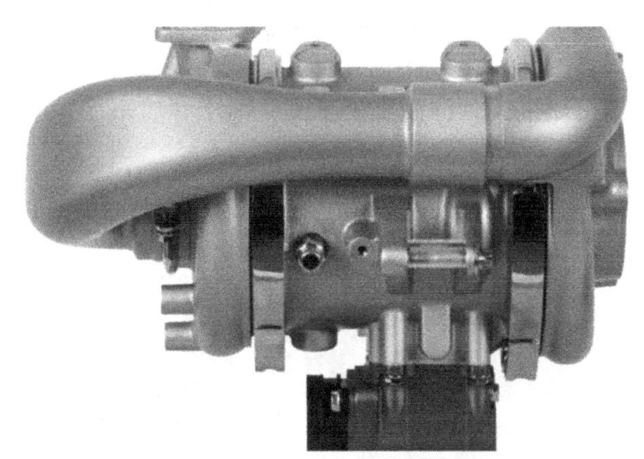

图 1-95　**某燃料电池的空压机**

（4）加湿器　质子交换膜在工作温度较高时，水分的减少造成膜的质子电导率降低，从而引起质子交换膜的电阻增加，电池性能降低。加湿器可以给气体加湿，也可以控制温度。

如图 1-96 所示为某燃料电池的加湿器。

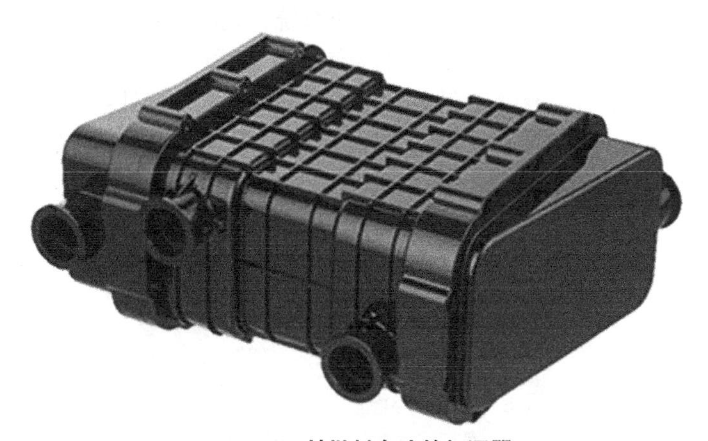

图 1-96　**某燃料电池的加湿器**

（5）水泵　水泵能够对系统冷却液做功，使冷却液循环。一旦电池堆温度升高超过限制，水泵就加大冷却液的流速来给电池堆降温。为了保证电池堆产生的热量能够快速、有效散发，要求水泵具有大流量、高扬程、绝缘及更高的电磁兼容能力。此外，水泵还需要实时反馈当前的运行状态或故障状态。

如图 1-97 所示为某燃料电池的水泵。

图 1-97　某燃料电池的水泵

（6）散热器　散热器的作用是散热，它将冷却液的热量传递给环境，降低冷却液的温度。散热器本体需求的散热量大，清洁度要求高，离子释放率低，散热器的风扇要求风量大、噪声低、无级调速并需要反馈相应的运行状态。

如图 1-98 所示为某燃料电池的散热器。

图 1-98　某燃料电池的散热器

（7）氢气循环泵　目前国内燃料电池发动机系统，氢侧多采用脉冲排氢，将阳极侧的水带出电池堆，防止氢侧水淹。另一种方法则为使用氢气循环泵，可连续几个小时排一次氢，极大增加燃料利用率。在氢气侧作为循环利用的零部件有几个好处：给氢气侧带来水；能够提供流畅的速度；防止水淹。流速快可以增加整个反应的速率，另外也容易带走积水。

如图 1-99 所示为某燃料电池的氢气循环泵。

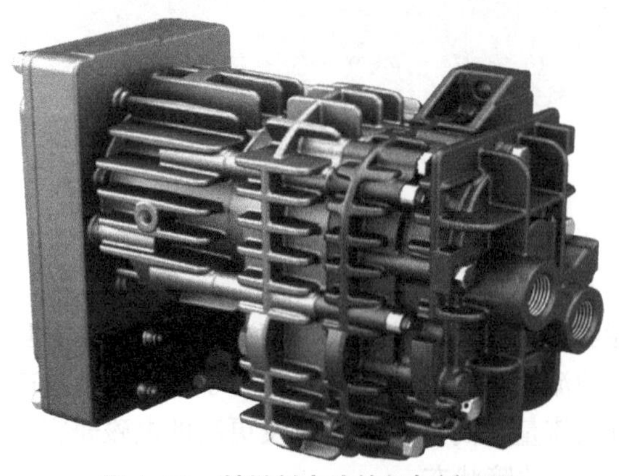

图 1-99　某燃料电池的氢气循环泵

（8）氢瓶　国内氢瓶使用的是铝合金的内胆，外面缠绕碳纤维，国外大部分是用塑料内胆。对于氢瓶压力，国内目前主要采用的是 35MPa，原因主要是受限于金属内胆本身特性，以及碳纤维缠绕成本比较高，而国外主流是 70MPa。

如图 1-100 所示为氢瓶结构。

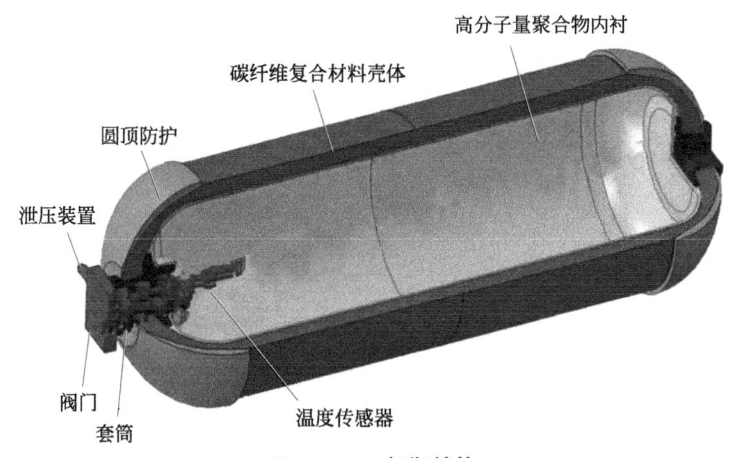

图 1-100　**氢瓶结构**

2. 现代 NEXO 燃料电池系统

现代 NEXO 燃料电池主要由空气供给系统、氢气供给系统、热管理系统组成。

（1）空气供给系统　空气供给系统主要为燃料电池堆提供反应所需的压缩空气，其设计应遵循以下原则。

① 需防止空压机润滑油等污染物进入燃料电池堆，影响正常工作。

② 采用传感器实时采集空气供给管路中空气温度和压力信息，并输入燃料电池控制器中，同时提供温度和压力过高及过低报警功能。

③ 根据燃料电池运行工况，动态调节中冷器、加湿器等部件的运行条件，保证各个部件运行在最佳工作状态。

空气供给系统的主要零部件有滤清器、空压机、加湿器、中冷器、空气截止阀和背压阀等，其中空气截止阀控制燃料电池进 / 出口通道。

滤清器的作用是对空气中的物理和化学杂质进行过滤。

为了保证燃料电池堆的反应效率，反应空气需要具有一定压力，故采用空压机对环境大气进行压缩。

中冷器的作用是冷却来自空压机的压缩空气，它通过冷却液和空气的热交换来降低压缩空气温度，使进入电池堆的空气温度在合理的范围内。中冷器的特点是热交换量大、清洁度要求高及离子释放率低。

如图 1-101 所示为中冷器模型。

为防止质子交换膜出现膜干的现象，进入燃料电池堆的空气需要进行加湿处理。目前膜加湿器是燃料电池系统的主流技术，通常利用排出燃料电池堆的水汽对进气进行加湿。

（2）氢气供给系统　氢气供给系统可为燃料电池堆提供反应所需的氢气，主要零部件有氢气截止阀、氢气供给阀、引射器、吹扫阀、脱水器和排水阀等。

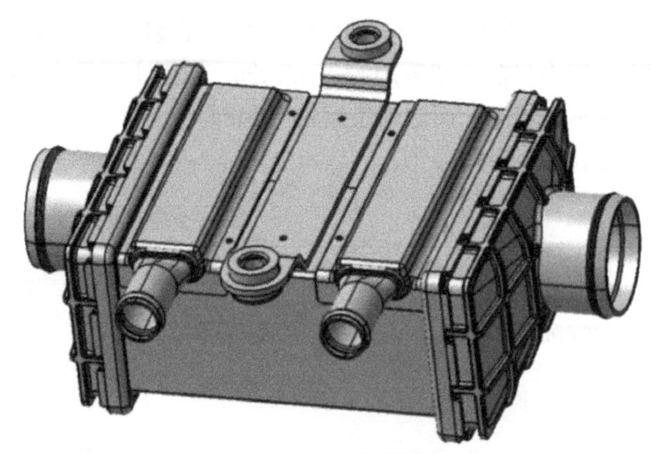

图 1–101　**中冷器模型**

许多燃料电池系统都使用引射器来进行回流和压力控制，引射器可将经一级减压的高压氢气以满足电堆需求的压力和流量供应给电堆；并将电堆排气口未参与反应的氢气重新引入电堆，提高氢气的利用率，同时达到加湿进入电堆的氢气，提高电堆内部氢气流速，改善电堆水管理的目的。

如图 1-102 所示为引射器。

图 1–102　**引射器**

（3）热管理系统　热管理系统是保障燃料电池正常工作的基础，它的设计应遵循以下原则。

① 热管理系统应能有效对燃料电池堆进行散热和降温，以确保燃料电池堆工作温度始终在正常使用范围内，以免温度过高影响燃料电池堆的使用寿命。

② 为确保特定区域使用的燃料电池系统低温启动性能，应设计有加热元器件。在燃料电池系统内置加热元器件进行热设计时，应具备相应的安全设计，当加热元器件温度过高时，能够自动切断加热元器件电源。

③ 对于热管理系统中的液冷流路，当系统可能发生泄漏甚至产生安全隐患时，热管理设计应考虑具有相应的检测手段，并发出报警信号。

④ 燃料电池系统零部件应尽量选用阻燃等级较高或不燃烧的材料，即使在热失控的极端条件下，系统内零部件至少不会加剧燃烧反应。

⑤ 在燃料电池热管理中，燃料电池的最大耐受温度应考虑燃料电池局部热点问题，防止燃料电池局部温度过高造成危险。当燃料电池的温度达到最大耐受温度时，需要限定燃料电池的输出功率，直至燃料电池温度达到安全温度后，方可放开限定功率。

⑥ 燃料电池运行一段时间后，冷却液电导率上升，有导致燃料电池堆内部短路的风险，热管理系统需要实时采集冷却液电导率，提供电导率报警功能。若电导率超过一定值时需要更换离子过滤器，降低冷却液的电导率。

⑦ 热管理系统能提供液位报警、流量报警等功能，当液位和流量过高和过低时进行报警，及时发现冷却液泄漏等现象，保证冷却液的流量稳定。

热管理系统的主要零部件由电池堆、散热器（风扇）、四向阀、PTC 加热器、冷却剂加热器、去离子器（离子过滤器）、水泵、COD 加热器和双向阀等组成，如图 1-103 所示。现代 NEXO 燃料电池的热管理系统采用了双向阀门和四向阀门，改善电池堆制冷剂温度控制的响应性。现代 NEXO 燃料电池暖机（电池堆加热）循环如下：COD 加热器（阴极氧消耗）加热电池堆制冷剂；PTC 加热器提供主要热能；伴随制冷剂温度升高，PTC 加热器功率下降，达到节能效果；当制冷剂加热器温度足够提供热量后，关闭 PTC 加热器。

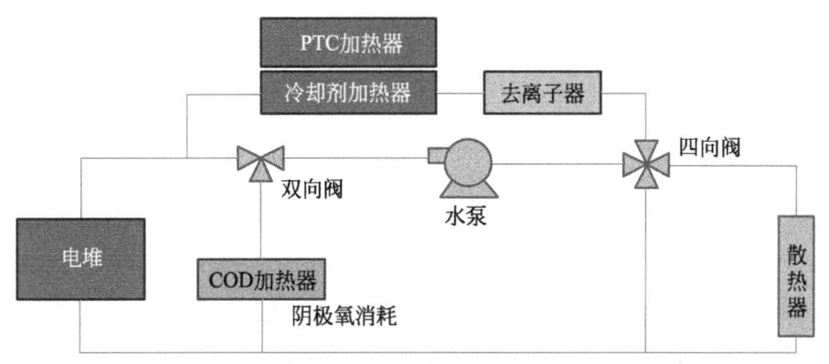

图 1–103　热管理系统

在环境温度较低的情况下，燃料电池面临低温挑战。电池堆在低温冷启动时 PTC 加热器可辅助加热冷却液，使冷却液尽快达到需求的温度，缩短燃料电池系统冷启动时间。PTC 加热器要求响应快，功率稳定。PTC 加热器由 PTC 陶瓷发热元件与铝管组成。该类型 PTC 发热体有热阻小、换热效率高的优点，是一种自动恒温、省电的电加热器。

如图 1-104 所示为 PTC 加热器模型。

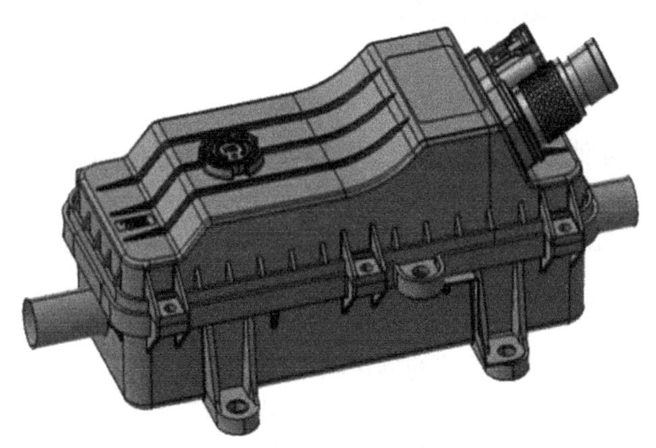
图 1–104　PTC 加热器模型

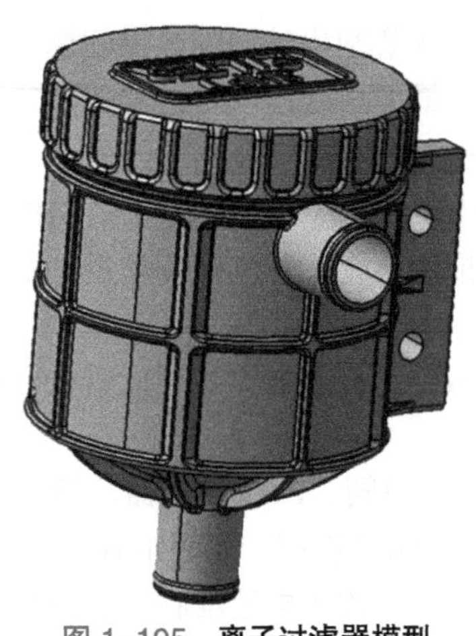

图 1-105　**离子过滤器模型**

氢燃料电池运行过程中，冷却液的离子含量会增高，使其电导率增大，系统绝缘性降低。离子过滤器（去离子器）即用来改善这种现象。通过吸收热管理系统中零部件释放的阴阳离子，离子过滤器降低了冷却液的电导率，使系统处于较高的绝缘水平。离子过滤器要求离子交换量大，吸收离子速率快，同时成本低。

如图 1-105 所示为离子过滤器模型。

现代 NEXO 燃料电池堆单体节数为 440 片，电压范围为 255 ～ 450V，峰值输出功率为 95kW。高压电池组输出功率为 40kW，燃料电池系统的总输出功率为 135kW。

三、燃料电池系统性能测试

燃料电池系统性能测试主要包括额定功率的测试、质量功率密度的测试、低温冷启动测试。

1. 额定功率的测试

额定功率是指在生产商规定的正常运行条件下，所设计的燃料电池系统的最大连续电输出功率。

（1）试验条件　试验前燃料电池系统为热机状态，试验过程应自动进行，不能有人工干预。

（2）试验方法　额定功率试验按以下方法进行。

① 热机过程结束后，回到怠速状态运行 10s。

② 测试平台按照规定的加载方法对系统进行加载，加载到制造商申报的系统额定功率后持续稳定运行 60min，在此期间燃料电池系统应满足：燃料电池系统的输出功率应始终处于 60min 平均功率的 97% ～ 103%；燃料电池系统输出的 60min 平均功率应不低于申报值。

（3）数据处理　记录试验过程中燃料电池系统的电压和电流，燃料电池系统的额定功率为

$$P_F = \frac{U_F I_F}{1000} \tag{1-63}$$

式中，P_F 为燃料电池系统的额定功率，kW；U_F 为燃料电池系统的电压，V；I_F 为燃料电池系统的电流，A。

以燃料电池系统输出的 60min 平均功率作为燃料电池系统的额定功率。

2. 质量功率密度的测试

质量功率密度是指燃料电池系统的额定功率与质量的比值。

按照规定方法测量燃料电池系统的质量，测量时应按照尽可能保证被测系统完整性的原则，应确保被称重的燃料电池系统在连接氢气源和散热器的条件下即可正常工作，称重范围包括燃料电池系统边界内的所有部分，如图 1-106 所示。具体包括以下部分。

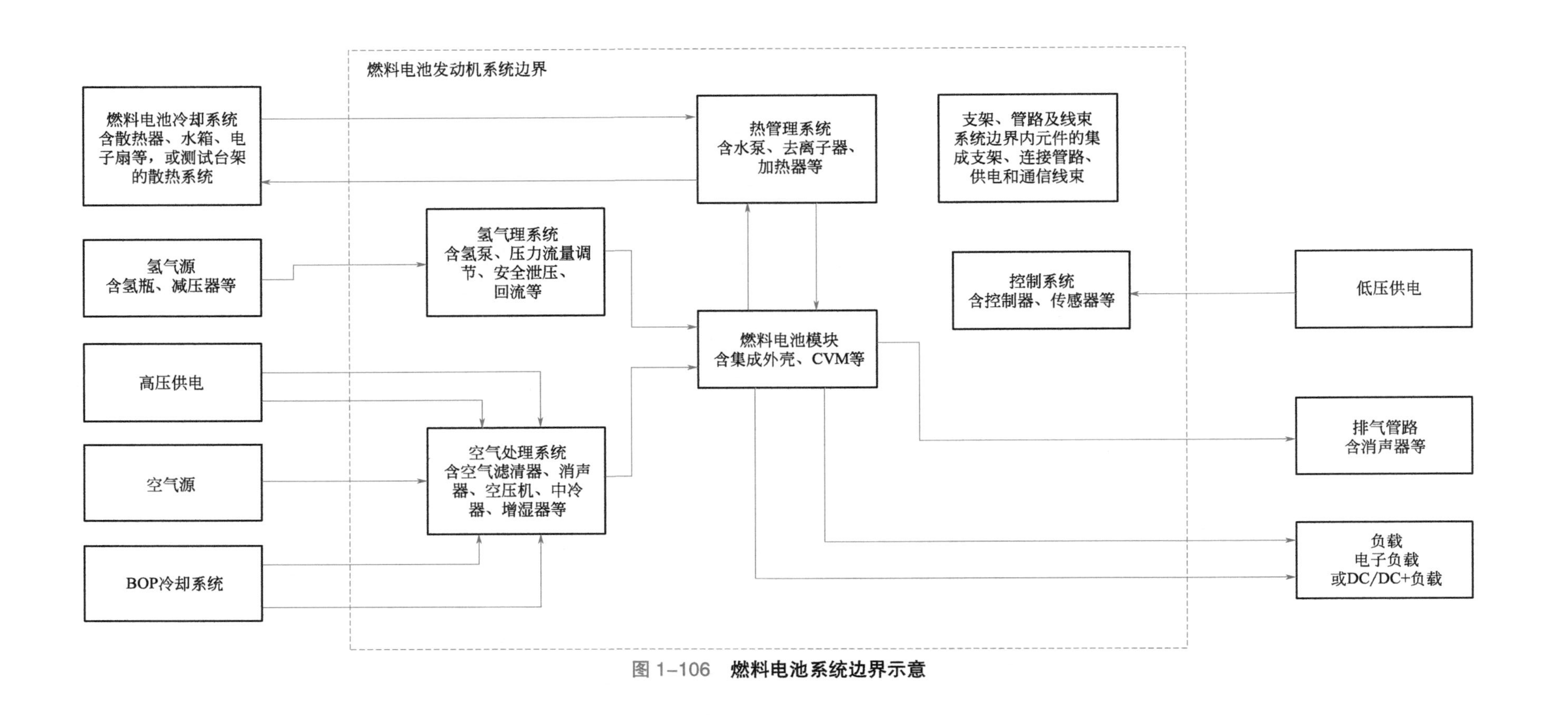

图 1–106　燃料电池系统边界示意

① 燃料电池模块，包括燃料电池堆、集成外壳、轧带、固定螺杆、燃料电池堆巡检（CVM）等。

② 氢气供应系统，包括氢气循环泵和 / 或氢气引射器等。

③ 空气供应系统，包括空气滤清器、消声装置、空气压缩机、中冷器、增湿器等。

④ 水热管理系统，包括冷却泵、去离子器、PTC 等，不包括辅助散热组件、散热器总成、水箱、冷却液及加湿用水。

⑤ 控制系统，包括控制器、传感器等。

⑥ 组成燃料电池系统所必需的阀件、管路、线束、接头和框架等。

燃料电池系统质量功率密度为

$$p_m = \frac{1000P_F}{m} \tag{1-64}$$

式中，p_m 为燃料电池系统的质量功率密度，W/kg；m 为燃料电池系统的质量，kg。

3. 低温冷启动测试

燃料电池系统低温冷启动测试首先要进行浸机，然后进行低温冷启动测试。

（1）浸机方法　按以下方法进行浸机。

① 试验开始前，燃料电池系统应处于冷机状态。

② 将燃料电池系统置于环境舱内，并加注冷却液。

③ 在浸机开始前，燃料电池系统应启动至怠速状态，持续时间（含启动）不超过 3min，然后立即关闭燃料电池系统。

④ 设定环境舱温度为 -30℃或更低温度，环境舱的温度应控制在设定温度的 ±2℃内，当环境温度达到设定温度后开始计时，有效浸机时间为 12h，浸机过程中不应有人工干预、加热保温及外接热源等措施。有效浸机时间是指从环境舱的温度达到设定温度后开始计时到浸机结束。

（2）低温冷启动测试方法　低温冷启动测试按以下步骤进行。

① 浸机过程结束后，由测试平台向燃料电池系统发送启动指令。

② 测试平台向燃料电池系统发送加载指令，加载到制造商申报的系统额定功率后持续稳定运行 10min，燃料电池系统的输出功率应始终处于 10min 平均功率的 97% ～ 103%，且燃料电池系统输出的 10min 平均功率应不低于申报值，然后测试平台发送关机指令，完成关机操作。

③ 记录从测试平台发送启动指令开始至燃料电池系统达到额定功率的时间以及氢气消耗量。

（3）数据记录　试验中需要记录以下数据。

① 环境温度（℃）。

② 有效浸机时间（h）。

③ 燃料电池堆的电压（V）和电流（A）。

④ 各个辅助系统的电压（V）和电流（A）。

⑤ 氢气消耗量（g）。

⑥ 冷启动时间（s）。

四、燃料电池系统实例介绍

深圳市氢蓝时代动力科技有限公司推出的燃料电池系统如图 1-107 所示，其净输出功率可达 132kW，动态响应速率最快可达 60A/s；系统采用新型故障诊断与健康管理策略。

图 1-107　**深圳市氢蓝时代动力科技有限公司推出的燃料电池系统**

上海捷氢科技有限公司生产的燃料电池系统如图 1-108 所示，其额定功率为 117kW，电池堆体积功率密度为 3.7kW/L。具有高集成度、易于商用车布置和维护、快速响应等优势，可应用于燃料电池中重型卡车、城际客车等领域。

图 1-108　**上海捷氢科技有限公司生产的燃料电池系统**

广东国鸿氢能科技有限公司生产的燃料电池系统如图 1-109 所示，集成了国鸿氢能自主研发的鸿芯 GI 高性能电池堆，与空气子系统、氢气子系统和冷却子系统等集成于一体，净输出功率可达到 110kW，体积比功率为 555W/L，系统最高效率可达到 61%；主要应用于中大型客车、中重型载货车、自卸车、牵引车等车辆。

图 1-109　广东国鸿氢能科技有限公司生产的燃料电池系统

国内燃料电池系统的开发主要集中在商用车上。

宝马集团开发的燃料电池系统如图 1-110 所示，它是通过氢气与空气中的氧气产生化学反应，可产生高达 125kW 的电能。燃料电池下方装有直流变换器，可让燃料电池的电压水平与电动动力系统和高功率型电池的电压水平相匹配。与燃料电池系统配套的还有一对 70MPa 储氢压力罐，总共可容纳 6kg 的氢，而加氢时间只需 3 ～ 4min。

宝马燃料电池电动汽车搭载了第五代 eDrive 电力驱动系统与高功率型蓄电池，如图 1-111 所示。高功率型电池不仅可以由燃料电池充电，还可以使用制动能量回收系统产生的电力。当超车或加速时，位于电机上方的高功率型电池会为车辆注入额外动力。系统总输出功率可达 275kW，保证了宝马汽车始终如一的驾驶性能。

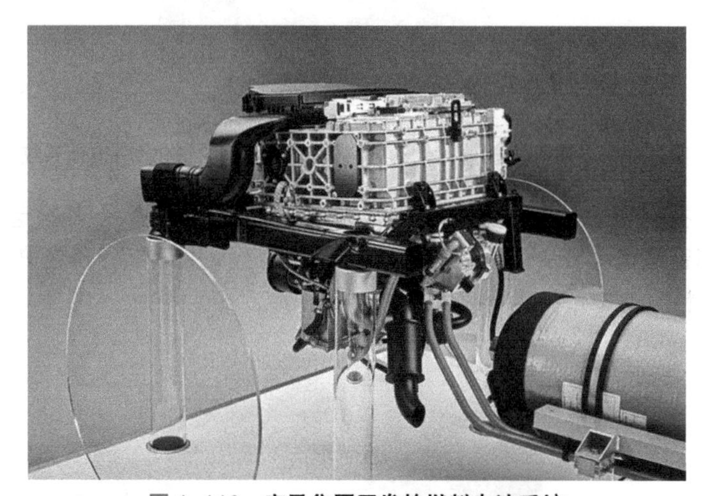

图 1-110　宝马集团开发的燃料电池系统

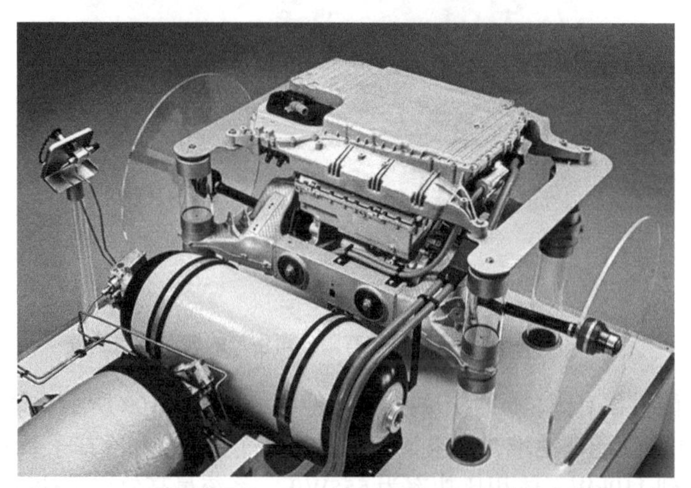

图 1-111　宝马第五代 eDrive 电力驱动系统与高功率型蓄电池

第二章

制氢与加氢技术

国际上的能量供应主要来源于煤炭、石油等化石能源，这也导致日益严重的能源枯竭和环境污染问题。因此，寻求更加高效、清洁能源进行替代成为必然趋势。随着我国碳达峰和碳中和目标的提出及为实现30/60目标（2030年前实现碳达峰，2060年实现碳中和）的政策落地，氢能将有更大的发展空间。燃料电池的主要燃料是氢，燃料电池的制氢与加氢技术是推广使用燃料电池电动汽车的关键。

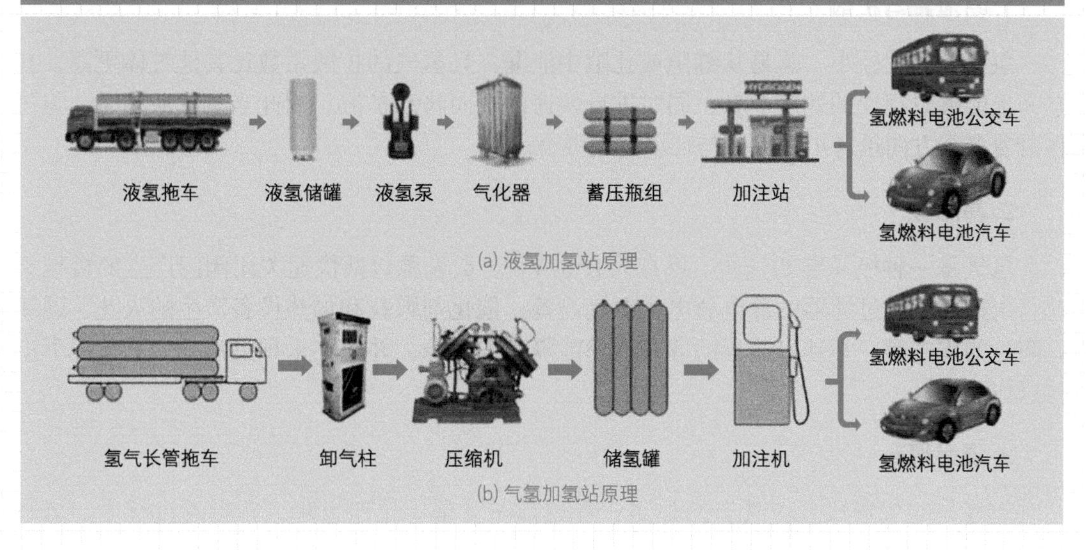

(a) 液氢加氢站原理

(b) 气氢加氢站原理

第一节
氢气的基本性质与特点

氢（H）在元素周期表中排第一位，是地球的重要组成元素，也是宇宙中最常见的物质，在地球所有元素储量中排第三。氢主要以化合态的形式出现，通常的单质形态是氢气。氢气可从水、化石燃料等含氢物质中提取，是重要的工业原料和能源载体。氢能是指氢在物理与化学变化过程中释放的能量，用于储能、发电、各种交通工具用燃料、家用燃料等。

一、氢气的基本性质

氢气，化学式为 H_2，分子量为 2.01588，常温常压下，是一种极易燃烧、无色透明、无臭无味且难溶于水的气体。氢气是世界上已知的密度最小的气体，氢气的密度只有空气的 1/14，即在 1 个标准大气压（101325Pa）和 0℃条件下，氢气的密度为 0.089g/L。氢气是分子量最小的物质，还原性较强，常作为还原剂参与化学反应。

氢气有气、液、固三态，常温下为气体；在 −253℃变成无色液体；在 −259℃时变为雪花状固体。氢气在常温下性质稳定，在点燃或加热的条件下，氢气能和氧气、硫、炭、氮气、氯气等许多物质发生化学反应，生成水、硫化氢、甲烷、氨气、氯化氢等非常重要的化合物。

氢气的热值是汽油的 3 倍、焦炭的 4.5 倍，化学反应后仅产生对环境无污染的水。氢能源是二次能源，需要消耗一次能源来制取，氢气的获取途径主要有化石能源制氢和可再生能源制氢。

氢气具有以下主要特性。

1. 易泄漏与扩散

氢分子尺寸较小，容易从缝隙或孔隙中泄漏，且氢气的扩散系数比其他气体更高，在空间上能够以很快的速度上升，同时进行快速的横向移动扩散。因此当氢气泄漏时，氢气将沿着多个方向迅速扩散，并与环境空气混合。

2. 易燃性

氢气是一种极易燃的气体，燃点只有 574℃。点火源包括快速关闭阀门产生的机械火花，未接地微粒过滤器的静电放电，电气设备、催化剂颗粒和加热设备产生的火花，通风口附近的雷击等，必须以适当的方式消除或隔离点火源，并应在未预见点火源的情况下进行操作。

3. 爆燃爆轰

氢气与空气形成的蒸气云爆炸属于爆燃范畴，是不稳定过程。在爆燃过程中，氢气点燃形成的火焰不断加速，甚至超过声速，从而形成爆轰波。氢气在空气中的爆炸浓度为4% ～ 75.6%（质量分数）。为了避免爆炸，需要将氢气的质量分数控制在4%以下。若在封闭区间内发生爆炸，如车载储氢罐内，压力瞬间可达初始压力的几倍甚至几十倍，因此为了避免发生爆炸事故，通常在车载储氢系统上安装有安全泄放装置。

4. 淬熄

氢气火焰很难熄灭，例如，由于水汽会加大氢气 - 空气混合气体燃烧的不稳定，加强燃烧能力，大量水雾的喷射会使氢气 - 空气混合燃烧加剧。与其他可燃气体相比，氢气的淬熄距离最小。由于氢气存在重燃和爆炸的危险，通常只有切断氢气供应后，才能扑灭氢火焰。

5. 氢脆

氢脆是溶于金属中的高压氢在局部浓度达到饱和后引起金属塑性下降、诱发裂纹甚至开裂的现象，氢脆的影响因素众多，例如环境的温度和压力，氢气的纯度、浓度和暴露时间，以及材料裂纹前的应力状态、物理和力学性能、微观结构、表面条件和性质。另外，若使用不当材料也易产生氢脆问题。因此，氢环境下应用的金属材料要求与其具有良好的相容性，需进行氢与材料之间的相容性试验。

二、氢气的特点

氢能作为一种高效、清洁、可持续的能源，被视为21世纪最有发展潜力的“终极能源”。

氢气具有以下特点。

① 氢气的质量能量密度高，使用方便。

② 资源丰富，氢气制取方法多，可获取性大。

③ 氢气可以大量存储和长距离运输。

④ 氢气是清洁能源，可作为燃料电池电动汽车的燃料。

第二节 氢气的技术指标与测定方法

燃料电池用的氢气（以下简称“燃料氢气”）与工业氢气不同，它有自己的技术指标和测定方法。

一、燃料氢气的技术指标

燃料氢气的技术指标应符合表2-1的要求，燃料氢气的纯度要求非常高。表2-1中，总硫是指氢气中以二氧化硫（SO_2）、硫化氢（H_2S）、羰基硫（COS）及甲基硫醇

（CH_3SH）等各种形态存在的硫化物；总卤化物是指氢气中以氯化氢（HCl）、溴化氢（HBr）、氯气（Cl_2）和有机卤化物（R-X）等各种形态存在的卤化物。

表 2-1　燃料氢气的技术指标

项目名称		技术指标
氢气纯度（摩尔分数）		99.97%
非氢气体总量		300μmol/mol
单类杂质的最大浓度	水（H_2O）	5μmol/mol
	总烃（按甲烷计）	2μmol/mol
	氧（O_2）	5μmol/mol
	氦（He）	300μmol/mol
	总氮（N_2）和氩（Ar）	100μmol/mol
	二氧化碳（CO_2）	2μmol/mol
	一氧化碳（CO）	0.2μmol/mol
	总硫（按 H_2S 计）	0.004μmol/mol
	甲醛（HCHO）	0.01μmol/mol
	甲酸（HCOOH）	0.2μmol/mol
	氨（NH_3）	0.1μmol/mol
	总卤合物（按卤离子计）	0.05μmol/mol
	最大颗粒物浓度	1mg/kg

注：当甲烷浓度超过 2μmol/mol 时，甲烷、氮气和氩气的总浓度不允许超过 100μmol/mol。

工业氢气关注的是氢气纯度，而燃料氢气关注的是敏感杂质含量，所以工业氢气不等于燃料氢气。

二、燃料氢气技术指标的测定

氢气纯度为

$$\psi = 100 - \sum_{i=1}^{12} \psi_i \times 10^{-4} \tag{2-1}$$

式中，ψ 为氢气的纯度；ψ_1 为氢气中水的含量；ψ_2 为氢气中总烃的含量；ψ_3 为氢气中氧的含量；ψ_4 为氢气中氦的含量；ψ_5 为氢气中总氮和氩的含量；ψ_6 为氢气中二氧化碳的含量；ψ_7 为氢气中一氧化碳的含量；ψ_8 为氢气中总硫的含量；ψ_9 为氢气中甲醛的含量；ψ_{10} 为氢气中甲酸的含量；ψ_{11} 为氢气中氨的含量；ψ_{12} 为氢气中总卤化物的含量。

1. 水含量的测定

水含量的测定按《气体分析　微量水分的测定　第 2 部分：露点法》（GB/T 5832.2—2016）中第 6 章规定的方法进行。

2. 总烃含量的测定

碳氢化合物（总烃，以 CH_4 计）含量的测定按《气体中一氧化碳、二氧化碳和碳氢化合物的测定 气相色谱法》（GB/T 8984—2008）中第 7 章规定的方法进行。

3. 氧含量的测定

氧含量的测定按《气体中微量氧的测定 电化学法》（GB/T 6285—2016）中第 6 章规定的方法进行。

4. 氦含量的测定

氦含量的测定按《天然气 在一定不确定度下用气相色谱法测定组分 第 3 部分：用两根填充柱测定氢、氦、氧、氮、二氧化碳和直至 C_8 的烃类》（GB/T 27894.3—2011）中第 6 章规定的方法进行。

5. 总氮和氩含量的测定

总氮和氩含量的测定按《氢气 第 2 部分：纯氢、高纯氢和超纯氢》（GB/T 3634.2—2011）中第 5 章规定的方法进行。

6. 二氧化碳含量的测定

二氧化碳含量的测定按《气体中一氧化碳、二氧化碳和碳氢化合物的测定 气相色谱法》（GB/T 8984—2008）中第 7 章规定的方法进行。

7. 一氧化碳含量的测定

一氧化碳含量的测定按《气体中一氧化碳、二氧化碳和碳氢化合物的测定 气相色谱法》（GB/T 8984—2008）中第 7 章规定的方法进行。

8. 总硫含量的测定

总硫含量的测定按《用气相色谱和硫化学发光法测定氢燃料中的痕量氢化硫、硫化羰、甲硫醇、二硫化碳和全硫的标准试验方法》（ASTM D7652—2011）给出的方法进行。

9. 甲醛含量的测定

甲醛含量的测定按《居住区大气中甲醛卫生检验标准方法 分光光度法》（GB/T 16129—1995）中第 6 章规定的方法进行。

10. 甲酸含量的测定

甲酸含量的测定按《用傅里叶变换红外光谱法测定氢燃料中痕量气体污染物的标准试验方法》（ASTM D7653—2018）给出的方法进行。

11. 氨含量的测定

氨含量的测定按《空气质量 氨的测定 离子选择电极法》（GB/T 14669—93）中第 6 章规定的方法进行。

12. 总卤化物含量的测定

以测试氯化物（HCl）为例，介绍总卤化物含量的测定方法。

（1）方法提要　将一定体积的样品以一定的流速通过去离子水，样品气中的氯化物被水吸收，吸收液中的氯离子含量用离子色谱法进行定量测定，再根据通过去离子水的气体总体积，换算出气体中的氯化物含量。

（2）试剂及材料　氯化物含量测定需要以下试剂及材料。

① 去离子水。去离子水符合《分析实验室用水规格和试验方法》（GB/T 6682—2008）中一级用水的规定。

② 氯离子标准储备液。准确称取 0.1649g 氯化钠标准物质（在 105℃条件下烘干 2h）溶于水中，定容至 1000mL 容量瓶中，浓度为 0.1g/L。

③ 氯离子标准溶液。从氯离子标准储备液中移取 1.0mL、2.5mL、5.0mL、7.5mL、10.0mL 分别用空白水定容至 100mL 容量瓶中，制得浓度为 1.0mg/L、2.5mg/L、5.0mg/L、7.5mg/L、10.0mg/L 的氯离子标准溶液。

④ 淋洗储备液。称取 16.96g 碳酸钠（优级纯）溶于空白水中，再称取 4.2g 碳酸氢钠（优级纯）加入其中，溶解混匀，用空白水定容至 500mL。储备液为 320mmol/L 的碳酸钠和 100mmol/L 的碳酸氢钠。

⑤ 淋洗使用液。移取 20mL 淋洗储备液，用空白水定容至 2000mL 混匀使用。此淋洗使用液为 3.2mmol/L 碳酸钠和 1.0mmol/L 碳酸氢钠。

（3）仪器及设备　氯化物含量测定需要以下仪器及设备。

① PFA（可溶性聚四氟乙烯）气体洗涤瓶，容量 50mL。

② 湿式气体流量计，最小刻度为 0.025m^3，准确度优于 1%。

③ 配备电导检测器的离子色谱仪，对氯离子的检出限小于 10μg/L。

④ 长约 25cm，内径约 4mm，内装粒度约为 5μm 的带有季铵基团的聚乙烯醇，柱体为聚醚醚酮材质，pH 值范围为 3 ～ 12 的色谱柱或者其他等效的色谱柱。该柱用于总卤化物的测定。

⑤ 长约 5mm，内径约 4mm，内装粒度约为 5μm 的带有季铵基团的聚乙烯醇，柱体为聚醚醚酮材质，pH 值范围为 3 ～ 12 的保护柱或者其他等效的保护柱。该柱用于保护色谱柱不受样品或淋洗液的污染。

（4）试验步骤　氯化物含量测定需要按以下步骤进行。

① 按照图 2-1 所示连接采样装置。在 PFA 气体洗涤瓶中加入 100mL 去离子水。

② 将待测氢气以 500mL/min 的速度通入装有去离子水的洗涤瓶进行采样，采样时间为 200min，采样体积为 100L。

③ 采样后的吸收液用去离子水定容至 100mL，用离子色谱仪进行检测。

④ 选择适当的色谱条件，对离子色谱仪进行充分预热。典型色谱条件如下：柱温为 35℃；流动相为 3.2mmol/L 的碳酸钠和 1.0mmol/L 的碳酸氢钠淋洗液；进样体积为 20μL；流速为 0.7mL/min。

⑤ 依次注入空白水溶液、氯离子标准溶液和试样溶液，积分得到峰面积，用标准曲线进行校准，得出实验结果。

⑥ 独立进行两次测定，两次平行实验测定值的相对偏差不大于 10%，取其平均值作为测定结果。

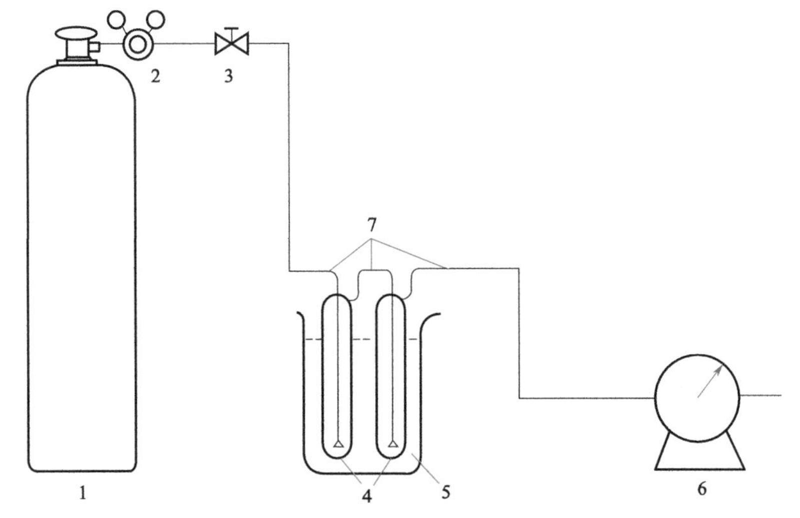

图 2-1 **采样装置示意**

1—氢气瓶或其他氢气源；2—减压装置；3—针形阀；4—PFA 气体洗涤瓶；
5—烧杯或其他固定装置；6—湿式气体流量计；7—连接套管

（5）结果计算　氢气的采样体积换算成标准状态下的体积，即

$$V_0=\frac{273.15V_{\mathrm{H}}p_{\mathrm{H}}}{1.01\times10^5\times\left(273.15+t_{\mathrm{H}}\right)} \tag{2-2}$$

式中，V_0 为标准状态下待测氢气的采样体积，L；V_{H} 为实验条件下待测氢气的采样体积，L；p_{H} 为采样时的环境大气压，Pa；t_{H} 为采样时的环境温度，℃。

氢气中氯化物的含量为

$$X=\frac{22.4cV_1}{35.5V_0}\times10^6 \tag{2-3}$$

式中，X 为氢气中氯化物的体积分数，%；c 为吸收液中氯离子浓度，mg/L；V_1 为吸收液的体积，mL。

13. 颗粒物含量的测定

颗粒物含量的测定按《环境空气　总悬浮颗粒物的测定　重量法》（GB/T 15432—1995）中第 5 章规定的方法进行。

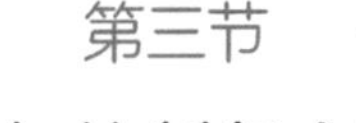

第三节
氢气的制备方法

氢气是燃料电池常用的燃料，但地球周围单质氢是极少的，燃料电池电动汽车大规模推广使用必须要解决氢源问题。

一、制氢技术

氢能产业涉及制氢、储氢和输氢等环节，其中制氢成本最高。常用制氢方式如图 2-2 所示。其中化石燃料制氢、工业副产氢回收、电解水制氢的技术成熟，它们的差别在于原料的再生性、二氧化碳排放和制氢成本。目前以化石燃料制氢为主。

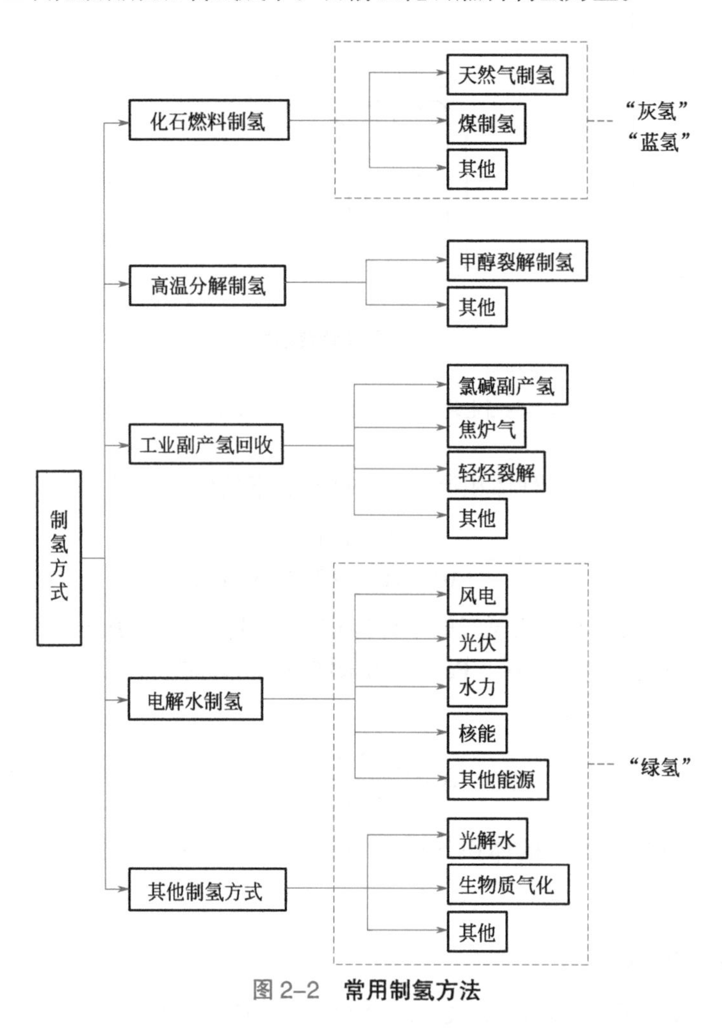

图 2-2　**常用制氢方法**

氢分为灰氢、蓝氢和绿氢，如图 2-3 所示。要实现燃料电池电动汽车的可持续发展，使用的燃料氢必须由灰氢变成绿氢。

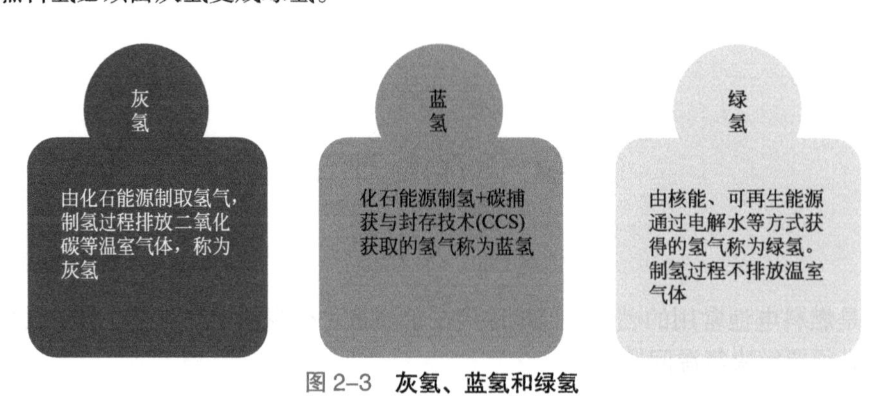

图 2-3　**灰氢、蓝氢和绿氢**

二、电解水制氢

将水电解为氢气和氧气的过程，其阴极反应为

$$2H_2O+2e \longrightarrow 2OH^-+H_2$$

阳极反应为

$$2OH^- \longrightarrow H_2O+\frac{1}{2}O_2+2e$$

总反应为

$$2H_2O \longrightarrow 2H_2+O_2$$

纯水是电的不良导体，所以电解水制氢时要在水中加入电解液来增大水的导电性。一般电解水操作都用氢氧化钾作为电解液。

电解水制氢系统的主体设备为水电解槽，如图 2-4 所示。

图 2–4　**水电解槽**

水电解槽的性能参数将决定水电解制氢的技术性能。水电解槽的性能参数、结构应以降低单位氢气电能消耗、减少制造成本、延长使用寿命为基本要求；应合理选择水电解槽的结构形式、电解小室及其电极、隔膜的构造、涂层和材质。水电解槽由若干个电解池组成，每个电解池都由电极、隔膜和电解质溶液等构成，由此构成各种形状和规格的水电解制氢系统。电解池是指利用电能使某电解质溶液分解为其他物质的单元装置。电解水制氢系统结构由制氢装置的工作压力、氢（氧）气的用途、气体纯度及其允许杂质含量等因素确定。

如图 2-5 所示为水电解槽结构原理。水电解槽采用左右槽并联型结构，中间极板接直流电源正极，两端极板接直流电源负极，采用双极性极板和隔膜垫片组成多个电解池，并在槽内下部形成共用的进液口和排污口，上部形成各种的氢碱和氧碱的气液体通道。正常生产时采用 30% 氢氧化钾水溶液作为电解液，槽温控制在 85 ～ 90℃。电解液在强制循环、水电解槽通以直流电的条件下，氢气和氧气在水电解槽中产生，经过分离器进行气液分离后，产出的氢气和氧气源源不断地被送出系统。

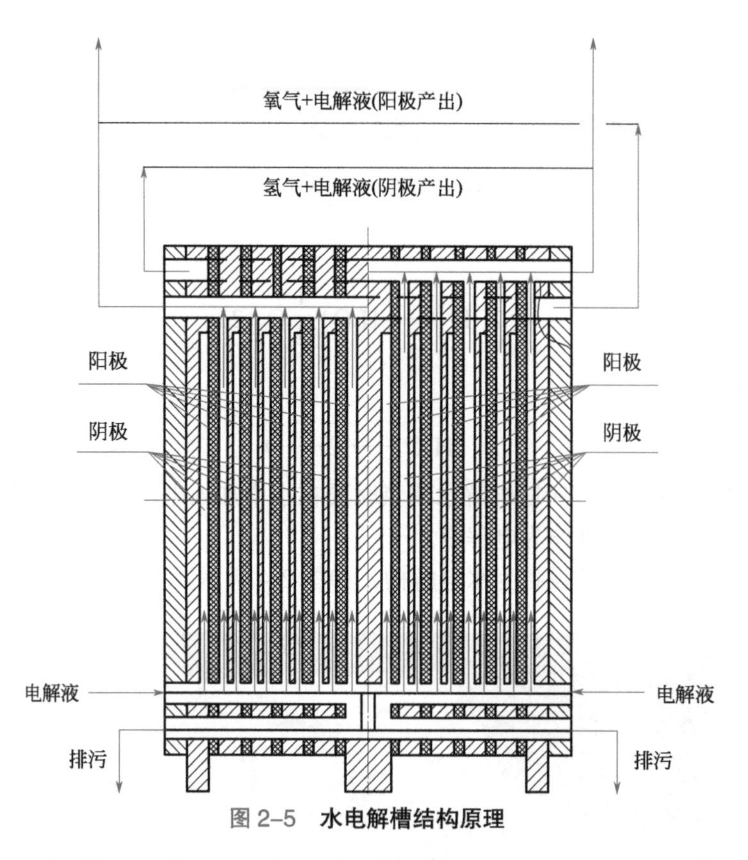

图 2-5 **水电解槽结构原理**

电解水制氢系统框图如图 2-6 所示。水电解槽中产生的氢气和氧气，分别经过气液分离器、洗涤（冷却）器、压力控制装置进入氢气储罐和氧气储罐，供给用户或压缩充装。

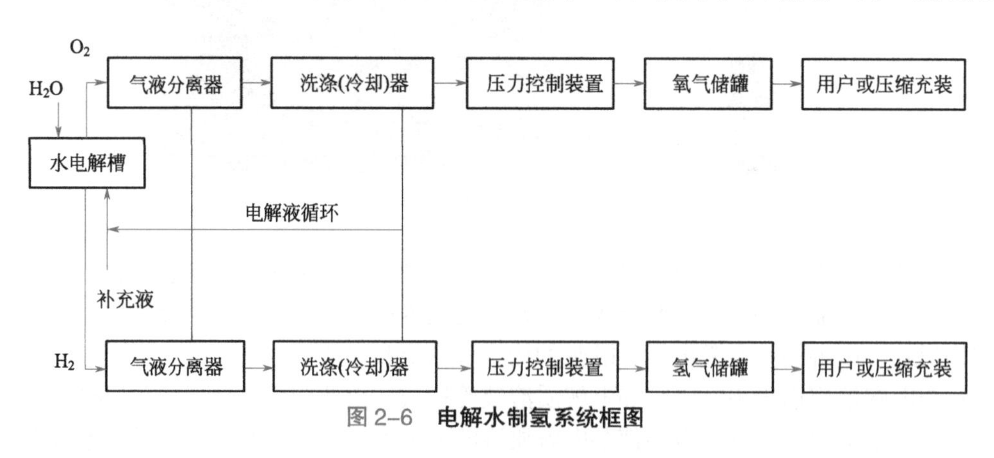

图 2-6 **电解水制氢系统框图**

气液分离器的作用就是处理含有少量凝液的气体，实现凝液回收或者气相净化。其结构一般为一个压力容器，内部有相关进气构件、液滴捕集构件。一般气体由上部出口排出，液相由下部收集。

如图 2-7 所示为旋风式气液分离器示意，其主要特点是结构简单，操作弹性大，管理维修方便，价格低廉，针对 8μm 以上液滴 100% 能去除，4～8μm 液滴 90%～95% 能去除。旋风式气液分离器的工作原理是气体通过设备入口进入设备内旋风分离区，当含杂质的气体沿轴向进入旋风分离管后，气流受导向叶片的导流作用而产生强烈旋转，气流沿筒体呈螺旋形向下进入旋风筒体，密度大的液滴和尘粒在离心力作用下被甩向器壁，并在重力作用下，沿筒壁下落流出旋风管排尘口至设备底部储液区，从设备底部的出液口流出。旋转的气流在筒体内收缩向中心流动，向上形成二次涡流经导气管流至净化天然气室，再经设备顶部出口流出。

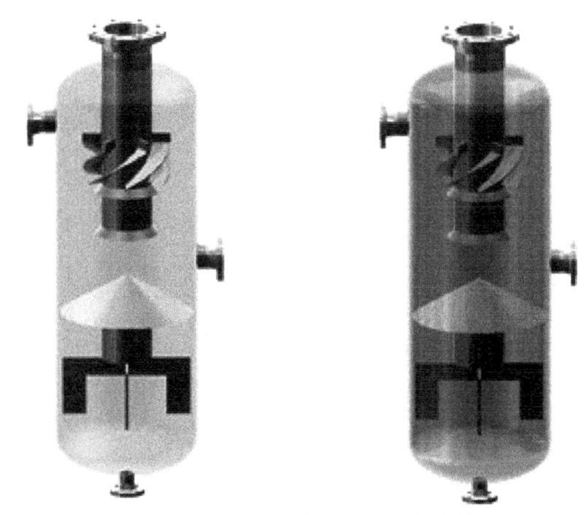

图 2-7　**旋风式气液分离器示意**

洗涤（冷却）器是用来洗涤（冷却）氢气和氧气的，如图 2-8 所示为氢气冷却器。

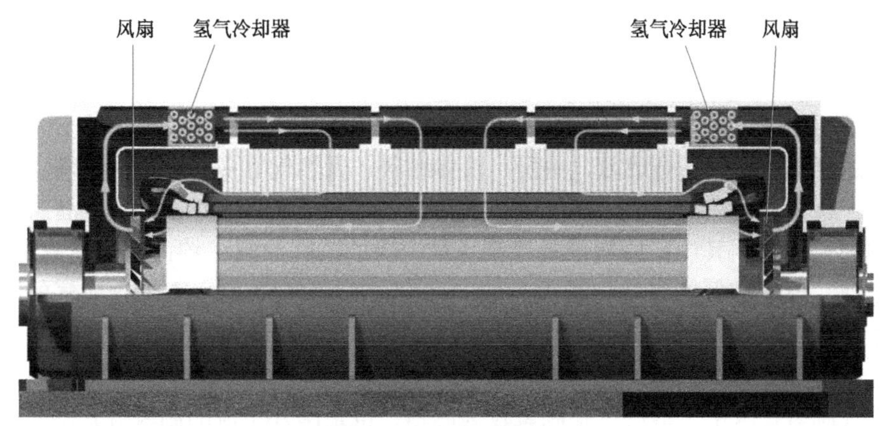

图 2-8　**氢气冷却器**

目前，电解水制氢技术主要有碱性水电解槽、质子交换膜水电解槽和固体氧化物水电解槽。其中碱性电解槽技术最为成熟，生产成本较低，国内单台最大产气量达到 1000m^3/h；质子交换膜电解槽流程简单，能效较高，国内单台最大产气量达到 50m^3/h，但因使用贵金属电催化剂等材料，成本偏高；固体氧化物水电解槽采用水蒸气电解，高温环境下工作，能效最高，但尚处于研发阶段。

如图 2-9 所示为某企业生产的电解水制氢装置，产氢量 500m^3/h。

电解水制氢具有绿色环保、生产灵活、纯度高（通常在 99.7% 以上）以及产生副产品高价值氧气等特点，但其单位能耗为 4 ～ 5kW · h/m^3 氢，制氢成本受电价的影响很大，电价占总成本的 70% 以上。若采用市电生产，制氢成本为 30 ～ 40 元 /kg，且考虑火电占比较大，依旧面临碳排放问题。一般认为当电价低于 0.3 元 /（kW · h）时，电解水制氢成本接近传统化石燃料制氢。按照当前中国电力的平均碳强度计算，电解水得到 1kg 氢气的碳排放约为 35.84kg，是化石能源重整制氢单位碳排放的 3 ～ 4 倍。

图 2-9　某企业生产的电解水制氢装置

三、化石燃料制氢

煤制氢历史悠久，通过气化技术将煤炭转化为合成气，再经水煤气变换分离处理以提取高纯度的氢气，是制备合成氨、甲醇、液体燃料、天然气等多种产品的原料，广泛应用于煤化工、石化、钢铁等领域。煤制氢技术路线成熟高效，可大规模稳定制备，是当前成本很低的制氢方式。其中，原料煤是煤制氢最主要的消耗原料，约占制氢总成本的 50%。以技术成熟、成本较低的煤气化技术为例，每小时产能为 54 万立方米合成气的装置，在原料煤［6000kcal（1kcal=4.1868kJ），含碳量 80% 以上］价格 600 元 /t 的情况下，制氢成本约为 8.85 元 /kg。

天然气制氢技术中，蒸汽重整制氢较为成熟，也是国外主流的制氢方式。其中，天然气原料占制氢成本的比例达 70% 以上，天然气价格是决定制氢价格的重要因素。

为控制制氢环节的碳排放，化石能源重整制氢需结合碳捕集与封存技术。

下面介绍化石能源重整制氢中的天然气蒸汽重整制氢和甲醇转化制氢。

1. 天然气蒸汽重整制氢

天然气蒸汽重整制氢是大规模工业制氢的主要方法。重整是指由原燃料制备富氢气体混合物的化学过程；天然气蒸汽重整是指通过天然气和水蒸气的化学反应制备富氢气体的过程；重整制氢是指碳氢化合物原料在重整器内进行催化反应获得氢的过程。

天然气的主要成分是甲烷 CH_4，它与水蒸气在 1100℃下进行反应，其反应方程式为

$$CH_4(g)+H_2O(g) \longrightarrow 3H_2(g)+CO(g)$$

式中，g 代表气体。

气体产物中的 CO 可通过与水蒸气的变换反应转化为 H_2 和 CO_2，其反应方程式为

$$CO(g)+H_2O(g) \longrightarrow H_2(g)+CO_2(g)$$

最终产物中的 CO_2 可通过高压水清洗除去，所得氢气可直接用作工业原料气。如果要作为燃料电池电动汽车的燃料，还需要对其中的 CO 等杂质进行进一步的处理。

天然气蒸汽重整制氢系统主要由精脱硫装置、预热炉、蒸汽转化炉、余热锅炉、变换反应器、冷却器和变压吸附提纯装置等设备组成。天然气经精脱硫装置脱硫精制后，按一定的水碳比与水蒸气混合，经预热炉预热后进入蒸汽转化炉。在催化剂的作用下转化反应生产出 H_2、CO、CO_2 等气体，经余热锅炉回收热量后进入变换反应器，将 CO 变换成 CO_2 得到变换气。变换气经回收热量的余热锅炉、冷却器后降至常温，再经变压吸附提纯装置提纯得到纯度较高的氢气。变压吸附提纯装置的解吸气中含有 CO、CH_4 等可燃组分，经解吸气缓冲罐输送给蒸汽转化炉作为燃料气。天然气蒸汽重整制氢系统框图如图 2-10 所示。

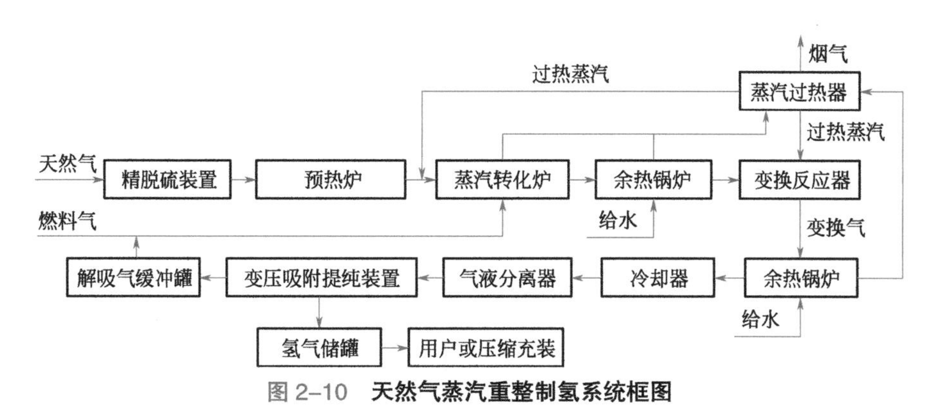

图 2-10 **天然气蒸汽重整制氢系统框图**

天然气蒸汽重整制氢主要包括以下 4 个流程。

① 原料预处理。原料预处理主要是指原料气的脱硫过程。

② 天然气蒸汽转化。多采用镍系催化剂，将天然气中的烷烃转化为主要成分是一氧化碳和氢气的原料气。

③ 一氧化碳变换。一氧化碳在中温或高温以及催化剂条件下与水蒸气发生反应，从而生成氢气和二氧化碳的变换气。

④ 氢气提纯。对生成的氢气进行提纯，最常用的氢气提纯系统是变压吸附净化分离系统，净化后得到的氢气纯度最高可以达到 99.99%。

如图 2-11 所示为某企业的天然气制氢设备。

图 2-11 **某企业的天然气制氢设备**

2. 甲醇转化制氢

甲醇制氢的反应方程式为

$$CH_3OH \longrightarrow 2H_2+CO$$

分解产物混合气中的CO也可以通过变换反应与水蒸气作用转化为氢气和二氧化碳，即

$$CO(g)+H_2O(g) \longrightarrow H_2(g)+CO_2(g)$$

总反应为

$$CH_3OH(g)+H_2O(g) \longrightarrow CO_2(g)+3H_2(g)$$

甲醇转化制氢系统主要由加热器、转换器、过热器、气化器、换热器、冷却器、水洗塔和变压吸附提纯装置等设备组成。甲醇和脱盐水按一定比例混合，由换热器预热后送入气化器，气化后的甲醇、蒸汽再经导热油加热后进入转换器催化变换成 H_2、CO_2 的转化气。转换器经换热、冷却冷凝后进入脱盐水水洗塔，在塔底收集未转化的甲醇和水以循环使用，水洗塔塔顶的转化气送变压吸附提纯装置。转换器、过热器和气化器均由加热器加热后的导热油提供热量。甲醇转化制氢系统框图如图2-12所示。

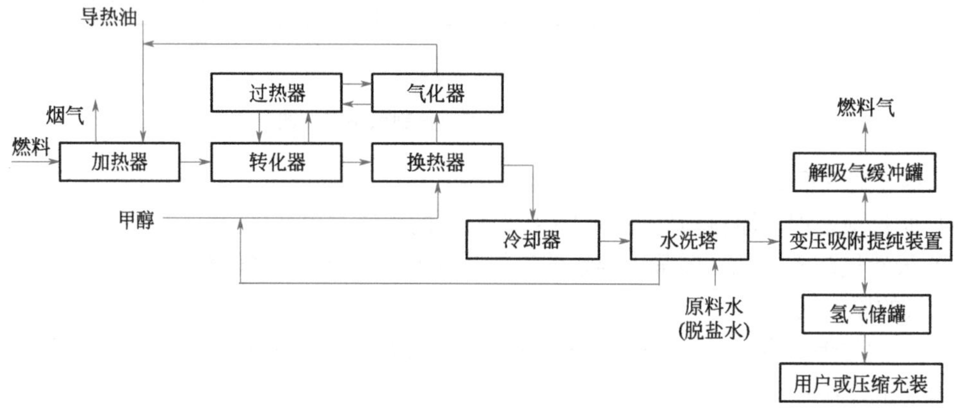

图 2-12　甲醇转化制氢系统框图

如图2-13所示为某企业的甲醇转化制氢装置。

图 2-13　某企业的甲醇转化制氢装置

四、可再生能源制氢

可再生能源制氢主要有风能电解水制氢、太阳能电解水制氢以及风能和太阳能联合式电解水制氢。

由风能和太阳能转化的电能虽可直接用于电力供应，但存在电能难以有效储存、利用率较低、电力供应不稳定等缺点。若将风能和太阳能转化的部分电能用于电解水制氢获得氢气，可起电能储存及电力负荷的削峰填谷作用。风能电解水制氢系统框图、太阳能电解水制氢系统框图以及风能和太阳能联合式电解水制氢系统框图如图 2-14 ～图 2-16 所示。

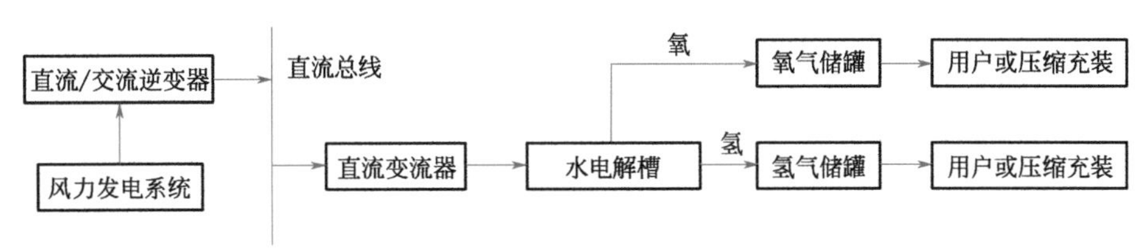

图 2-14　**风能电解水制氢系统框图**

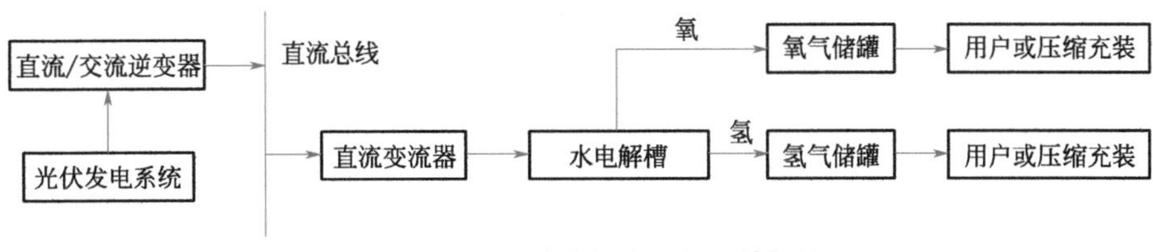

图 2-15　**太阳能电解水制氢系统框图**

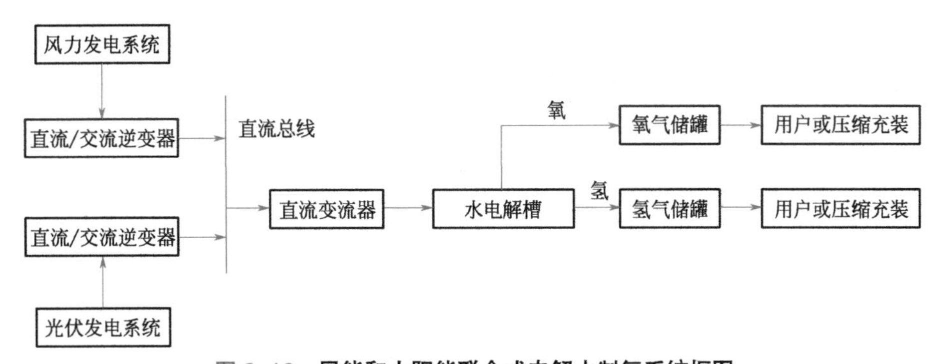

图 2-16　**风能和太阳能联合式电解水制氢系统框图**

除此之外，还有很多制氢方法，如从化工厂或炼油厂的副产品尾气中获取氢气，利用城市固体垃圾或有机生物质通过气化制氢等。

传统的工业应用制氢方法主要是利用化石燃料制备和水电解，效率不高，有大量温室气体排放，难以满足未来氢气制备高效、大规模、无碳排放的要求。而核能作为清洁的一次能源，核能制氢已经发展成为一种清洁、安全、成熟的技术。核能制氢就是将核反应堆与先进制氢工艺耦合，进行氢的大规模生产。核能制氢具有不产生温室气体、以水为原料、高效率、大规模等优点，是未来氢气大规模供应的重要解决方案，为可持续发展以及氢能经济开辟了新的道路。

世界上的许多国家，如美国、日本、法国、加拿大等都在开展核能制氢技术的研发工作。我国正在发展核电，在开展核电站建设的同时，也非常重视核能制氢技术的发展。高温气冷堆能够提供高温工艺热，是目前非常理想的高温电解制氢的核反应堆。在800℃下，高温电解的理论效率高于50%，温度升高会使效率进一步提高。在此种方案下，高温气冷堆（出口温度为700～950℃）和超高温气冷堆（出口温度在950℃以上）是目前理想的高温电解制氢的核反应堆。

安全性是制约核能制氢的重要因素之一。常温常压下，氢气是一种极易燃烧、无色透明、无臭无味且难溶于水的气体。氢气是世界上已知的密度最小的气体，氢气的密度只有空气的1/14，且极易燃烧。如何保证与核电偶联的设备在氢运输等相关过程中的安全，是需要突破的重点和难点。

第四节 氢气的储存与输送

氢气的储存与输送是连接制氢和用氢的桥梁，在氢能发展中发挥着不可替代的作用。氢气的储存与输送方式多样，具体采用何种储存与输送方式要根据氢气的用途、使用方式、地点、用量多少、用户的分布情况、输氢距离和输氢成本等因素综合考虑。

一、氢气的储存

储氢技术作为氢气从生产到利用过程中的桥梁，至关重要。可通过氢化物的生成与分解储氢，或者基于物理吸附过程储氢。目前，氢气的储存主要有气态储氢、液态储氢和固态储氢三种方式。高压气态储氢已得到广泛应用，低温液态储氢在航天等领域得到应用，有机液态储氢和固态储氢尚处于示范阶段。

1. 气态储氢

气态存储是对氢气加压，减小体积，以气体形式储存于特定容器中，根据压力大小的不同，气态储存又可分为低压储存和高压储存。氢气可以像天然气一样用低压储存，使用巨大的水密封储槽，该方法适合大规模储存气体时使用。气态高压储存是较普通和较直接的储存方式，通过高压阀的调节就可以直接将氢气释放出来。普通高压气态储氢是一种应用广泛、简便易行的储氢方式，而且成本低，充放气速度快，且在常温下就可进行。但其缺点是需要厚重的耐压容器，并要消耗较大的氢气压缩功，存在氢气易泄漏和容器爆破等不安全因素。高压气态储氢分为高压氢瓶和高压容器两大类，其中钢质氢瓶和钢质压力容器技术最为成熟，成本较低。20MPa钢质氢瓶已得到广泛的工业应用，并与45MPa钢质氢瓶、98MPa钢带缠绕式压力容器组合应用于加氢站中。碳纤维缠绕高压氢瓶的开发应用，实现了高压气态储氢由固定式应用向车载储氢应用的转变。

如图2-17所示为某加氢站中的储氢瓶组，储氢压力为45MPa。

图 2-17　**某加氢站中的储氢瓶组**

2. 液态储氢

氢气在一定的低温下，会以液态形式存在。因此，可以使用一种深冷的液氢储存技术——低温液态储氢。与空气液化相似，低温液态储氢也是先将氢气压缩，在经过节流阀之前进行冷却，经历焦耳 - 汤姆逊等焓膨胀后，产生一些液体。将液体分离后，将其储存在高真空的绝热容器中，气体继续进行上述循环。液氢储存具有较高的体积能量密度。常温、常压下液态氢的密度为气态氢的 845 倍，体积能量密度比压缩储存要高好几倍，与同一体积的储氢容器相比，其储氢重量大幅度提高。液氢储存工艺特别适宜于储存空间有限的运载场合，如航天飞机用的火箭发动机、汽车发动机和洲际飞行运输工具等。若仅从重量和体积上考虑，液氢储存是一种极为理想的储氢方式。但是由于氢气液化要消耗很大的冷却能量，液化 1kg 氢需耗电 4 ～ 10kW·h，增加了储氢和用氢的成本。另外液氢储存必须使用超低温用的特殊容器，由于液氢储存的装料和绝热不完善容易导致较高的蒸发损失，因而其储存成本较高，安全技术也比较复杂。

液态储氢可分为低温液态储氢和有机液态储氢。

（1）低温液态储氢　低温液态储氢是指将氢气冷却至 -253℃，液化储存于低温绝热液氢罐中，储氢密度可达 70.6kg/m^3，但液氢装置一次性投资较大，液化过程中能耗较高，储存过程中有一定的蒸发损失，其蒸发率与储氢罐容积有关，大储罐的蒸发率远低于小储罐。国内液氢已在航天工程中成功应用，民用缺乏相关标准。

（2）有机液态储氢　有机液态储氢是指利用某些不饱和有机物（如烯烃、炔烃或芳香烃）与氢气进行可逆加氢和脱氢反应，实现氢的储存。加氢后形成的液体有机氢化物性能稳定，安全性高，储存方式与石油产品相似。但存在着反应温度较高、脱氢效率较低、催化剂易被中间产物毒化等问题。

美国通用公司已经将低温液态储氢应用于车载系统中，液态储罐长度为 1m，直径为 0.14m，总质量为 90kg，可储氢 4.6kg，质量储氢密度、体积储氢密度分别为 5.1%、36.6g/L。低温液态储氢罐模型如图 2-18 所示。

3. 固态储氢

固态储氢是指利用固体对氢气的物理吸附或化学反应等作用，将氢储存于固体材料中。固态储存一般可以做到安全、高效、高密度，是气态储存和液态储存之后，较有前途的研究发现。固态储存需要用到储氢材料，寻找和研制高性能的储氢材料，成为固态储氢的当务之急，也是未来储氢发展乃至整个氢能利用的关键。

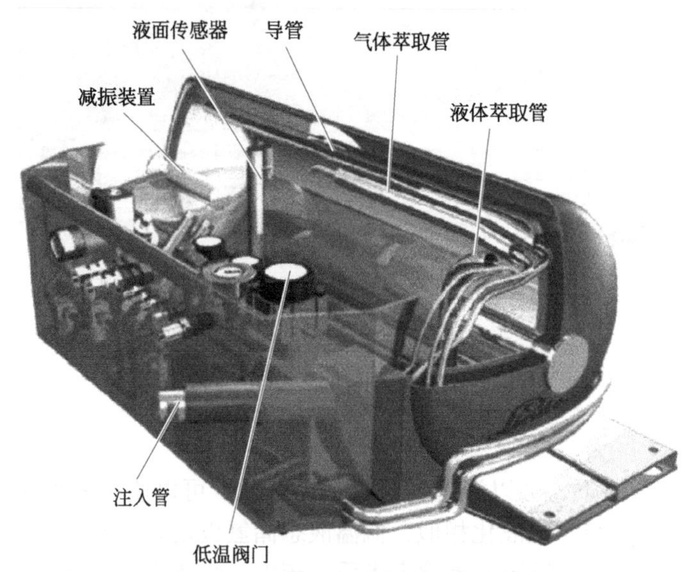

图 2-18 **低温液态储氢罐模型**

固态储氢是以金属氢化物、化学氢化物或纳米材料等作为储氢载体，通过化学吸附和物理吸附的方式实现氢的存储。固态储氢具有储氢密度高、储氢压力低、安全性好、氢纯度高等优势，其体积储氢密度高于液态储氢。但主流金属储氢材料质量储氢率仍低于 3.8%（质量分数），质量储氢率大于 7%（质量分数）的轻质储氢材料还需要解决吸放氢温度偏高、循环性能较差等问题。国外固态储氢已在燃料电池潜艇中商业应用，在分布式发电和风电制氢规模储氢中得到示范应用；国内固态储氢已在分布式发电中得到示范应用。

三种储氢技术比较见表 2-2。

表 2-2 三种储氢技术比较

类型	高压气态储氢	低温液态储氢	固态储氢
质量储氢密度 /%	1.0 ～ 5.7	5.7 ～ 10	1.0 ～ 4.5
技术	在高温下将氢气压缩，以高密度气态形式储存	将氢气在高压、低温条件下液化，体积密度为气态时的 845 倍，其输送效率高于气态氢	利用固体对氢气的物理吸附或化学反应等作用将氢气储存于固体材料中，不需要压力和冷冻
优点	成本较低，技术成熟，充放氢快，能耗低，易脱氢，工作条件较宽	体积储氢密度大，液态氢纯度高	体积储氢密度大，操作安全方便，不需要高压容器，具备纯化功能，得到的氢纯度高
缺陷	体积储氢密度低，体积比容量小，存在泄漏、爆炸的安全隐患	液化过程耗能高，易挥发，成本高	质量储氢密度小，成本高，吸放氢有温度要求，抗杂质气体能力差

续表

类型	高压气态储氢	低温液态储氢	固态储氢
技术突破	① 进一步提高储氢罐的储氢压力、储氢质量密度 ② 改进储罐材质，向高压化、低成本、质量稳定的方向发展	① 为提高保温效率，须增加保温层或保温设备，克服保温与储氢密度之间的矛盾 ② 减少储氢过程中由于氢气气化所造成的 1% 左右的损失 ③ 降低保温过程所耗费的相当于液氢质量 30% 的能量	① 提高质量储氢密度 ② 降低成本及温度要求
应用	目前发展最成熟、最常用的技术，也是车用储氢主要采用的技术	主要应用于航天航空领域，适合超大功率商用车辆	未来重要的发展方向

我国储氢行业中发展的主流是高压气态储氢方式，大部分加氢站都采用高压气态储氢。从国内储运企业中也可看出，采用高压气态储氢路线的企业占比是最大的。

纵观国内储氢市场，高压气态储氢技术比较成熟，且优点明显，一定时间内都将是国内主推的储氢技术；但由于高压气态储氢存在安全隐患和体积容量比低的问题，在氢燃料汽车上的应用并不完美。低温液态储氢技术在我国还处在只服务于航天航空的阶段，短期内应用于民用领域还不太可能；低温液态储氢技术成本高，长期来看，在国内商业化应用前景不如其他储氢技术。固态储氢应用在燃料电池电动汽车上优点十分明显，但现在仍存有技术上的难题；短期内，应该还不会有较大范围的应用，但长期来看发展潜力比较大。

二、氢气的输送

根据输送过程中氢的状态不同，可以分为气态输送、液态输送和固态输送，其中气体氢输送和液体氢输送是主要输送方式。

1. 气态输送

高压气态氢输送可分为长管拖车输送和管道输送两种方式。高压长管拖车输送是氢气近距离输送的重要方式，技术较为成熟，国内常以 20MPa 长管拖车运氢，单车运氢约 300kg；国外则采用 45MPa 纤维全缠绕高压氢瓶长管拖车运氢，单车运氢可提至 700kg。

如图 2-19 所示为氢气的长管拖车输送。

管道输送是实现氢气大规模、长距离运输的重要方式。管道运行压力一般为 1.0 ～ 4.0MPa，具有输氢量大、能耗小和成本低等优势，但建造管道一次性投资较大。在初期可积极探索掺氢天然气方式，以充分利用现有管道设施。

如图 2-20 所示为氢气的管道输送。

图 2-19　**氢气的长管拖车输送**

图 2-20　**氢气的管道输送**

2. 液态输送

液态输送通常适用于距离较远、运输量较大的场合。其中，液氢罐车可运 7t 氢，铁路液氢罐车可运 8.4 ～ 14t 氢，专用液氢驳船的运量则可达 70t。采用液氢储运能够减少车辆运输频次，提高加氢站单站供应能力。日本、美国已将液氢罐车作为加氢站运氢的重要方式之一。

如图 2-21 所示为液氢罐车。

图 2-21　**液氢罐车**

3. 固态输送

轻质储氢材料兼具高的体积储氢密度和质量储氢率，作为运氢装置具有较大潜力。将低压高密度固态储罐仅作为随车输氢容器使用，加热介质和装置固定放置于充氢和用氢现场，可以同步实现氢的快速充装及其高密度、高安全输送，提高单车运氢量和运氢安全性。

氢不同输送方式的比较见表 2-3，表中数据仅供参考，具体数据以实际为主。

表 2–3　氢不同输送方式的比较

输送方式	运输工具	压力/MPa	载氢量/(kg/车)	体积储氢密度/(kg/m³)	质量储氢率/%	成本/(元/kg)	能耗/(kW·h/kg)	经济距离/km
气态输送	长管拖车	20	300～400	14.5	1.1	2.02	1～1.3	≤ 150
	管道	1～4	—	3.2	—	0.3	0.2	≥ 500
液态输送	液氢槽罐车	0.6	7000	64	14	12.25	15	≥ 200
固态输送	货车	4	300～400	50	1.2	—	10～13.3	≤ 150

目前，我国氢的储存以高压气态方式为主。氢能市场渗入前期，车载储氢将以 70MPa 气态方式为主，辅以低温液氢和固态储氢。氢的输送将以 45MPa 长管拖车、低温液氢、管道（示范）输送等方式，因地制宜，协同发展。中期（2030 年），车载储氢将以气态、低温液态为主，多种氢技术相互协同，氢的输送将以高压、液态氢罐和管道输送相结合，多种氢技术相互协同，针对不同细分市场和区域同步发展。远期（2050 年），氢气管网将密布于城市、乡村，车载储氢将采用更高储氢密度、更高安全性的储氢技术。

三、氢的生产、储存和输送方式

随着燃料电池电动汽车技术的不断发展，燃料电池电动汽车数量不断增加，必须解决氢的生产和供应问题，否则将会制约燃料电池电动汽车的发展。

氢的生产、储存和输送方式有以下方法，但不限于以下方法。

1. 电解水制氢

电解水制氢一般有两种方式，一种是采用电解水制氢站方式生产氢气，就地储存加注，如图 2-22 所示。

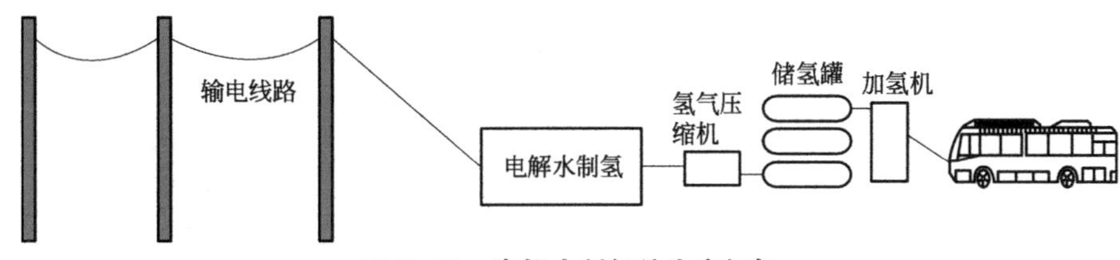

图 2–22　电解水制氢站生产氢气

另一种是由专业的电解水制氢企业生产氢气，通过车船或管道等方式运到加氢站，如图 2-23 所示。

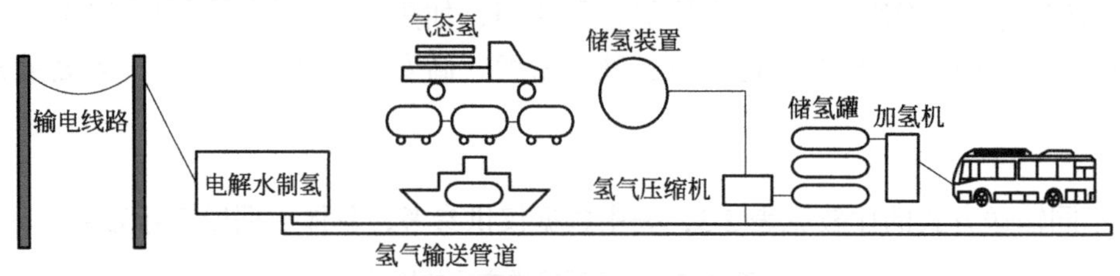

图 2-23　**电解水制氢企业生产氢气**

2. 天然气制氢

氢气由大型重整制氢企业生产，采用天然气为原料，根据加氢站的分布范围不同，氢气可通过车船或小规模管道等方式运到各加氢站，为燃料电池电动汽车进行液体氢加注或以高压氢方式加注，如图 2-24 所示。

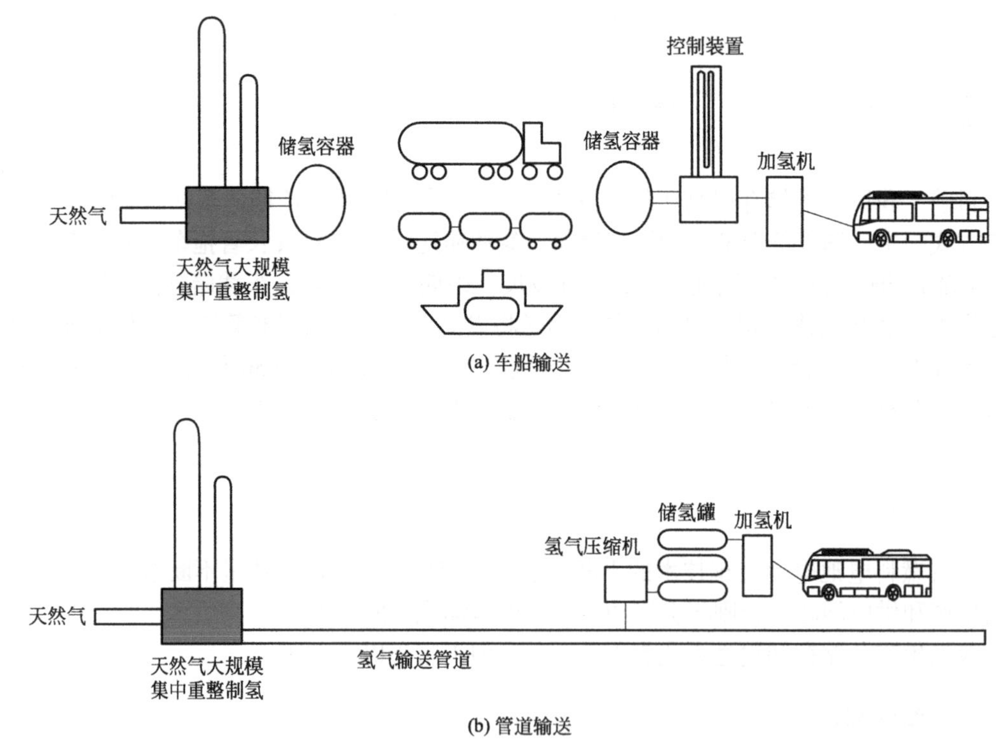

图 2-24　**大型企业天然气重整制氢**

也可以利用现有的天然气汽车加气站管道，进行天然气站内重整制氢，制取的氢气储存在高压容器中，如图 2-25 所示。

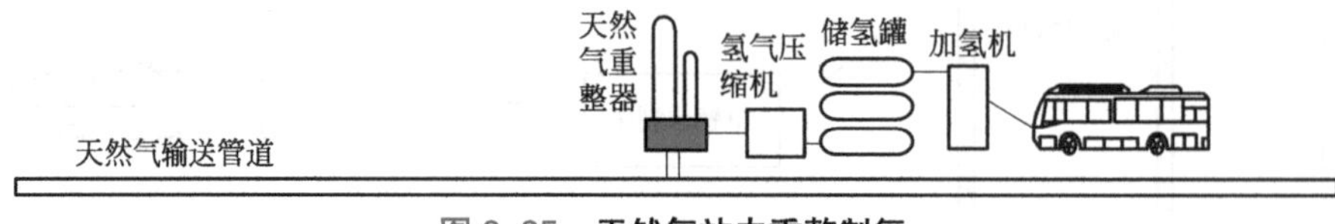

图 2-25　**天然气站内重整制氢**

3. 利用太阳能和风能电解水制氢

利用太阳能和风能电解水制氢如图 2-26 所示。

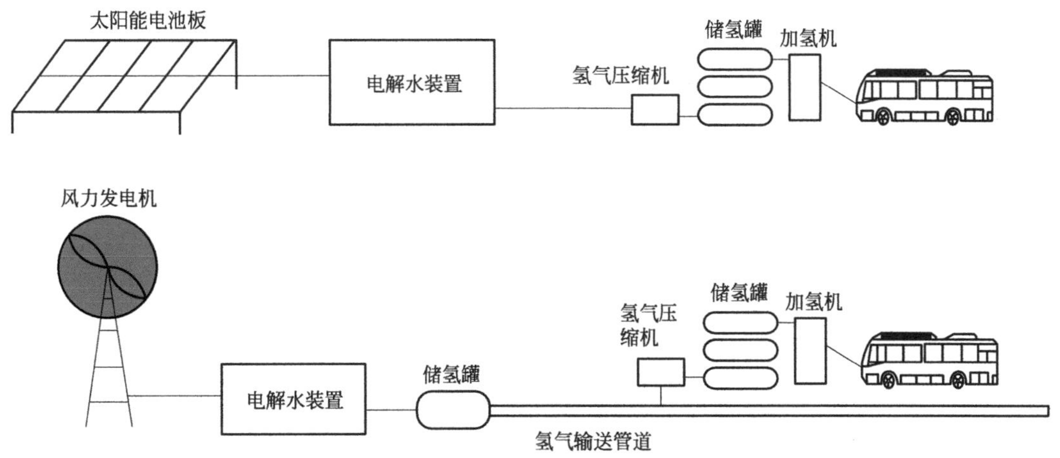

图 2-26　**利用太阳能和风能电解水制氢**

4. 从化工厂或炼油厂的副产品尾气中获取氢气

氢气由化工厂或炼油厂的副产品尾气中获取，进行分离纯化后，通过车船或管道等方式运到加氢站，为燃料电池电动汽车进行液氢加注或以高压氢方式加注，如图 2-27 所示。

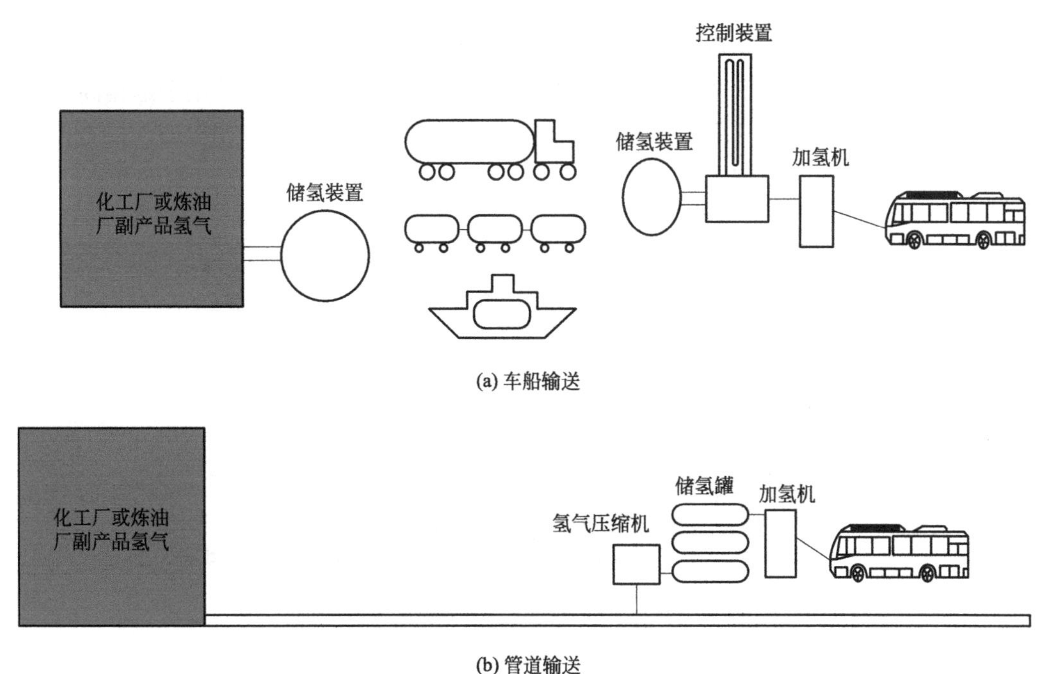

图 2-27　**化工厂或炼油厂副产品制氢**

5. 利用其他化石燃料或有机生物质制氢

利用其他化石燃料或有机生物质制氢，通过车船或管道输送到加氢站，同时将此过程中的温室气体 CO_2 进行地下埋藏处理，如图 2-28 所示。

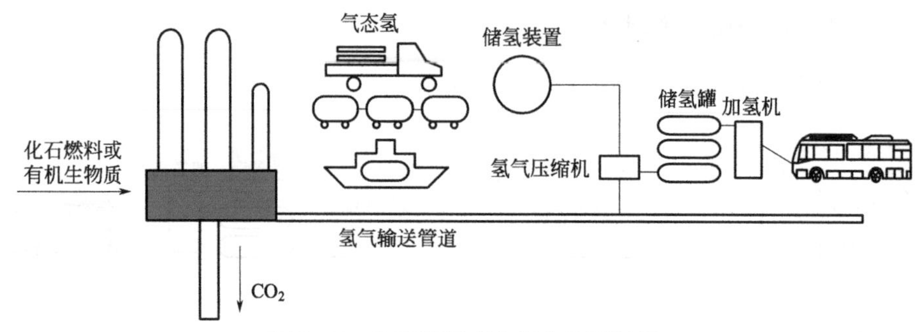

图 2-28　**化石燃料或有机生物质制氢**

6. 利用城市固体垃圾或有机物质制氢

利用城市固体垃圾或有机物质制氢如图 2-29 所示。

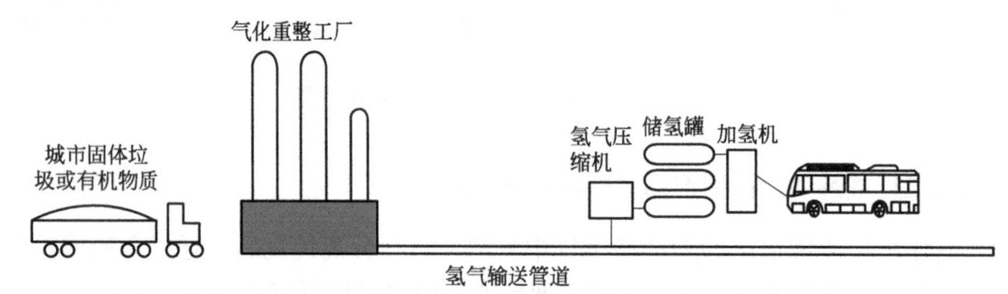

图 2-29　**利用城市固体垃圾或有机物质制氢**

目前燃料电池电动汽车数量不多，加氢站较少，氢气输送以氢气长管拖车为主，从充装到运输，都配有完善的安全装置和详细的操作规范。氢气长管拖车是用于运输高压氢气的装置，由若干个大容积高压氢气瓶组装后设置在汽车拖车上，配有相应的连接管道、阀门、安全装置等，如图 2-30 所示。

图 2-30　**氢气长管拖车**

通过氢气长管拖车输送氢气，一般要按以下步骤操作。

① 按照供氢站要求放置好氢气长管拖车。

② 确保氢气长管拖车按照“防拉开程序”已处于不可移动状态。

③ 连接好接地线。

④ 确认氢气长管拖车的各个仪表、阀门灵活可靠，以保证供氢安全。

⑤ 确认供氢站的管路和储罐是符合要求的，必要时可要求取样进行分析。

⑥ 连接好软管。

⑦ 确认截止阀关闭而放散阀打开，断续打开氢气长管拖车截止阀吹洗置换软管。

⑧ 吹洗置换合格后，关闭放散阀。

⑨ 全开氢气长管拖车截止阀。

⑩ 打开截止阀，供氢开始。

⑪ 通常采用分级卸载法，以最大限度地将氢气输入用户储存容器。在这种情况下，需要按顺序打开和关闭氢气长管拖车上长管瓶阀。

⑫ 检查软管接头是否有泄漏。

⑬ 当储存容器达到其规定压力，或者压力平衡时关闭截止阀和氢气长管拖车截止阀。

⑭ 经放散阀排放软管中的气体后，拆开充装软管。

⑮ 在准备移动氢气长管拖车前，拆开接地连线，同时确保氢气长管拖车按照“防拉开程序”已处于可移动状态。

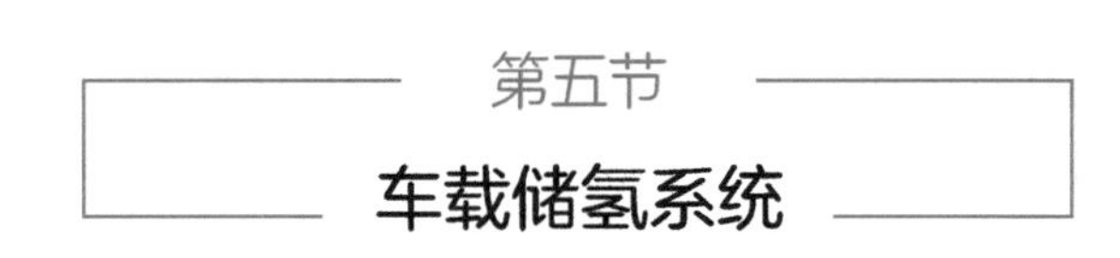

第五节 车载储氢系统

车载储氢是燃料电池电动汽车应用的关键技术之一，主要功能是实现高压氢气的加注、储存和供应。在车载储氢系统设计开发过程中，应充分遵照相关国家标准，从设计开发到集成安装，均应满足功能要求和安全要求。

一、车载储氢系统组成

车载储氢系统一般分为加氢模块、储氢模块、供氢模块和控制监测模块。

1. 加氢模块

加氢模块一般包含加氢口、压力表、过滤器、单向阀等，通过与加氢枪连接实现车辆加注氢气的功能。为了保证加氢过程的安全可靠，应在充分考虑加氢时的温升问题、静电消除问题、气密性问题等的基础上，对加氢模块进行安全设计。一般考虑以下建议。

① 考虑到加氢过程的温升问题，对于 70MPa 氢系统应配备温度监控模块。

② 加氢口周围应设计有静电接地装置。

③ 为避免加氢模块连接点泄漏，在加氢模块安装舱内最高点区域安装氢浓度传感器。

2. 储氢模块

储氢模块一般包含储氢罐、组合阀、限流阀、压力传感器、安全泄放装置等。当管路内的压力异常降低或流量反常增大时，限流阀能够有效自动切断储氢罐内的氢气供应，压力传感器可以通过氢控制器向整车或燃料电池控制器传递压力信息。

3. 供氢模块

供氢模块一般包含减压阀、安全阀、排空阀、电磁阀等。为了保证供氢模块的安全可靠，减压阀应能保证输出压力的稳定可靠，安全阀能够实现管路压力超过一定限值后的起跳泄放功能，并在管路压力恢复正常后，可以恢复原状态。

4. 控制监测模块

控制监测模块一般是由电气系统组成的，通过氢控制器实现车载储氢系统运行状态的监测，其中包括储氢罐的开启状态、罐内的温度、管路的压力以及氢浓度传感器测量值；稳定高效地控制罐口组合阀和其他电磁阀的开启与关闭，计算车载储氢系统运行的耗氢量，对剩余氢气量进行估算，实现不同故障的识别；通过 CAN 总线与整车通信，将接收来的信息发送给整车控制器，并接收整车控制器的指令做出相应动作。

二、车载储氢系统技术条件

车载储氢系统是指从氢气加注口至燃料电池进口，与氢气加注、储存、输送、供给和控制有关的装置，如图 2-31 所示。

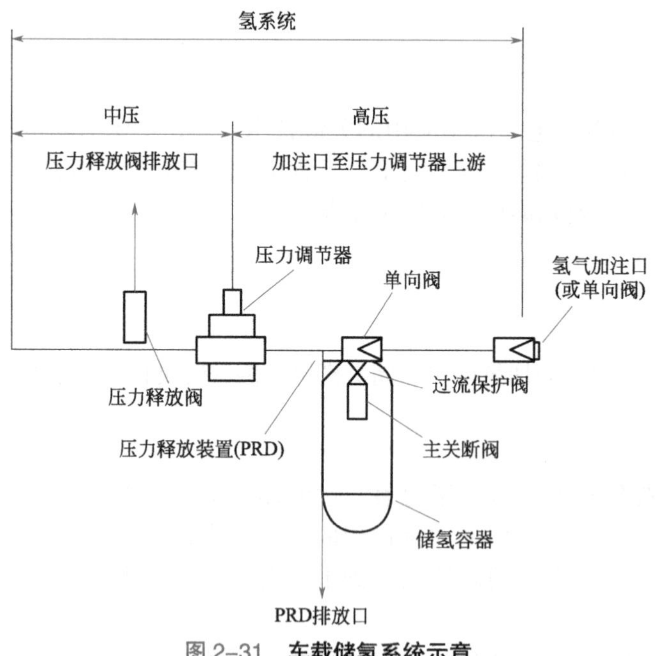

图 2-31　**车载储氢系统示意**

图 2-31 中主关断阀是一种用于关断从储氢容器向该阀下游供应氢气的阀；储氢容器中的单向阀是储氢容器主阀中的一种用于防止氢气从储氢容器倒流回其加注口的阀；压力调节器是将氢系统压力控制在设计值范围内的阀；压力释放阀是当减压阀下游管路中压力反常增高时，通过排气而控制其压力在正常范围的阀。

1. 车载储氢系统一般要求

车载储氢系统具有以下一般要求。

① 车载储氢系统应符合《燃料电池电动汽车　安全要求》（GB/T 24549—2020）的规定，且车载储氢系统及其装置的安装应在正常使用条件下，能安全、可靠地运行。

② 氢系统应最大限度地减少高压管路连接点的数量，保证管路连接点施工方便、密封良好、易于检查和维修。

③ 储氢系统中与氢接触的材料应与氢兼容，并应充分考虑氢脆现象对设计使用寿命的影响。

④ 储氢容器组布置应保证车辆在空载、满载状态下的载荷分布符合相关规定。

⑤ 储氢系统中使用的部件、元件、材料等，如储氢容器、压力调节阀、主关断阀、压力释放阀、压力释放装置、密封件及管路等，应是符合相关标准的合格产品。

⑥ 主关断阀、储氢容器单向阀和压力释放装置（PRD）应集成在一起，装载储氢容器的端头。主关断阀的操作应采用电动方式，并应在驾驶员易于操作的部位，当断电时应处于自动关闭状态。

⑦ 应有过流保护装置或其他装置，当由检测储氢容器或管道内压力的装置检测到压力反常降低或流量反常增大时，能自动关断来自储氢容器内的氢气供应；如果采用过流保护阀，应安装在主关断阀上或靠近主关断阀。

⑧ 每个储氢容器的进口管路上都应装手动关断阀或其他装置，在加氢、排氢或维修时，可用于单独地隔断各个储氢容器。

2. 储氢容器和管路要求

储氢容器和管路要满足以下要求。

① 不允许采用更换储氢容器的方式为车辆加注氢气。

② 氢系统管路安装位置及走向要避开热源以及电气、蓄电池等可能产生电弧的地方，至少应有 200mm 的距离，尤其管路接头不能位于密闭的空间内。高压管路及部件可能产生静电的地方要可靠接地，或其他控制氢泄漏及浓度的措施，即便在产生静电的地方，也不会发生安全问题。

③ 储氢容器和管路一般不应装在乘客舱、后备厢或其他通风不良的地方。但如果不可避免要安装在后备厢或其他通风不良的地方时，应设计通风管路或其他措施，将可能泄漏的氢气及时排出。

④ 储氢容器和管路等应安装牢固，紧固带与储氢容器之间应有缓冲保护垫，以防止行车时发生位移和损坏。当储氢容器按照标称工作压力充满氢气时，固定在储氢容器上的零件，应能承受车辆加速或制动时的冲击而不发生松动现象。有可能发生损坏的部位应采取覆盖物加以保护。储氢容器紧固螺栓应有放松装置，紧固力矩符合设计要求。储氢容器安装紧固后，在上、下、前、后、左、右六个方向上应能承受 $8g$ 的冲击力，保证储氢容器与固定座不损坏，相对位移不超过 13mm。

⑤ 支撑和固定管路的金属零件不应直接与管路接触，但管路与支撑和固定件直接焊合或使用焊料连接的情况例外。

⑥ 刚性管路布置合理、排列整齐，不得与相邻部件碰撞和摩擦；管路保护垫应能抗震和消除热胀冷缩的影响，管路弯曲时，其中心线曲率半径应不小于管路外直径的 5 倍。两

端固定的管路在其中间应有适当的弯曲，支撑点的间隔应不大于 1m。

⑦ 刚性管路及附件的安装位置，应距车辆的边缘至少有 100mm 的距离，否则应增加保护措施。

⑧ 对可能受排气管、消声器等热源影响的储氢容器和管道等，应有适当的热绝缘保护。要充分考虑使用环境对储氢容器可能造成的伤害，需要对储氢容器组加装防护装置。直接暴露在阳光下的储氢容器应有必要的覆盖物或遮阳棚。

⑨ 当车辆发生碰撞时，主关断阀应根据设计的碰撞级别，立即（自动）关闭，切断向管路的燃料供应。

3. 氢气泄漏量检测

氢气泄漏量检测按以下步骤进行。

① 氢气泄漏量。对一辆标准乘用车进行氢气泄漏量、渗漏量评估时，需要将其限制在一个封闭的空间内，增压至 100% 的标称工作压力，确保氢气的泄漏量和渗漏量在稳态条件下（标准状态）不超过 0.15L/min。

② 在安装氢系统的封闭或半封闭的空间上方的适当位置，至少安装一个氢气泄漏探测器，能实时检测氢气的泄漏量，并将信号传递给氢气泄漏警告装置。

③ 在驾驶员容易识别的部位安装氢气泄漏警告装置，该装置能根据氢气泄漏量的多少发出不同的警告信号。泄漏量与警告信号的级别由制造商根据车辆的使用环境和要求决定。一般情况下，在泄漏量较小时，即空气中氢气体积含量≥ 2% 时，发出一般警告信号；在氢气泄漏量较大时，即空气中氢气体积含量≥ 4% 时，立即发出严重警告信号，并立即关断氢供应；如果车辆装有多个氢系统，允许仅关断有氢气泄漏部分的氢供应。

④ 当氢泄漏探测器发生短路、断路等故障时，应能对驾驶员发出故障报警信号。

4. 加氢口要求

加氢口要满足以下要求。

① 加氢口应符合《燃料电池电动汽车　加氢口》（GB/T 26779—2021）的规定。

② 加氢口的安装位置和高度要考虑安全防护要求，并且方便加氢操作。

③ 加氢口不应位于乘客舱、后备厢和通风不良的地方。

④ 加氢口距暴露的电气端子、电气开关和点火源至少应有 200mm 的距离。

5. 压力释放装置和氢气的排放

压力释放装置和氢气的排放要满足以下要求。

（1）压力释放装置　为防止调节器下游压力异常升高，允许采用通过压力释放阀排出氢气，或关断压力调节器上游的氢气供应。

（2）氢气的排放　当压力释放阀排放氢气时，排放气体流动的方位和方向应远离人、电源、火源。放气装置应尽可能安装在汽车的高处，且应防止排出的氢气对人员造成危害，避免流向暴露的电气端子、电气开关器件或点火源等部件。

所有压力释放装置排气时都应遵循下列原则：不应直接排到乘客舱和后备厢；不应排向车轮所在的空间；不应排向露出的电气端子、电气开关器件及其他电火源；不应排向其他氢气容器；不应朝本车辆正前方排放。

在驾驶员易于观察的地方，应装有指示储氢容器氢气压力的压力表，或指示氢气剩余量的仪表。

三、车载储氢系统试验方法

1. 车载储氢系统条件

车载储氢系统应符合以下条件。

① 车载储氢系统应按照规定程序批准的产品图样和其他技术文件制造，并提供合格证明。

② 车载储氢系统应符合《燃料电池电动汽车　安全要求》（GB/T 24549—2020）的要求，且储氢系统及其装置的安装应保证在正常使用条件下，能安全、可靠地运行。

2. 环境条件

试验环境要满足以下条件。

① 试验过程中大气压力应不低于 91kPa，温度为 5 ～ 35℃；相对湿度应该小于 95%；试验场地应保持干燥。

② 在试验场地距地面 1.2m 高处测量风速，平均风速应小于 3m/s，阵风小于 5m/s。

3. 试验设备和仪器

试验设备和仪器应按照制造厂商的要求进行检测、维护和校准。试验用仪表要求见表 2-4 的规定。

表 2-4　试验用仪表要求

序号	参数	要求
1	时间	仪表精度不低于 60s
2	距离	仪表精度为 1%
3	压力	准确度不低于 1.5 级，测量量程为测量值的 1.5 ～ 3 倍
4	流量	准确度不低于 1.5 级，测量量程为测量值的 1.5 ～ 3 倍

4. 储氢容器和管路试验方法

储氢容器和管路试验按以下方法进行。

① 检查储氢系统管路安装位置及走向是否避开热源以及电气、蓄电池等可能产生电弧的地方，检查高压管路及部件是否可靠接地。

② 检查储氢容器和管路是否装在乘客舱、后备厢或其他通风不良的地方；如果不可避免时，应检查是否采取了与乘客舱和后备厢的隔离措施。

③ 当储氢容器安装紧固后，分别在车辆坐标系 X、Y、Z 三个方向施加 8 倍于充满标称工作压力氢气的储氢容器重力的力，检查储氢容器与固定座的相对位移。

④ 检查支撑和固定管路的金属零件与管路是否接触，但管路与支撑和固定件焊接的情况除外。

⑤ 检查刚性管线排列是否整齐，是否与相邻部件接触和摩擦。检查管路是否具有抗震和消除热胀冷缩影响的措施；对于弯曲管路，测量其中心曲率半径；测量管路支撑点间隔的距离。

⑥ 测量储氢容器的附件的安装位置距离车辆边缘距离。

⑦ 检查储氢容器、管路可能受热源的影响等，是否有适当的隔热保护措施。对于直接暴露在阳光下的储氢容器及管路，检查其是否有必要的遮盖物。

5. 氢气泄漏量试验方法

氢气泄漏量按以下方法试验。

① 氢气泄漏量：将试验车辆内的储氢容器加注至 100% 的工作压力，并将其放置在密闭空间内，按照规定的要求静置 8h，测量其氢气的渗透速率。

② 检查在安装储氢系统的封闭或半封闭的空间内部是否安装有氢探测器，用标准混合气体检查探测器是否能够实时检测氢气的泄漏浓度，并将信号传递给氢气泄漏警告装置；检查氢气泄漏警告装置能否根据氢气泄漏浓度的大小发出不同的警告信号。

③ 检查氢气泄漏警告装置是否安装在驾驶员容易识别的部位。

④ 检查当氢探测器发生短路、断路等故障时能否及时向驾驶员发出故障报警信号。

6. 加氢口试验方法

加氢口按以下方法试验。

① 检查加氢口的形状及尺寸是否符合《燃料电池电动汽车加氢口》（GB/T 26779—2021）的要求，并测量加氢口的安装位置和高度。

② 如果加氢口周围有暴露的电气端子、电气开关和点火源，则测量它们之间的距离，检查是否符合《燃料电池电动汽车　车载氢系统　技术条件》（GB/T 26990—2011）的规定。

7. 氢气的排放试验方法

当压力释放阀排放氢气时，检查排放气体流动的方位、方向是否远离人、电源、火源。

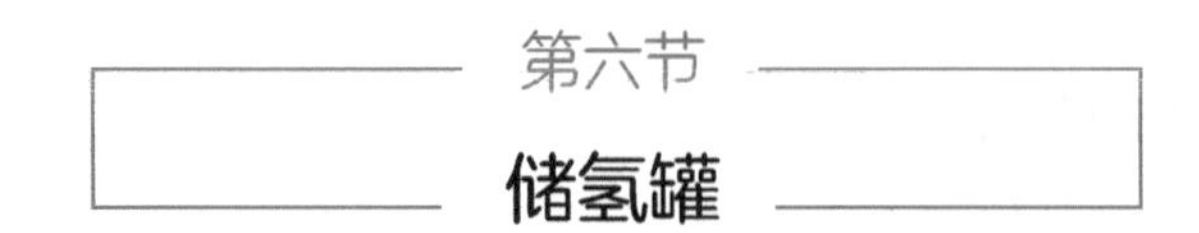

第六节 储氢罐

燃料电池电动汽车以其零排放的特点成为未来汽车的发展趋势，用于存储高压氢气的储氢罐是燃料电池电动汽车必不可少的关键零部件之一。储氢罐也称为储氢气瓶。

一、储氢罐的类型

储氢罐根据制造材料不同共分为四种类型，即全金属气罐（Ⅰ型）、金属内胆纤维环向缠绕气罐（Ⅱ型）、金属内胆纤维全缠绕气罐（Ⅲ型）、非金属内胆纤维全缠绕气罐（Ⅳ型）；根据气瓶压力不同可以分为高压储氢罐和常压储氢罐；根据氢气储存状态不同可以分为固态储氢罐、气态储氢罐和液态储氢罐，如图 2-32 所示。目前最常用的标准是根据储氢罐制造材料的不同而进行的分类标准。

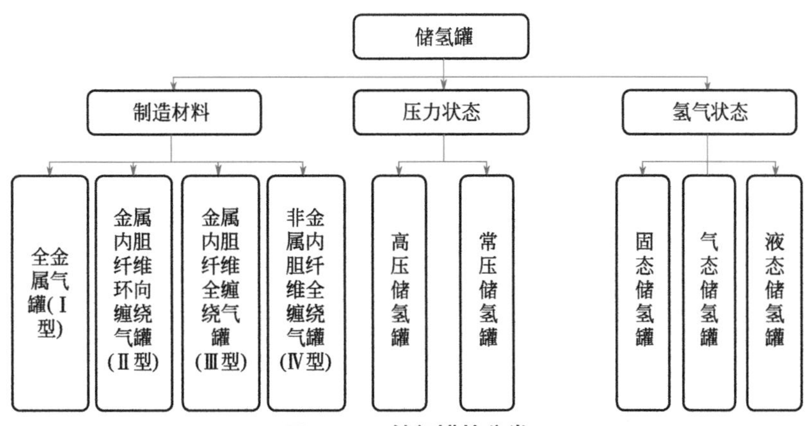

图 2–32　**储氢罐的分类**

不同类型的储氢罐，其适用场景和相关性能也有所不同，目前Ⅰ型、Ⅱ型技术较为成熟，主要用于常温常压下的大容量氢气储存，Ⅲ型和Ⅳ型储氢罐主要是高压、液体储氢，适用于燃料电池电动汽车、加氢站等。

Ⅰ型和Ⅱ型储氢密度低，安全性能差，难以满足车辆储氢密度的要求。Ⅲ型、Ⅳ型储氢罐具有提高安全性、减轻重量、提高储氢密度等优点，在汽车中得到了广泛的应用，国外多为Ⅳ型，国内多为Ⅲ型。Ⅳ型储氢罐具有优良的氢脆性能、低成本、高质量的储氢密度和循环寿命，已成为引领国际氢能汽车高压储氢容器发展的方向。

不同储氢罐的特点见表 2-5。

表 2–5　不同储氢罐的特点

项目	Ⅰ型	Ⅱ型	Ⅲ型	Ⅳ型
材料	纯钢质金属	钢质内胆，纤维环绕	铝内胆，纤维缠绕	塑料内胆，纤维缠绕
压力 /MPa	17.5 ～ 20	26.3 ～ 30	30 ～ 70	70 以上
使用寿命 / 年	15	15	15 ～ 20	15 ～ 20
储氢密度	低	低	高	高
成本	低	中等	最高	高
应用情况	加氢站等固定式储氢应用		车载储氢应用	

表 2-5 中的储氢密度是储氢系统的性能指标，一般采用质量储氢密度与体积储氢密度这两个参数来评估其储氢系统的储氢能力。

储氢能力是指可向燃料电池系统输送的氢气的可用量除以整个储氢系统的总质量 / 体积，这个储氢系统包括所有储存的氢气、介质、反应剂（如水解系统内的水）和系统组件。

丰田 Mirai 高压储氢罐使用强化碳纤维和树脂内胆等新技术，不仅实现了大幅度轻量化，而且实现了5.7%（质量分数）的储氢性能，如图2-33所示。丰田Mirai的储氢罐复合材料层有两层，内层为碳纤维缠绕层，由碳纤维和环氧树脂构成；外层为玻璃纤维保护层，由玻璃纤维和环氧树脂构成。两层均由缠绕工艺制作而成，通过对环氧树脂进行加热固化，以保证储氢罐强度。

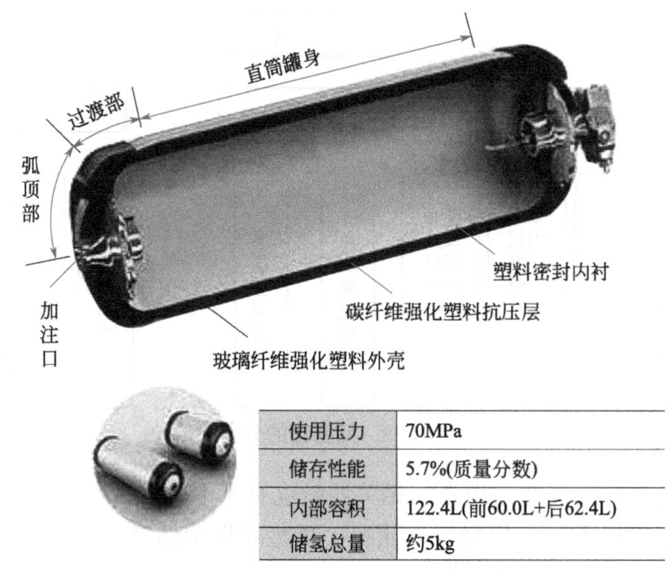

使用压力	70MPa
储存性能	5.7%(质量分数)
内部容积	122.4L(前60.0L+后62.4L)
储氢总量	约5kg

图2-33　丰田Mirai高压储氢罐

二、储氢罐的特点

目前，车载高压气态储氢罐主要包括铝内胆纤维缠绕瓶（Ⅲ型）和塑料内胆纤维缠绕瓶（Ⅳ型），车载储氢罐具有体积和重量受限、充装有特殊要求、使用寿命长及使用环境多变等特点。因此，轻量化、高压力、高储氢密度和长寿命是车载储氢罐的特点。

1. 轻量化

车载储氢罐的质量会影响燃料电池电动汽车的续驶里程，储氢系统的轻量化既是成本的体现，也是高压储氢商业化道路上不可逾越的技术瓶颈。Ⅳ型储氢罐因其内胆为塑料，重量相对较轻，具有轻量化的潜力，比较适合乘用车使用，目前在丰田公司的燃料电池电动汽车Miria上已经采用了Ⅳ型储氢罐的技术。

2. 高压力

我国的储氢罐多以金属内胆为主（Ⅲ型），工作压力大多为35MPa。为了能够装载更多的氢气，提高压力是较重要且方便的途径。目前国际上已经采用70MPa的储氢罐。

3. 高储氢密度

车载储氢罐大多为Ⅲ型、Ⅳ型。我国的储氢罐多为Ⅲ型，其储氢密度一般在5%左右，进一步提升存在困难。而塑料内胆的全复合材料气瓶（Ⅳ型），采用高分子材料做内胆，碳纤维复合材料缠绕作为承力层，储氢密度可达6%以上，最高能达到7%，进而成本可以进一步降低。

4. 长寿命

普通乘用车寿命一般是 15 年左右，在此期间，Ⅲ型储氢罐会被定期检测，以保证安全性。Ⅳ型储氢罐由于内胆为塑料，不易疲劳失效，因此与Ⅲ型储氢罐相比，疲劳寿命较长。

如图 2-34 所示为Ⅳ型储氢罐。

图 2–34 **Ⅳ型储氢罐**

三、Ⅲ型储氢罐

1. 结构形式

Ⅲ型储氢罐是国内的主流形式，其结构形式分为 T 型和 S 型，如图 2-35 所示。

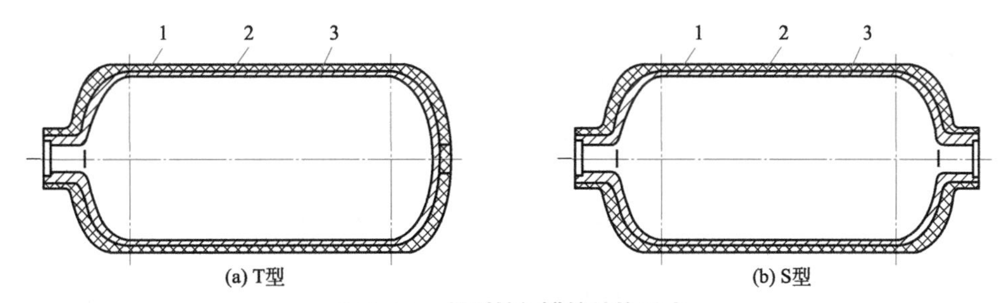

图 2–35 **Ⅲ型储氢罐的结构形式**

1—碳纤维缠绕层；2—防电偶腐蚀层；3—铝内胆

2. 主要参数

储氢罐公称工作压力一般应为 25MPa、35MPa、50MPa 或 70MPa。

储氢罐公称水容积和铝内胆公称外直径一般应符合表 2-6 的规定。

表 2–6 储氢罐公称水容积和铝内胆公称外直径

项目	数值	允许偏差 /%
公称水容积 /L	≤ 120	0 ～ +5
	120 ～ 450	0 ～ +2.5
铝内胆公称外直径 /mm	180 ～ 660	±1

3. 分类

储氢罐分为A类气瓶和B类气瓶。A类气瓶为公称工作压力小于或等于35MPa的气瓶；B类气瓶为公称工作压力大于35MPa的气瓶。

4. 型号

储氢罐型号标记应由以下部分组成。

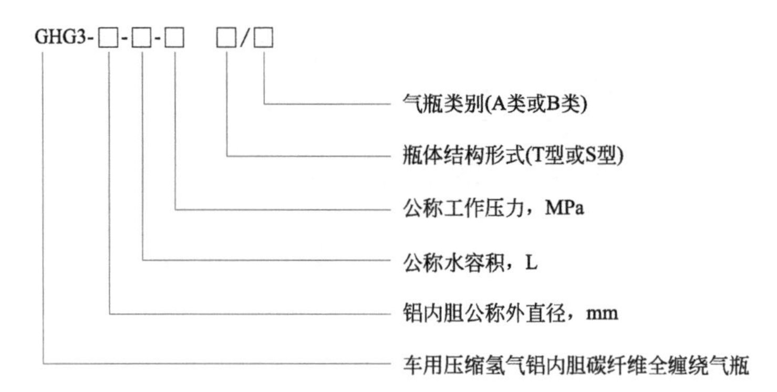

例如，CHG3-356-120-35 S/A，表示铝内胆公称外直径为365mm，公称水容积为120L，公称工作压力为35MPa，结构形式为S型的A类车用压缩氢气铝内胆碳纤维全缠绕气瓶。

5. 一般要求

储氢罐具有以下要求。

（1）公称水容积　A类气瓶的公称水容积不大于450L；B类气瓶的公称水容积不大于230L。

（2）设计循环次数　A类气瓶的设计循环次数为11000次；B类气瓶的设计循环次数为7500次。

（3）设计使用年限　A类气瓶的设计使用年限为15年；B类气瓶的设计使用年限为10年。当气瓶实际使用年限未达到设计使用年限，但充装次数达到设计循环次数时，气瓶应当报废。

（4）许用压力　在充装和使用过程中，气瓶的许用压力为公称工作压力的1.25倍。

（5）温度范围　在充装和使用过程中，气瓶的温度应不低于-40℃且不高于85℃。

（6）氢气品质　充装气瓶的压缩氢气成分应符合燃料电池电动汽车用氢气品质的要求。

（7）工作环境　设计气瓶时，应考虑其连续承受机械损伤或化学侵蚀的能力，其外表面至少应能适应下列工作环境。

① 间断地浸入水中，或者道路溅水。

② 车辆在海洋附近行驶，或者在用盐融化冰的路面上行驶。

③ 阳光中的紫外线辐射。

④ 车辆振动和碎石冲击。

⑤ 接触酸和碱溶液、肥料。

⑥ 接触汽车用液体，包括汽油、液压油、电池酸、乙二醇和油。

⑦ 接触排放的废气。

四、储氢罐的生产流程

高压储氢罐有着严格的生产流程，首先要对材料进行坯料检验以及按照相关标准进行下料，然后对材料进行冲压、拉伸以及旋压收口；在经历热处理和超声探伤之后，辅助以树脂胶液对纤维材料进行缠绕成型、固化以及自紧罐装成型；最后是对储氢罐进行常温压力测试和水压测试，装门阀和进行气密性试验，完成整个流程，如图 2-36 所示。

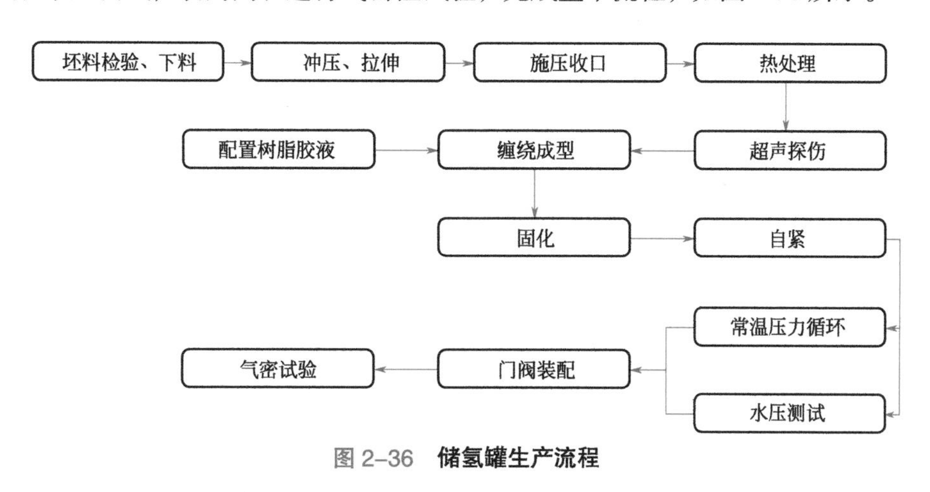

图 2-36　**储氢罐生产流程**

五、储氢罐的安装

储氢罐应被可靠地固定在车上，安装储氢罐的固定座应具有阻止储氢罐旋转、移动的能力，固定座应便于拆装工作。储氢罐安装在车上后，储氢罐的强度和刚度不得下降，车架（车身）结构强度也不应受影响。储氢罐安装方法不能严重削弱车辆结构，部件结合的部位、连接点的强度不能小于任一连接件的强度。

乘用车车载储氢罐配置应综合考虑足够的乘客空间、行李置放空间与燃料储量，并考虑车辆安全性和重量平均分配。建议乘用车车载储氢罐置于底盘下方中部、后座乘客座椅的下方，以及后备厢与后轮间的开放空间。受空间的限制和规避停驶期间安全排放的风险，可采用多个高压储氢罐。

丰田 Mirai 燃料电池电动汽车的储氢罐安装在后桥的一前一后，如图 2-37 所示。

图 2-37　**丰田 Mirai 燃料电池电动汽车的储氢罐**

未来Ⅳ型储氢罐将会成为氢燃料电池乘用车的首选储能装备。Ⅳ型储氢罐的研发除了需要与复合材料联系在一起外，更需要与塑料加工制造工艺和塑料密封结构紧密地联系在一起。

第七节 加氢站

加氢站是给燃料电池电动汽车提供氢气的燃气站，加氢站作为氢能源产业或者氢能源下游应用发展的重要基础设施，是各国建设布局的重点。

加氢站是指为氢能车辆，包括氢燃料电池车辆或氢气内燃机车辆或氢气混合燃料车辆等的车用储氢瓶充装燃料的固定的专门场所，如图 2-38 所示。

图 2–38　加氢站

加氢站与汽车加油、加气站和电动汽车充电站等设施两站合建或多站合建的场所称为加氢合建站，如图 2-39 所示。

图 2–39　加氢合建站

一、加氢站的划分

加氢站的划分有多种方法，可以根据氢气来源划分、根据加氢站内氢气储存相态划分、根据供氢压力等级划分、根据国家标准划分。

1. 根据氢气来源划分

根据氢气来源不同，加氢站分为站外供氢加氢站和站内制氢加氢站。

（1）站外供氢加氢站　站外供氢加氢站是通过长管拖车、液氢槽车或管道输送氢气至加氢站，在站内进行压缩、存储、加注等操作。

在国外的站外供氢加氢站中，液氢加氢站工艺比较成熟。通常在液氢工厂将气态氢降至 -253℃进行液化，然后通过液氢槽车将液氢运输至加氢站，并储存于站内的液氢储罐中，低温液氢泵吸入液氢后进行增压，并在高压气化器中气化为高压气态氢，存入储氢瓶组，待有车辆加氢时，从储氢瓶组中取气加注。该工艺系统还可以充分利用液氢的低温冷能，用于加注前的氢气预冷，同时相较于先气化后通过压缩机压缩气态氢的工艺，液氢泵的能耗要远低于压缩机能耗。

（2）站内制氢加氢站　站内制氢加氢站是在加氢站内配备了制氢系统，得到的氢气经纯化、压缩后进行存储、加注。站内制氢包括电解水制氢、天然气重整制氢等方式，可以省去较高的氢气运输费用，但是增加了加氢站系统复杂程度和运营水平。

加氢站工艺流程如图 2-40 所示。

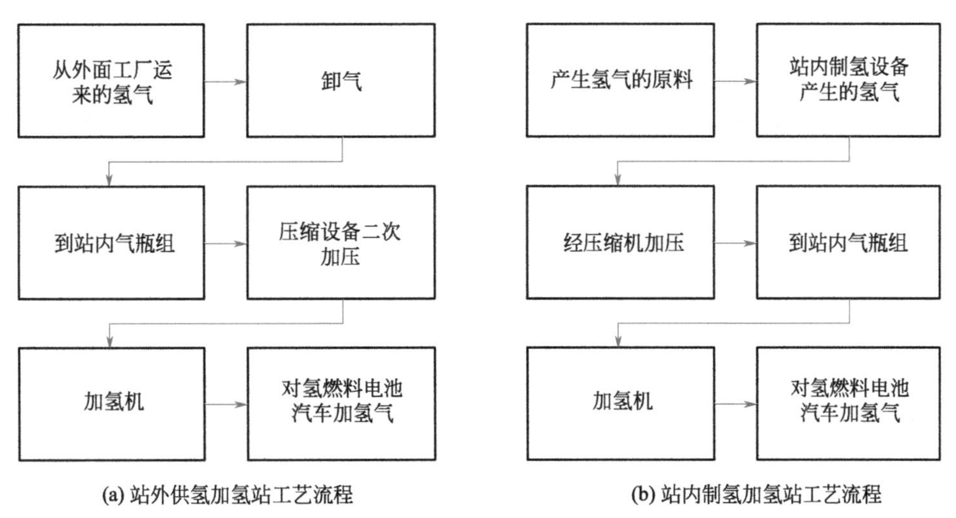

(a) 站外供氢加氢站工艺流程　　(b) 站内制氢加氢站工艺流程

图 2-40　**加氢站工艺流程**

2. 根据加氢站内氢气储存相态划分

根据加氢站内氢气相态不同，加氢站分为气氢加氢站和液氢加氢站。全球加氢站中，有 30% 以上为液氢加氢站，主要分布在美国和日本。相比气氢加氢站，液氢加氢站占地面积小，同时液氢储存量更大，适宜大规模加氢需求。

气氢加氢站是通过外部供氢和站内制氢获得氢气，经过调压干燥系统处理后转化为压力稳定的干燥气体，随后在氢气压缩机的输送下进入高压储氢罐储存，最后通过氢气加注机为燃料电池汽车进行加注。

液氢加氢站则由液氢储罐、高效液氢增压泵、高压液氢气化器及氢气储罐、加氢机和控制系统等关键模块组成。由于液氢温度低，需要在换热器中与空调载冷剂换热后再通入车厢。

加氢站原理如图 2-41 所示。

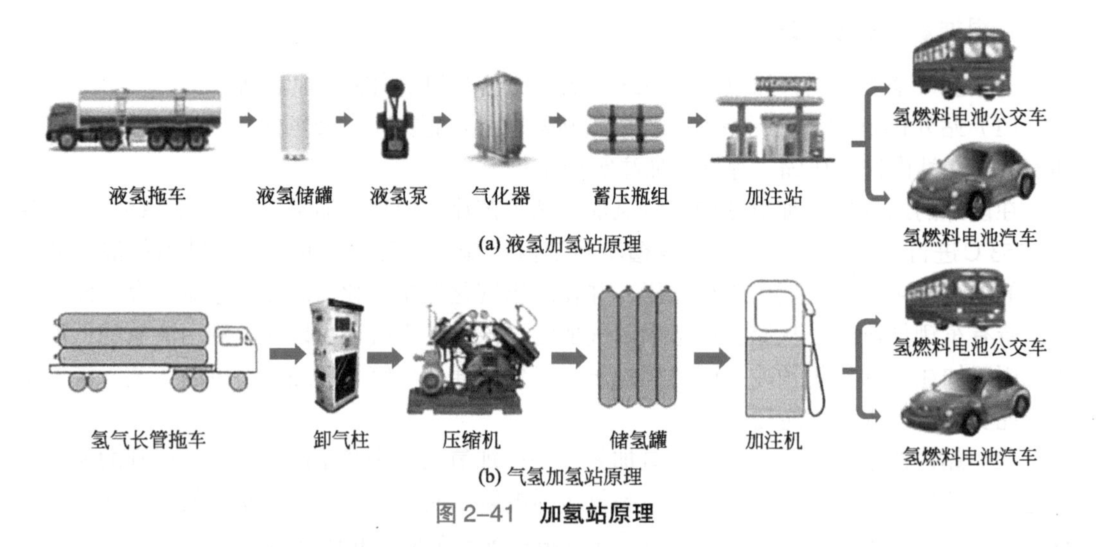

图 2-41　**加氢站原理**

液氢加氢站相较于高压气氢加氢站具有以下优势。

（1）储运效率高　−253℃温度下的液氢密度为 70.85kg/m^3，约为标准状态下气氢密度的 800 倍，约为 70MPa、20℃状态下高压氢气的 1.7 倍，因此液氢相比于气氢的储运效率大大提高。气氢采用气瓶车进行运输，气瓶车通常由 9 个直径为 0.5m、长约 10m 的钢瓶组成，储气压力为 20MPa，氢气运输能力约为 300kg/ 车。此外，气瓶车的卸车时间较长，为 2 ～ 4h，卸车后的余气量较多，为 10% ～ 30%，整体的储运效率较低。但由于其技术成熟，是国内应用最普遍的运氢方式。而一辆容积为 40m^3 的液氢槽车可运输约 3000kg 氢，充装时间只要 0.5 ～ 2h，储运效率显著提高。

（2）长距离运输经济性佳　由于液氢在制取过程中能耗较高，在小规模、短距离供氢中，液氢储运的全过程成本并不占优势。当加氢站距离氢源小于 100km 时，气瓶车的运输成本要远低于液氢槽车储运，但当距离大于 300km 后，液氢大规模高效率运输所节省的运费，已基本覆盖氢气液化过程中增加的成本支出。若除去气瓶车氢气压缩成本以及液氢液化成本，只考虑交通运输成本，则液氢运输成本要远低于高压气氢运输成本，因此，液氢运输在大规模、长距离供氢中具有经济优势。

（3）加氢站建设投资低　由于液氢密度较高，在同等氢储量下，液氢储罐容积要小于高压气氢储罐容积，导致加氢站的占地以及建设投资相对较小。加氢量相同时，液氢加氢站的单位投资要低于高压气氢加氢站，同时建设规模越大，单位投资的优势越明显。随着燃料电池电动汽车市场的不断拓展，为提高加氢站单站供氢能力，大规模加氢站将逐渐被引入，采用液氢加氢站是更为经济及合适的技术路线。

（4）氢气纯度高　根据《质子交换膜燃料电池汽车用燃料　氢气》（GB/T 37244—2018）要求，适用于燃料电池汽车的氢气燃料纯度应达到 99.97%，否则杂质会严重影响燃料电池的性能和寿命。液氢液化过程中杂质固化，纯度可达到 99.999%，保障了车用氢气的质量。

（5）站内能效高　液氢加氢站的液氢泵能耗要远低于高压气氢加氢站压缩机的能耗，

同时液氢的冷能利用可进一步降低站内用能。

（6）更好的兼容性　随着车载储氢技术的发展，车载液氢系统将逐渐得到应用，液氢加氢站可同时提供液氢加注和高压气氢加注，相比气氢加氢站具有更好的兼容性，适应更多类型的燃料电池车辆。

3. 根据供氢压力等级划分

根据供氢压力等级不同，加氢站有 35MPa 和 70MPa 压力供氢两种。用 35MPa 压力供氢时，氢气压缩机的工作压力为 45MPa，高压储氢瓶工作压力为 45MPa，一般供乘用车使用；用 70MPa 压力供氢时，氢气压缩机的工作压力为 98MPa，高压储氢瓶工作压力为 87.5MPa。

4. 根据国家标准划分

根据国家相关标准，加氢站、加氢加气合建站、加氢加油合建站的等级划分应符合表 2-7 ～表 2-9 中的要求。

表 2-7　加氢站的等级划分

等级	储氢罐容量 /kg	
	总容量 G	单罐容量
一级	$4000 < G \leqslant 8000$	$\leqslant 2000$
二级	$1000 < G \leqslant 4000$	$\leqslant 1000$
三级	$G \leqslant 1000$	$\leqslant 500$

表 2-8　加氢加气合建站的等级划分

等级	储氢罐容量 /kg		管道供气的加气站储气设施总容积 /m³	加气子站储气设施总容积 /m³
	总容量 G	单罐容量		
一级	$1000 < G \leqslant 4000$	$\leqslant 1000$	$\leqslant 12$	$\leqslant 18$
二级	$G \leqslant 1000$	$\leqslant 500$		

注：管道供气的加气站储气设施总容积是各个储气设施的结构容积或水容积之和。

表 2-9　加氢加油合建站的等级划分

加氢站等级	加油站等级			
	一级（$120m^3 < V \leqslant 180m^3$）	二级（$60m^3 < V \leqslant 120m^3$）	三级（$30m^3 < V \leqslant 60m^3$）	四级（$V \leqslant 30m^3$）
一级	×	×	×	×
二级	×	一级	一级	一级
三级	×	一级	二级	三级

注：1. V 为油罐总容积（m^3）。

2. 柴油罐容积可折半计入油罐总容积。

3. 当油罐总容积大于 $60m^3$ 时，油罐单罐容积不得大于 $50m^3$；当油罐总容积小于或等于 $60m^3$ 时，油罐单罐容积不得大于 $30m^3$。

4. 当储氢罐总容量大于 4000kg 时，单罐容量不得大于 2000kg；当储氢罐总容量大于 1000kg 时，单罐容量不得大于 1000kg。

5.× 表示不得合建。

加氢站与充电站合建时，其等级划分应符合表 2-10 的规定。

表 2-10　与充电站合建的加氢合建站的等级划分

加氢站等级	充电站等级			
	一级 电池存储能量 ≥ 6800kW·h，或单路配电容量 ≥ 5000kV·A	二级 3400kW·h ≤ 电池存储能量 < 6800kW·h，或 3000kV·A ≤ 单路配电容量 < 5000kV·A	三级 1700kW·h ≤ 电池存储能量 < 3400kW·h，或 1000kV·A ≤ 单路配电容量 < 3000kV·A	四级 电池存储能量 < 1700kW·h，或单路配电容量 < 1000kV·A
一级	×	×	×	×
二级	×	一级	一级	二级
三级	×	二级	二级	三级

注：1.× 表示不得合建。

2. 充电站等级划分参照北京市标准化指导性技术文件 DB11/Z 728 执行；如有国家标准，应以国家相关标准为准。

二、加氢站的主要设备

加氢站的主要设备以外供氢加氢站为例，其主要由卸氢系统、增压系统、储氢系统、加氢系统、氮气系统、放散系统和技防系统等组成。

1. 卸氢系统

卸氢系统由氢气长管拖车和卸气柱组成。一般外供氢加氢站会有一主一辅两个长管拖车车位，其设计最大的工作压力大概为 25MPa，储氢量为 250 ～ 300kg，通过泊位内的卸气柱将拖车上的氢气卸载。一般长管拖车内氢气压力降低至某一个数值时（一般设定在 5MPa），卸气会停止，此时拖车驶出加氢站，继续去制氢厂运气。这时，第二个长管拖车车位的卸气柱将启动，并与拖车接入，从而实现继续卸气，这便是一个循环。当加氢站内急需使用氢气时，两个卸气柱一同启动，以加快氢气供给。

2. 增压系统

氢气压缩机和冷却机组两大部分组成增压系统。其中，压缩机有两大类别：隔膜式压缩机与离子式压缩机。隔膜式压缩机通过隔膜的往复运动来压缩和运送气体，对比离子式压缩机，它的氢气纯度更高，因为其气腔内可不添加任何润滑剂；而离子式压缩机靠离子液体来冷却，可以实现等温压缩。但是，现在离子式压缩机产品技术较新，成本较高，功率消耗较大，相对于隔膜式压缩机，其应用并不广泛。目前，外供氢加氢站一般采用隔膜式压缩机。冷却机组也有两种方式：风冷以及水冷。风冷系统设计比较简单，缺点为气缸寿命短、耗电量大等。所以，一般会选择水冷机组。增压系统基本工艺如下：来自卸气柱的氢气进入增压系统，在压缩机内，氢气经过压缩后汇集，再通过换热冷却后排出。在压缩机之前的管道上设置急切断阀，它的作用是在紧急情况下可自行停机，并同时设置必要的联锁控制系统。

3. 储氢系统

储氢系统由储氢瓶组组成。根据加氢站的连续加注要求，站内的固定储氢量需要若干个储氢瓶组，可分为低、中、高三级容量配置。

4. 加氢系统

加氢系统由高压管路和加氢机组成。加氢机内配备温度和压力传感器、软管防拉裂保护、控制系统以及过压保护等。在加氢机上目前使用质量流量计，其通过氢气的加注质量来测定记录数据。质量流量计的优势是不受氢气温度和压力的影响，损失的压力较少，计量的重复度不超过 0.2%，相对误差不超过 0.35%。

5. 氮气系统

氮气系统别名为置换吹扫系统。设备和氢气管道常采用氮气来吹扫置换。置换吹扫系统的基本工艺是：作为控制气体的高压氮气（储存在氮气瓶中）经过减压器使得其降低到 0.8MPa 的压力，便可供给气动阀、紧急切断阀的气动执行机构。同时，接至各吹扫口，在系统调试或维修过程中使用氮气便可对系统进行吹扫。

6. 放散系统

放散方式分两种，即超压安全泄放（不可控放散）和手动放散（可控放散）。不可控放散是由设备运行等故障引起的，一般放散量很少且概率较低；可控放散为对设备和氢气管道进行泄压后，用氮气吹扫置换，使储罐内的氢气彻底排出，以确保安全。一般加氢站卸气柱和正式加氢设备的放散统一汇至集中放散总管。

7. 技防系统

技防系统包括过程控制系统（用于实现对整个装置的集中监视和控制）、紧急停车系统（用于事故状态下对加氢站的主要阀门进行切断）、视频监控系统（用于重要部位图像监控和站内入侵检测）、泄漏报警系统（用于氢气泄漏报警及联锁、火焰检测探头、可燃气体泄漏报警探测器和含氧量检测探头）、数据管理系统（站内数据接入管理计算机进行统一管理）、防雷防静电系统、水喷淋降温系统、消防系统等。

三、加氢站的基本要求

加氢站具有以下基本要求。

① 加氢站可采用氢气长管拖车运输、液氢运输、管道运输或自备制氢系统等方式供氢。

② 加气站可与汽车加油、加气和电动汽车充电站等设施联合建站。

③ 加氢站及各类加氢合建站的火灾危险类别应为甲类。加氢站及各类加氢合建站内有爆炸危险房间或区域的爆炸危险等级应为 1 区或 2 区。

④ 加氢站及各类合建站内的建筑物耐火等级不应低于二级。

⑤ 加氢站、加氢加气合建站、加氢加油合建站的等级划分应符合表 2-7 ～表 2-9 中的规定。

⑥ 加氢站与充电站合建时，其等级划分应符合表 2-10 的规定。

⑦ 加氢站与充电站合建时，充电工艺设施的设计应遵循《电动汽车充电站设计规范》（GB 50966—2014）和《电动汽车充电站通用要求》（GB/T 29781—2013）的有关规定。

四、加氢站址选择要求

加氢站址选择要满足以下要求。

① 加氢站及各类合建站应符合城镇规划，并应设置在交通方便的位置，不应设在多尘或有腐蚀性气体及地势低洼和可能积水的场所。

② 与充电站合建的加氢合建站和站外市政道路之间宜设置缓冲距离或缓冲地带，便于电动汽车的进出和充电等候。

③ 加氢站、加氢加气合建站与加氢加油合建站的工艺设施与站外建筑物、构筑物的防火距离，应符合《加氢站技术规范》（GB 50516—2010）的规定。

④ 与充电站合建的加氢合建站的氢气工艺设施和站外建筑物、构筑物的防火距离，应符合《加氢站技术规范》（GB 50516—2010）的规定。

⑤ 与充电站合建的加氢合建站的充电工艺设施和站外建筑物、构筑物的防火距离，应符合《建筑设计防火规范》（GB 50016—2014）和《电动汽车充电站设计规范》（GB 50966—2014）的规定。

五、加氢站平面布置要求

加氢站平面布置具有以下要求。

① 加氢站、加氢加气合建站与加氢加油合建站站内设施之间的防火距离应符合《加氢站技术规范》（GB 50516—2010）和《汽车加油加气加氢站技术标准》（GB 50156—2021）的规定。

② 与充电站合建的加氢合建站的充电工艺设施安装位置应距爆炸危险区域边界线 3m 以外，爆炸危险区域的划分按《加氢站技术规范》（GB 50516—2010）的有关规定。

③ 加氢站及各类加氢合建站站内的加氢、加气、加油、充电等不同介质的工艺设施，不宜交叉布置。

六、氢气输送要求

氢气输送分为氢气管道输送和氢气长管拖车输送。

1. 氢气管道输送

氢气管道输送具有以下要求。

① 氢气管道宜采用架空敷设或明沟敷设，并应符合《氢气使用安全技术规程》（GB 4962—2008）、《氢系统安全的基本要求》（GB/T 29729—2013）和《加氢站技术规范》（GB 50516—2010）的有关规定。直接埋地敷设时应符合《氢气站设计规范》（GB 50177—2005）的有关规定。

② 氢气管道、阀门、管件的选材应符合《氢系统安全的基本要求》（GB/T 29729—2013）的有关规定。

③ 应该用编码或标识清晰永久地标记氢气管道。

④ 加氢站内的所有氢气管道、阀门、管件的设计压力应为最大工作压力的 1.1 倍，且不得低于安全阀的泄放压力。

⑤ 氢气管道系统应设置放空管、分析取样口和吹扫置换口，其位置及技术性能应满足管道内气体排放、取样、吹扫和置换要求。氢气放口管的设置应符合《加氢站技术规范》（GB 50516—2010）的有关规定。

2. 氢气长管拖车输送

氢气长管拖车是由若干个高压氢气压力容器或气瓶组装后设置在汽车拖车上，用于运输高压氢气的装置，配备相应的连接管道、阀门、安全装置等，它具有以下要求。

① 氢气长管拖车的储气瓶卸气端应设钢筋混凝土实墙，其高度不得低于长管拖车的高度，长度不应小于长管拖车车宽的 2 倍。

② 氢气长管拖车区域应设置防静电接地等安全设施。氢气长管拖车卸气时，在软管连接之前，应确认氢气长管拖车已经接地。

③ 氢气长管拖车区域应保持自然通风，应设有氢气长管拖车的停车挡块。

七、液氢储罐和液氢气化器要求

对于低温液态储氢加氢站，都安装有液氢储罐和液氢气化器。

1. 液氢储罐要求

液氢储罐是用于储存液态氢的低温容器。一般由内胆、外壳体、绝热结构及连接用机械构件、测量仪表、安全设施、液气注入和排出配管以及附件等组成，如图 2-42 所示。

图 2-42 **液氢储罐**

液氢储罐具有以下要求。

① 固定式液氢储罐的选材、设计、制造、检验与试验、安全防护应符合《固定式真空绝热深冷压力容器　第 1 部分：总则》（GB/T 18442.1—2019）、《固定式真空绝热深冷压力容器　第 2 部分：材料》（GB/T 18442.2—2019）、《固定式真空绝热深冷压力容器　第 3 部分：设计》（GB/T 18442.3—2019）、《固定式真空绝热深冷压力容器　第 4 部分：制

造》（GB/T 18442.4—2019）、《固定式真空绝热深冷压力容器　第 5 部分：检验与试验》（GB/T 18442.5—2019）、《固定式真空绝热深冷压力容器　第 6 部分：安全防护》（GB/T 18442.6—2019）的有关规定。

② 液氢储罐应安装泄压装置，防止压力过高。泄压装置及其排气管的设计应不让水分在其上面积聚及冷冻，防止干扰泄压装置的正常工作。

③ 液氢排气管道应该只与液氢储罐有关，不应该与其他排空管道连接，避免氢气回流到其他排空管道中。

④ 液氢储罐应设置防撞设施。

2. 液氢气化器要求

液氢汽化器具有以下要求。

① 液氢气化器及其管路应设有超压泄压保护装置。

② 应该安装保护装置来确保从气化器出来的低温气体不会对下游的管路及设备造成损坏并影响加注过程。

③ 液氢气化器使用的热量应该来自间接的介质，如空气、蒸汽、水等。

④ 液氢气化器应该固定，其连接管路应该有充分的弹性，尽量避免由于温度变化所引起的膨胀或收缩对其的影响。

⑤ 在液氢气化器排气处应该采取措施避免液氢流入其他设备中。液氢气化器应设有防止氢气回流装置。

八、加氢站制氢要求

加氢站制氢主要有水电解制氢和天然气、甲醇重整制氢。

1. 水电解制氢

加氢站水电解制氢具有以下要求。

① 水电解制氢装置的设计、制造和安装，应符合《水电解制氢系统技术要求》（GB/T 19774—2005）和《氢气站设计规范》（GB 50177—2005）的有关规定。

② 水电解制氢装置应设有氧中氢和氢中氧的在线分析检测装置。

③ 水电解制氢装置的直流供电线路，应采用铜导体，并宜敷设在较低处或地沟内；当必须采用裸母线时，应设有防止产生火花的措施。

④ 水电解制氢装置开车前，应检查所有防护、安全设施，均应处于完好状态，如压力调节装置、放空吹扫及分析设施、安全阀以及各种指示、调节用仪表等。系统开车前，应确保吹扫置换至系统内的氮气中氧含量小于 0.5%。

2. 天然气、甲醇重整制氢

加氢站天然气、甲醇重整制氢具有以下要求。

① 天然气、甲醇重整制氢装置的设计、制造和安装，应符合《变压吸附提纯氢系统技术要求》（GB/T 19773—2005）和《氢气站设计规范》（GB 50177—2005）的有关规定。

② 天然气、甲醇重整制氢装置，宜设有原料气、产品氢气、解吸气和制氢过程分级的

气体组分分析或纯度分析，应设有必要的压力、程序控制系统显示仪表。

③ 天然气、甲醇重整制氢提纯氢装置宜露天布置。

④ 天然气、甲醇重整制氢提纯氢系统应设置吹扫置换接口。系统开车前，应确保吹扫置换至系统内的氮气中氧含量小于 0.5%。

九、氢气储存系统要求

氢气储存系统具有以下要求。

① 氢气储存系统及设备应符合《加氢站技术规范》（GB 50516—2010）的有关规定。

② 储氢装置可采用多级固定式氢气罐或储氢气瓶组等，其储存氢气的压力和容量应满足加气站的加注需求。

③ 氢气储存系统中储氢装置分组放置并相互连通时，应设置保护措施，确保储氢容器不会发生超压事故。

④ 氢气储存系统中每个独立储存容器都应有各自独立的安全泄放装置。

十、加氢机要求

加氢机具有以下要求。

① 加氢机设计制造应符合《汽车用压缩氢气加气机》（GB/T 31138—2014）和《加氢站技术规范》（GB 50516—2010）的有关规定。

② 加氢机应安放在高度超过 120mm 的基座上，基座每个边缘离加氢机至少 200mm。加氢机周围应设置防撞柱（栏），预防车辆撞击。

③ 加氢机应设置紧急切断按钮，当紧急切断按钮被触发时应实现下列联锁控制：自动关闭加氢机进气管道的自动切断阀；上游的压缩系统应该被关闭。

④ 加氢机内应设置氢气泄漏检测报警装置，当发生氢气泄漏并且在空气中含量达 0.4% 时应向加氢站内控制系统发出报警信号；当发生氢气泄漏并且在空气中含量达 1.6% 时应向加氢站内控制系统发出停机信号，自动关闭阀门停止加气。

⑤ 额定工作压力为 70MPa 的加氢机应在供氢系统中设置预冷系统，以便将氢气冷却至预定温度后充装到汽车气瓶中，预冷温度范围为 -40 ～ 0℃。

⑥ 额定工作压力为 70MPa 的加氢机应设置可与汽车相连接的符合相应标准的通信接口，以便在加注过程中将汽车气瓶的温度、压力信号输入加氢机。若通信中断或者有超温或超压情况发生，应能自动停止加注氢气。

十一、氢气压缩机要求

高压储氢加氢站都安装有氢气压缩机。氢气压缩机是将氢源加压注入储气系统的核心装置，输出压力和气体封闭性能是其最重要的性能指标。从全球范围来看，各种类型的压缩机都有使用。隔膜式氢气压缩机输出压力极限可超过 100MPa，密封性能非常好，因此是加氢站氢气压缩系统的最佳选择，但隔膜式氢气压缩机需采用极薄的金属液压驱动膜片将压缩气体与液油完全分离，液油压缩结构和冷却系统也较为复杂，技术难度远高于常规氢气压缩机。

如图 2-43 所示为隔膜式氢气压缩机。

图 2-43 **隔膜式氢气压缩机**

氢气压缩机具有以下要求。

① 加氢站所用氢气压缩机应采用无油润滑压缩机。

② 氢气压缩机的安全保护装置，应符合下列规定。

a. 压缩机进、出口与第一个切断阀之间，应设安全阀。

b. 压缩机进、出口应设高压、低压报警和超限停机装置。

c. 润滑油系统应设油压过高、过低或油温过高的报警装置；膜式压缩机应设油压过高、过低报警装置。

d. 压缩机的冷却水系统应设温度和压力或流量的报警及停机装置。

e. 压缩机进、出口管路应设置置换吹扫口。

f. 采用膜式压缩机时，应设膜片破裂报警和停机装置。

③ 氢气压缩机配置的电气装置（包括电动机等），应该符合《爆炸危险环境电力装置设计规范》（GB 50058—2014）的有关规定。

④ 氢气压缩机试车前，应首先采用氮气进行吹扫置换后再进行试车，不应使用氢气直接试车。试车后投入正式运行前，应用氢气进行吹扫置换。

十二、安全与消防要求

安全与消防包括可燃气体报警系统、消防设施、电气设施、监控与数据采集系统和紧急切断系统。

1. 可燃气体报警系统

可燃气体报警系统具有以下要求。

① 加氢站及各类加氢合建站内应设置可燃气体检测报警系统，可燃气体检测报警系统应配有不间断电源。可燃气体检测器应安装在最有可能积聚氢气的地点或位置，可燃气体报警器宜集中设置在控制室或值班室内。

② 加氢站及各类加氢合建站内的可燃气体检测报警系统检测到空气中的氢气含量达到

0.4% 时应触发声光报警信号；当空气中的氢气含量达到 1% 时应启动相应事故排风机；当空气中的氢气含量达到 1.6% 时，应触发加氢站紧急切断系统。

③ 加氢站及各类加氢合建站内可能发生可燃气体泄漏的房间均应设置机械排风系统并应与可燃气体检测报警系统联锁控制。自然通风换气次数不得少于 5 次 /h，事故排风换气次数不得少于 15 次 /h。

④ 可燃气体检测报警系统的各检测报警装置及仪器应定期进行检测，并应由有资格的检测单位进行检测和提供相应检测报告。

⑤ 报警仪应根据精度、可靠性、可维护性、检测范围、响应时间等因素选用，并符合《作业场所环境气体检测报警仪　通用技术要求》（GB 12358—2006）和《可燃气体报警控制器》（GB 16808—2008）的有关规定。

⑥ 可燃气体报警声光信号应能手动消除，当再次有可燃气体报警信号输入时，应能再次启动。

2. 消防设施

加氢站的消防设施具有以下要求。

① 加氢站及各类加氢合建站应设消防给水系统。消防给水管道和消防栓的设置应符合《建筑设计防火规范》（GB 50016—2014）的有关规定。

② 加氢站及各类加氢合建站消防灭火器材的配置应符合下列规定。

a. 每 2 台加氢机或加气机应至少配置 1 个 8kg 手提式干粉灭火器或 2 个 4kg 手提式干粉灭火器；加氢机或加气机不足 2 台应按 2 台计算。

b. 可燃气体压缩机间应按建筑面积每 $50m^2$ 配置 1 个 8kg 手提式干粉灭火器，总数不得少于 2 个；1 台撬装式可燃气体压缩机组应按建筑面积 $50m^2$ 折合计算配置手提式干粉灭火器。

c. 加氢加油合建站中加油部分灭火器材的配置，每 2 台加油机应配置不少于 2 个 4kg 手提式干粉灭火器，或 1 个 4kg 手提式干粉灭火器和 1 个 6L 泡沫灭火器。加油机不足 2 台应按 2 台配置。

d. 其余建筑物、构筑物灭火器材的配置应符合《建筑灭火器配置设计规范》（GB 50140—2005）的有关规定。

③ 加氢站及各类加氢合建站内火灾探测器的设置应符合《火灾自动报警系统施工及验收标准》（GB 50166—2019）的有关规定，当探测到火灾信号时应触发加氢站紧急切断系统。

④ 与充电站合建的加氢合建站中充电设备区应按 100kW 充电设备或 50000A • h 电池配置不少于 1 个 9L 手提式可用于灭 E 类火灾的水基型灭火器或 2 个 6L 手提式水基型灭火器，充电设备功率不足上述数量时，按上述要求向上取整计算。

⑤ 与充电站合建的加氢合建站应配置灭火毯不少于 2 块，灭火毯应存放在充电区方便取用的位置。

3. 电气设施

电气设施具有以下要求。

① 加氢站及各类加氢合建站的电力线路，宜采用电缆直埋敷设。电缆穿越行车道等场所，应穿钢管保护。在有爆炸危险环境区域内敷设的电缆，应在电缆引向电气设备接头部

件前、相邻的不同环境之间位置做隔离密封。

② 加氢站及各类加氢合建站采用电力电缆沟敷设电缆时，沟内应充沙填实。电缆不应与油品管道、氢气管道、天然气管道敷设在同一地沟内。

③ 在氢气环境内的电气设施选型，不应低于氢气爆炸混合物的级别、组别。

④ 与充电站合建的加氢合建站中充电机的供电回路上应设置保护器，当充电机被撞或遇其他危险工况时，保护器应能自动切断供电设备与充电设备的连接。

⑤ 加氢站及各类加氢合建站的防雷分类不应低于第二类防雷建筑，其防雷与接地设施应有防直击雷、防雷电感应和防雷电波侵入的功能。防直击雷的防雷接闪器应使被保护的加氢站建筑物、构筑物、通风风帽、氢气放空管等突出屋面的物体均处于其保护范围内。

⑥ 加氢站及各类加氢合建站应对所有可燃介质的设备管道及其附件采取防静电措施，以消除或减少静电积累的可能性，并应符合以下有关规定。

a. 氢气管道材质应具有与氢相容的特性，宜采用无缝钢管或高压无缝钢管。

b. 加氢站内的所有氢气管道、阀门、管件的设计压力应为最大工作压力的 1.1 倍，并不得低于安全阀的泄放压力。

c. 氢气管道的连接宜采用焊接或卡套接头；氢气管道与设备、阀门的连接，可采用法兰或螺纹连接等。螺纹连接处，应采用聚四氟乙烯薄膜作为填料。

d. 氢气放空管的设置，应符合下列规定：放空管应设置阻火器，阻火器后的放空短管应采用不锈钢材质；放空管应引至集中排放装置，并应高出屋面或操作平台 2m 以上，且应高出所在地面 5m 以上；放空管应采取防止雨水侵入和杂物堵塞的措施。

e. 加氢站内的室外氢气管道宜明沟敷设或直接埋地敷设。

f. 站区内氢气管道明沟敷设时，应符合下列规定：管道支架、盖板应采用不燃材料制作；不得与空气、蒸汽、水管道等共沟敷设；当明沟设有盖板时，应保持沟内通风良好，并不得有积聚氢气的空间。

g. 制氢间、氢气压缩机间等室内氢气管道的敷设、安装等，应符合相关标准规定。

⑦ 加氢站及各类加氢合建站的工艺设施及排空管等金属结构和设备组件应可靠接地，不得以可燃介质管道作为接地体。

⑧ 加氢站及各类加氢合建站中工艺设备接地、防雷接地、防静电接地及信息系统接地，宜共用一套接地装置，其接地电阻应采用各种接地要求的最小值。

4. 监控与数据采集系统

监控与数据采集系统具有以下要求。

① 加氢站及各类加氢合建站应设置中央监控和数据采集系统，实时采集和记录各主要工艺设备的运行状态及参数。

② 在加氢站及各类加氢合建站进出口、氢气储存区、储气区、氢气加注区、加油加气区、充电区、主控室及总电力配送室应设不间断视频监控，同时把监控视频上传至数据采集系统并做数据备份。

③ 加氢站及各类加氢合建站周围宜设置周界报警装置，报警信号应纳入监控系统。

④ 加氢站及各类加氢合建站所有的报警信号及其处理结果都应记入系统数据库中。

⑤ 加氢站及各类加氢合建站监控与数据采集系统所有的核心单元都应设有不间断备用电源，该备用电源可以在断电后 60min 内保持供电。

5. 紧急切断系统

紧急切断系统具有以下要求。

① 加氢站及各类加氢合建站应设置紧急切断系统，该系统应能在事故状态下迅速切断站内各工艺设施的动力电源和关闭可燃介质管道阀门。紧急切断系统应具有失效保护功能。

② 加氢站及各类加氢合建站内的紧急切断系统，应能由手动的紧急切断按钮远程控制。

③ 加氢站及各类加氢合建站内紧急切断系统应至少在下列位置设置紧急切断按钮：距加氢站或加气站卸车点 5m 以内；在加氢、加油、加气、充电现场工作人员容易接近的位置；在控制室或值班室内。

④ 加氢站及各类加氢合建站紧急切断系统应可与可燃气体检测报警系统或火灾探测器报警信号联动。

第八节 加氢机

加氢机是指给燃料电池电动汽车提供氢气燃料或天然气混氢燃料充装服务，并带有计量和计价等功能的专用设备，如图 2-44 所示。天然气混氢燃料是将氢气与天然气按一定比例混合得到的气体燃料，其氢气占混合气的体积分数不超过 50%，英文缩写为 HCNG。

图 2-44　**加氢机**

一、加氢机型号

加氢机型号由以下部分组成。

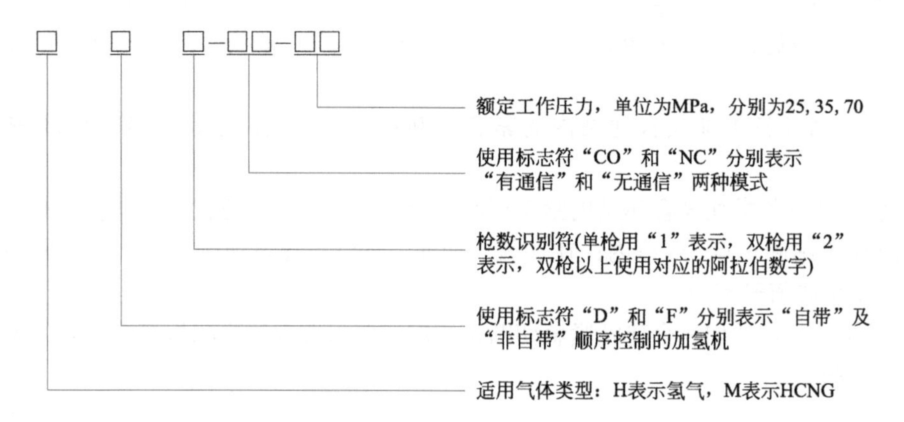

二、加氢机系统组成

加氢机系统通常主要由高压氢气管路及安全附件、质量流量计、加氢枪、控制系统和显示器等组成，其典型流程框图如图 2-45 所示。图中虚线框内为加氢机的主要组成部分，虚线框外是加氢机与外部的主要接口。氢气从气源接口进入加氢机进气管路，依次经过气体过滤器、进气阀、质量流量计、加氢软管、拉断阀、加氢枪后通过燃料电池电动汽车加氢口充入车载储氢瓶。加氢机的控制系统自动控制加氢过程，并与加氢站站控系统、汽车加氢通信接口等实时通信。

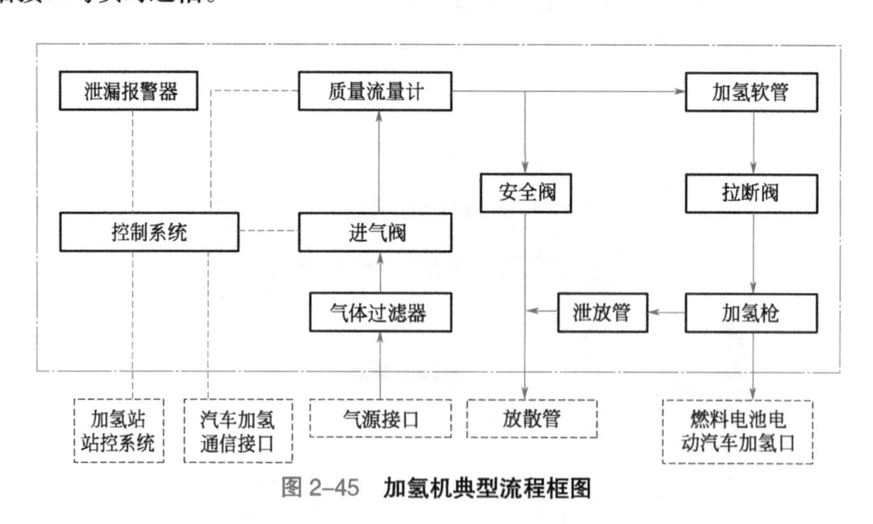

图 2-45　**加氢机典型流程框图**

三、加氢机技术要求

加氢机技术要求包括基本要求、功能要求和安全性要求。

1. 基本要求

加氢机具有以下基本要求。

① 加氢机应符合相关标准规定的要求，并按规定程序批准的图样及文件制造。制造加氢机的材料是符合国家有关规定的材料，与压缩氢气及 HCNG 气体相接触的金属和非金属材料应具有良好的氢相容性，并且不能影响加注气体的品质。

② 加氢机的外观与结构应符合以下要求。

a. 整机外观表面涂层应有光泽、均匀，无剥落、开裂等缺陷，镀铬件及标牌等外露件不得有漆污，表面涂层、镀层不应有明显的机械损伤。

b. 整机内零件与零件之间的同形状接合面的边缘、侧板及顶盖之间的接合面边缘应整齐、匀称，不应有明显的错位。外露件、装饰件不应有损伤、剥落、锈蚀等缺陷。

c. 各滑动、转动部位运动应轻便、灵活、平稳、无阻滞现象。

d. 紧固件应连接牢靠，无松动；连接导线应压接或焊接良好；各电气设备外壳接地线与整机接地线应连接良好，牢固；插接件应接触良好，应有防误插的互连结构，并有防脱拔措施。

e. 对直接影响计量准确度的部件和装置应有可靠的铅封或其他锁定装置。

f. 应有供用户查看的显示器，用于显示加氢量、加注金额、单价等信息；显示器上显示的内容应字符完整、清晰。

2. 功能要求

加氢机具有以下功能要求。

① 计量准确度。加氢机应采用质量流量计计量，最小分度值为 10g；加氢机的最大指示值误差应不超过 ±2.5%。

② 重复性。加氢机的计量重复性应不超过 1%。

③ 加氢机的计量单位设置如下：加氢量的单位为 kg；金额的单位为元；单价的单位为元 /kg。

④ 加氢机的计数指示值范围设置如下：单次计数范围为 0 ～ 999.99kg 或 0 ～ 999.99 元；累计计数范围为 8 位整数位，2 位小数位；单价设置范围为 0.01 ～ 999.99 元 /kg。

⑤ 适用压力范围。加氢机适用压力范围见表 2-11。

表 2-11　加氢机适用压力范围

额定工作压力 /MPa	最大工作压力 /MPa	设计压力 /MPa
25	31.3	34.4
35	43.8	48.2
70	87.5	96.3

⑥ 气体过滤器。气体过滤器应安装在加氢机进气管路的上游，应能阻止粒度大于 10μm 的固体杂质通过。

⑦ 电源适应性。加氢机能在 180.4 ～ 242V、(50±1) Hz 的供电环境中正常工作。

⑧ 环境适应性。加氢机在下列条件下能保持正常工作：环境温度为 -25 ～ 55℃；相对湿度为 20% ～ 95%；环境大气压为 80 ～ 110kPa。

⑨ 气密性。加氢机在最大工作压力下，保持 24h，使用检漏仪检查加氢机各个气路的

连接处，不允许有泄漏现象，表压降不应大于保压初始压力的 0.5%。

⑩ 耐压强度。加氢机在 1.1 倍最大工作压力下，保持 10min，不应出现永久性变形和破裂现象。

⑪ 电磁兼容性。加氢机的电磁兼容性应符合《汽车用压缩天然气加气机》（GB/T 19237—2003）标准的有关规定。

⑫ 掉电保护和复显。加氢机在加氢过程中，因故停电而中断加氢时，应完整保留所有数据，并能在恢复供电后重新显示。

3. 安全性要求

加氢机具有以下安全性要求。

① 在加氢机的加注管道上应设置安全阀，安全阀开启压力应设置为加氢机最大工作压力的 1.05 ～ 1.1 倍，且不应大于设计压力。当发生超压情况时，加氢机应能自动排放氢气泄压。

② 加氢机加注氢气流量不应大于 60g/s。

③ 额定工作压力为 70MPa 的加氢机应设置可与汽车相连接的符合相应标准的通信接口，以便在加注过程中将汽车气瓶的温度、压力信号输入加氢机。若通信中断或者有超温或超压情况发生，应能自动停止加注氢气。

④ 额定工作压力为 70MPa 的加氢机应在供氢系统中设置预冷系统，以便将氢气冷却至预定温度后充装到汽车气瓶中，预冷温度范围为 -40 ～ 0℃。

⑤ 加氢机应设置紧急停车按钮，在出现紧急情况按下该按钮时，应能关闭阀门，停止加氢，并可以向加氢站控制系统发出停机信号。

⑥ 加氢机内部氢气易积聚处应设置氢气检测报警装置，当发生氢气泄漏在空气中并且含量达 0.4% 时应向加氢站内控制系统发出报警信号；当发生氢气泄漏在空气中并且含量达 1.6% 时应向加氢站内控制系统发出停机信号，并自动关闭阀门停止加氢。

⑦ 加氢枪、加氢软管与加氢机应可靠连接并导电良好，加氢软管的导静电性能应符合相关标准规定。

⑧ 加氢软管上应设置拉断阀。拉断阀要求如下：拉断阀的分离拉力为 220 ～ 1000N；拉断阀在外力作用下分开后，两端应自行封闭；拉断阀在外力作用下自动分成的两部分，可以重新连接，保证加氢机的继续正常工作。

⑨ 加氢枪应能与被加注车辆加氢口匹配良好，连接可靠，不泄漏。加氢枪的设计应确保其只能与更高工作压力等级的加氢口连接使用，避免与更低工作压力等级的加氢口相连。

⑩ 加氢机的对地泄漏电流、抗电强度等应符合相关标准的规定。

⑪ 加氢机电气设备的设计、制造与检验应符合相关标准的要求，并应取得国家指定的防爆检验单位颁发的整机防爆合格证。

⑫ 加氢机上宜设置人体静电导释装置，并良好接地，接地电阻不大于 10Ω；人体静电导释装置可安装于加氢机旁易于接近的地方。

四、加氢机试验项目

加氢机试验项目见表 2-12，具体试验方法参见相关标准。

表 2-12　加氢机试验项目

序号	试验（检验）项目名称		形式检验	出厂检验
1	常规检查		√	√
2	计量准确度试验		√	√
3	重复性试验		√	√
4	气密性试验		√	√
5	耐压强度试验		√	√
6	环境适应性试验	低温试验	√	—
		高温试验	√	—
		交变湿热试验	√	—
7	电磁兼容性试验		√	—
8	掉电保护和复显试验		√	—
9	安全性能试验	通信接口试验	√	—
		安全阀开启试验	√	—
		紧急停车按钮试验	√	—
		拉断阀试验	√	—
		电气安全性试验	√	—
		加氢软管静电性能试验	√	—
		氢气检测器报警试验	√	—

注：√表示应检项目；—表示不检项目。

第九节
加氢口

加氢口是指燃料电池电动汽车上与加氢枪相连接的部件总成，如图 2-46 所示。加氢口外保护盖内侧应有明显的工作压力、氢气标志等，如“35MPa、氢气”“70MPa、氢气”“35MPa、H_2”“70MPa、H_2”。

图 2-46　加氢口

一、加氢口型号

加氢口型号由以下四部分组成，其中公称工作压力是指在标准状态下所设计的额定加注压力。

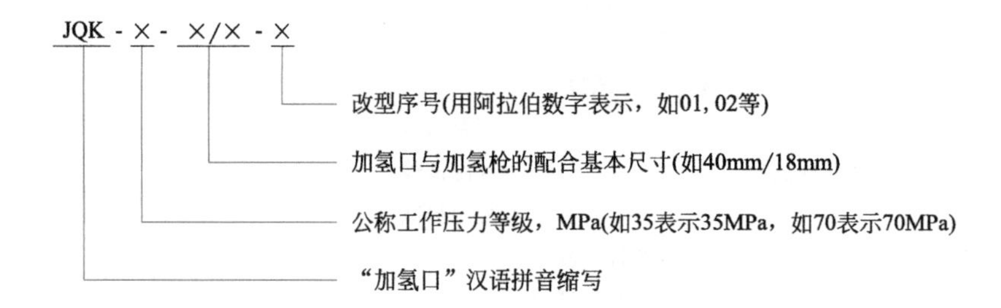

二、加氢口一般要求

加氢口主要有三种，即 JQK-35-25/12-00 加氢口、JQK-35-40/18-00 加氢口和 JQK-70-25/12-00 加氢口。

JQK-35-25/12-00 加氢口表示公称工作压力为 35MPa，加氢口与加氢枪的配合基本尺寸为 25mm/12mm，其结构形式及主要尺寸如图 2-47 所示。

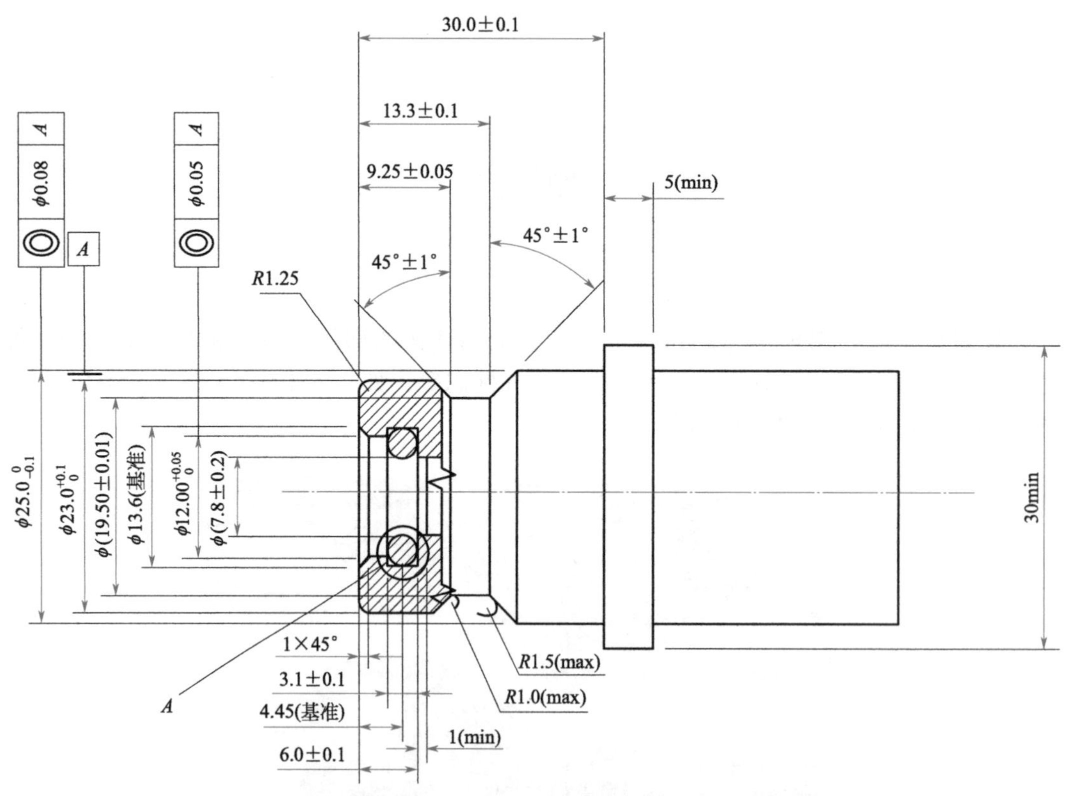

图 2-47　JQK-35-25/12-00 加氢口结构形式及主要尺寸

JQK-35-40/18-00 加氢口表示公称工作压力为 35MPa，加氢口与加氢枪的配合基本尺寸为 40mm/18mm，其结构形式及主要尺寸如图 2-48 所示。

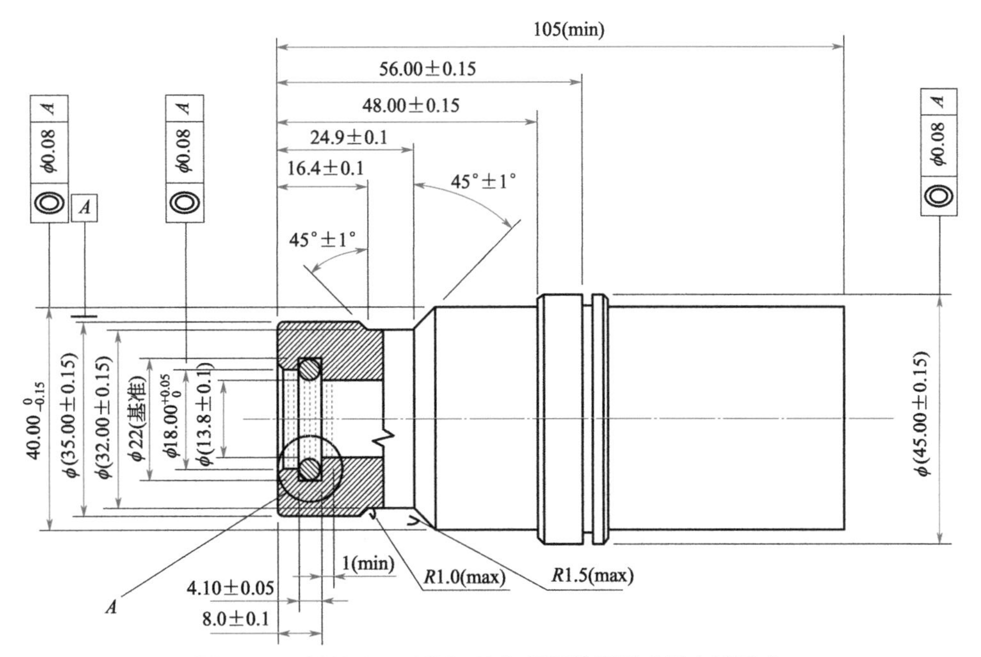

图 2-48 JQK-35-40/18-00 加氢口结构形式及主要尺寸

JQK-70-25/12-00 加氢口表示公称工作压力为 70MPa，加氢口与加氢枪的配合基本尺寸为 25mm/12mm，其结构形式及主要尺寸如图 2-49 所示。

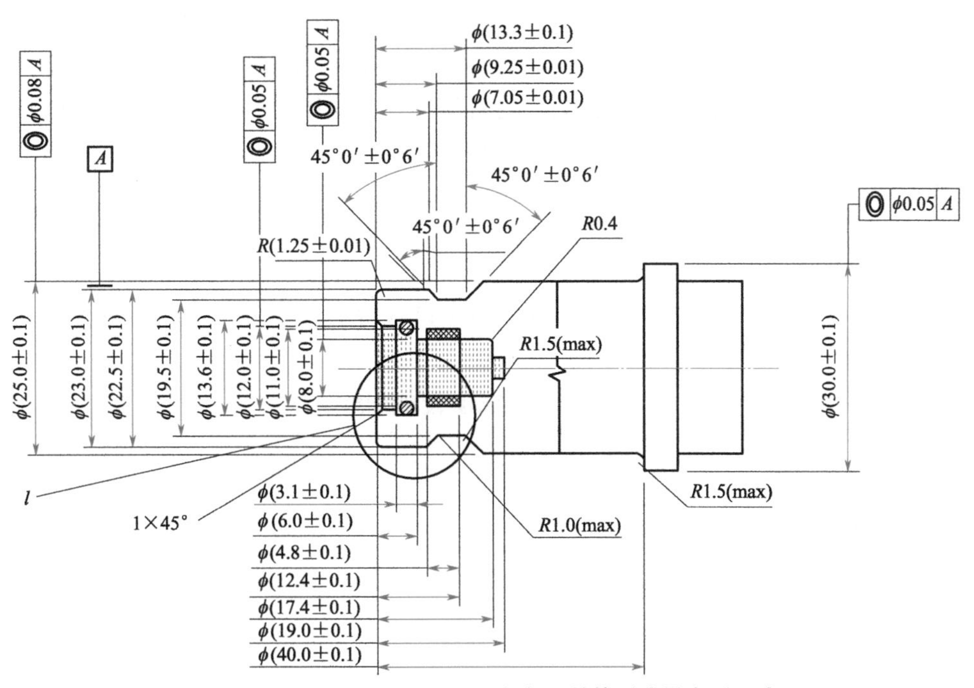

图 2-49 JQK-70-25/12-00 加氢口结构形式及主要尺寸

加氢口设计时，允许有便于安装的倒角、保护盖固定槽、六角形状等，且此类设计不应影响加氢枪的正常接合。另外，加氢口设计中应包括单向阀。

为了解决因氢气预冷而导致的加氢枪冻结问题，加氢口可参考图 2-50 所示的设计。

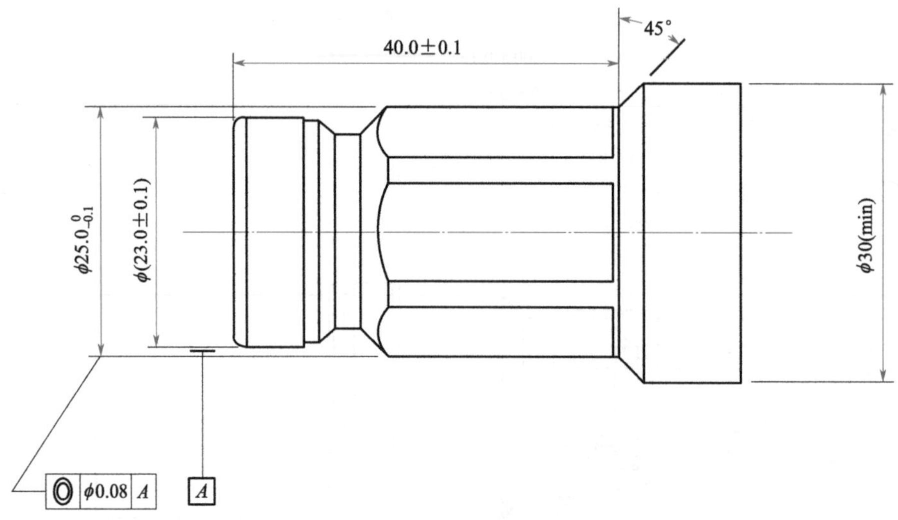

图 2-50　JQK-70-25/12-01 加氢口防冻设计

三、加氢口的性能要求

加氢口具有以下性能要求。

1. 气密性

（1）气密性试验　加氢口的单向阀处于关闭状态时，在加氢口出口端充入泄漏检测气体，分别在 0.5MPa 和 1.25 倍公称工作压力两种状态下进行试验。

（2）气密性要求　按规定方法进行气密性试验，首先用检漏液检查，如果 1min 之内无气泡产生则为合格；如果产生气泡，继续采用检漏仪或其他方式进行测量，其等效氢气泄漏率不应超过 0.02L/h（标准状态下）。

2. 耐振性

（1）耐振性试验　将试件可靠地固定在振动试验台上，从 5 ～ 60Hz 每个整数频率点都需要振动 8min，共 448min，振幅见表 2-13。

表 2-13　振动频段和振幅

频段 /Hz	振幅 /mm
5 ～ 20	⩾ 1.5
21 ～ 40	⩾ 1.2
41 ～ 60	⩾ 1.0

如果加氢口是对称结构，可以只做一个方向上的振动试验；如果加氢口不是对称结构，应在相互垂直的两个方向上进行振动试验，顺序不分先后。

（2）耐振性要求　按规定的方法进行耐振性试验后，所有连接件都不应松动，其气密性符合要求。

3. 耐温性

（1）耐温性试验　加氢口的单向阀处于关闭状态，从加氢口的出口端充入压力为公称工作压力的泄漏检测气体，将其放入恒温箱内，温度从室温升至（85±2）℃，保温8h，放入85℃的水中1min，记录是否有气泡产生；温度恢复到室温后保持0.5h，继续降温至（-40±2）℃，保温8h，放入-40℃的冷却液中1min，记录是否有气泡产生。

（2）耐温性要求　按规定的方法进行耐温性试验后，不应有气泡产生。

4. 液静压强度

（1）液静压强度试验　将加氢口的出口端密封，并通以3倍公称工作压力的液静压，持续时间不应少于1min。

（2）液静压强度要求　加氢口的承压零件按规定的方法进行液静压强度试验后，应不出现任何裂纹、永久变形。

5. 耐久性

（1）耐久性试验　耐久性试验按照以下步骤进行，总循环次数为15000次。

① 加氢口的出口端封闭，入口端接通高压气源，试验压力从0MPa升至1.25倍公称工作压力，使单向阀处于开启状态。

② 入口端泄压为0MPa，使单向阀承受1.25倍公称工作压力并处于关闭状态，保持时间不少于2s，将出口端泄压为0～0.5MPa。

单向阀开启和关闭一次为一个循环，单向阀开启、闭合频率不高于15次/min。

（2）耐久性要求　加氢口的单向阀按规定进行耐久性试验后，不应出现异常磨损，且应符合气密性的要求和液静压强度的要求。

6. 耐氧老化

（1）耐氧老化试验　加氢口与氢气接触的密封件，在温度为（70±2）℃、压力为2MPa的氧气中放置96h，观察其变化状态。

（2）耐氧老化要求　加氢口与氢气接触的密封件，按照规定的方法进行耐氧老化试验后，不应出现明显变形、变质、斑点及裂纹等现象。

7. 耐臭氧老化

（1）耐臭氧老化试验　加氢口与空气接触的密封件，在温度为（40±2）℃、臭氧体积分数为5×10^{-7}的空气中放置120h，观察其变化状态。

（2）耐臭氧老化要求　加氢口与空气接触的密封件，按照规定的方法进行耐臭氧老化试验后，不应出现明显变形、变质、斑点及裂纹等现象。

8. 相容性

（1）相容性试验　加氢口与氢气接触的非金属零件应在公称工作压力和常温下的氢气中放置168h后，从泄压开始，应在5min之内，根据《硫化橡胶或热塑料橡胶　耐液体试验方法》（GB/T 1690—2010）中的方法先后测量其体积变化率和质量变化率，其中试验样件为1件。

（2）相容性要求　加氢口与氢气接触的非金属零件，按规定的方法进行相容性试验后，其体积膨胀率应不大于 25%，体积收缩率应不大于 1%，质量损失率应不大于 10%。

9. 耐盐雾腐蚀

（1）耐盐雾腐蚀试验　盐雾箱内的温度应保持在 33 ～ 36℃，加氢口水平支撑，并暴露于由质量分数为 5% 的氯化钠和 95% 的蒸馏水组成的盐雾中。在进行 500h 试验后，应检查受保护盖保护的区域，然后冲洗并清除加氢口的盐分沉积物。

（2）耐盐雾腐蚀要求　按规定方法进行耐盐雾腐蚀试验后，加氢口不应出现腐蚀或保护层脱落的迹象；加氢口应符合气密性的要求。

10. 耐温度循环性

（1）耐温度循环性试验　加压到公称工作压力后，将加氢口放于恒温箱内，温度应在 0.5h 内从 15℃上升到 85℃，并在该温度下保持 2h，然后在 1h 内从 85℃下降至 -40℃，并在该温度下保持 2h，再在 0.5h 内恢复到 15℃，以完成一个循环，此循环应重复 100 次。如果试验中气体压力低于公称工作压力的 70%，应停止试验。

（2）耐温度循环性要求　按规定的方法进行耐温度循环性试验，试验中气体压力不应低于 70% 的公称工作压力，试验后加氢口应符合气密性要求和液静压强度要求。

第十节 加氢枪

加氢枪是指安装在加氢机加氢软管末端，用于连接加氢机与车辆的加注接口，如图 2-51 所示。

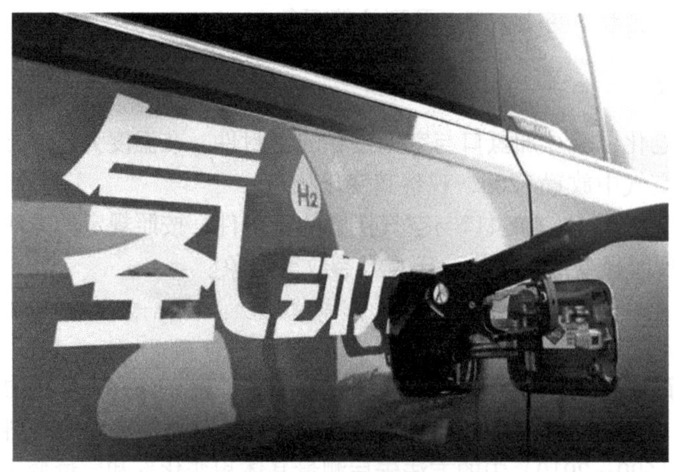

图 2-51　加氢枪

一、加氢枪的类型

加氢枪分为 A 型、B 型和 C 型。

1. A 型加氢枪

A 型加氢枪适用于加氢机关闭之后加注软管处于高压状态的装置。只有当加氢枪与加氢口正确连接时，才能进行加氢。A 型加氢枪配备一个或多个集成阀门，通过关闭该阀门能够首先停止加氢，然后在卸枪之前安全地放空枪头中的气体。其操作机制应确保在排空动作之前排空管路已打开，并且在卸下加氢枪之前加氢枪截止阀和加氢口针阀之间的气体已安全地排放出去。

2. B 型加氢枪

B 型加氢枪适用于加氢机关闭之后加注软管处于高压状态的装置。B 型加氢枪进气口之前直接或间接地安装一个独立的三通阀门，并且通过该阀门实现在卸下加氢枪之前安全地排空枪头内残留气体。只有当加氢枪与加氢口正确连接时，才能进行加氢。在卸下加氢枪之前应先放气。外部的三通阀应有标记指示开、关及放气的位置。

3. C 型加氢枪

C 型加氢枪适用于加氢机关闭之后加注软管被泄压（小于或等于 0.5MPa）的装置。只有当加氢枪与加氢口正确连接时，才能进行加氢。通过接收来自加氢枪的正确连接信号，加氢机可控制相关功能。

二、加氢枪的一般要求

加氢枪具有以下一般要求。

① 加氢枪接口形式及尺寸应与加氢口相匹配，加氢枪的设计应确保其只能与工作压力等级相同或更高的加氢口连接使用，避免与更低工作压力等级的加氢口相连。

② 加氢枪加注燃料时，车辆应不能通过其自身的驱动系统移动。

③ 加氢枪与氢接触的材料应与氢兼容，在设计的使用寿命期限内，不会发生氢脆现象；加氢枪应采用不发火材料。

④ 加氢枪应按照不同的类型满足各自的要求。

⑤ 加氢枪与加氢机软管的连接不应只依靠螺纹密封。

⑥ A 型加氢枪应有一体式或永久标识，标示启动时“开”“关”操作的方向。

⑦ 加氢枪应有过滤器等防护措施，能防止上游固体物质的进入。

⑧ 加氢枪在大气环境温度范围为 -40 ～ 60℃和氢气温度范围为 -40 ～ 85℃下应能正常工作。

⑨ 加氢枪不应通过机械方法打开加氢口单向阀。

三、加氢枪的性能要求

加氢枪具有以下性能要求。

1. 气密性

（1）气密性试验　加氢枪与加氢口相连，加氢口处于关闭状态，通以压缩空气，分别在 0.5MPa 和 1.5 倍工作压力两种压力状态下进行试验，每个测量点持续时间不应少于 3min，用检漏液检查或检漏仪检测气密性。

所有装置从连接、加压再到断开的整个过程均应进行泄漏检查。若在 1min 内没有检测到气泡，说明样品通过试验。若检测到气泡，泄漏速度应采用真空试验进行测量，或者其他等价的方法显示其氢气泄漏速度。

将加压泄漏试验气体通入连接装置或未连接加氢枪的入口，试验应在 0.5MPa 及 1.25 倍的工作压力下进行。

（2）气密性要求　按规定的方法进行气密性试验，未连接的加氢枪的泄漏速度在 20℃、101MPa 环境下应小于 $20cm^3/h$；连接装置在 20℃、101MPa 环境下的泄漏速度应小于 $20cm^3/h$；连接到加氢口后，其氢气泄漏速度在 20℃、101MPa 环境下应小于 $20cm^3/h$。

2. 液静压强度

（1）液静压强度试验　未连接或连接的设备出口应塞住，阀门座或内部模块应置于开的位置，通以 52.5MPa 的水压，持续时间不应少于 1min。

（2）液静压强度要求　按规定的方法进行液静压强度试验，未连接的加氢枪、加氢口及已连接的加氢枪、加氢口不能出现泄漏。液静压强度试验是最终的试验，在该试验之后不应将样品用于其他任何试验。

3. 跌落

（1）跌落试验　将在 -40℃下放置 24h 的加氢枪连接到直径 11mm、长度 5m 的加注软管上，然后从 2m 高处跌落至混凝土地面，如图 2-52 所示。加氢枪从冷温室拿出后的 5min 内，应连续做 10 次跌落，紧接着增压至设计压力，在下一个 5min 内再跌落 10 次。

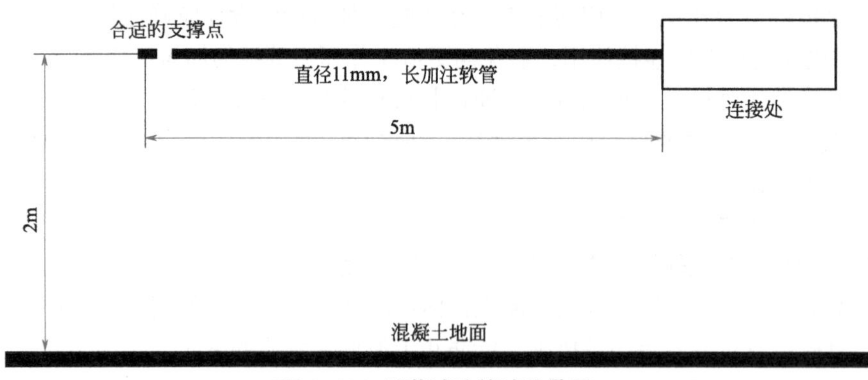

图 2-52　跌落试验的试验装置

（2）跌落要求　按规定的方法进行跌落试验之后，加氢枪应能正常地连接到加氢口上，并且符合气密性的要求和液静压强度的要求。

4. 阀门操作手柄

（1）阀门操作手柄试验　在打开或关闭方向上需用扭矩或力的试验应在两种情况下进行：加氢枪与加氢口正确连接；加氢枪有意不恰当地连接到加氢口上。

（2）阀门操作手柄要求　按规定的方法进行阀门操作手柄试验，如果加氢枪配备了阀门操作手柄，距离旋转轴的最远点应能承受 200N 的力，并且不会造成操作手柄损坏或卡口损坏。

5. 异常负载

（1）异常负载试验　加氢枪和加氢口连接部件在工作中应能承受任意方向施加 670N 的压力，其施加压力的方式如图 2-53 所示。

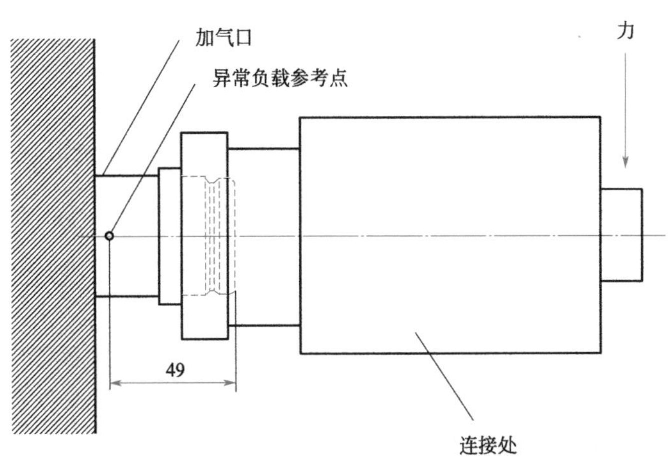

图 2-53　**异常负载试验施加压力的方式**

异常负载试验分为非承压条件下试验和加压条件下试验。非承压条件下试验是指加氢口试验装置和加氢枪在异常负载试验中不应加压；加压条件下试验是指加氢口试验设备和加氢枪在异常负载试验中应加压至设计压力。

（2）异常负载要求　按规定的方法在异常负载试验设备上进行异常负载试验，加氢枪和加氢口连接部件在工作中应能承受任意方向施加 670N 的力，不出现扭曲、损坏和泄漏。

6. 摆动 / 扭曲

（1）摆动 / 扭曲试验　利用制造商提供的加氢口装配部件，将加氢口按说明书安装到支撑元件上。为了便于试验，支撑元件应能承受规定的负载而不出现位移或偏斜。为正常使用而安装到加压软管上的加氢枪应正确地连接到加氢口上。两个等量反向的力矩（大小为 24N・m）应循环交替地施加于加氢枪上距离加氢口最远的点。每个负载均应在一个频率上进行 2500 次，但每秒不超过一个循环。应在连接部件最可能松弛的方向上施加 10 次 4N・m 的转矩。

（2）摆动 / 扭曲要求　按规定方法进行摆动 / 扭曲试验，加氢口及其连接部件不应发生松弛或损坏。

7. 连接组件扭矩

（1）连接组件扭矩试验　加氢枪和连接组件承受 1.5 倍安装扭矩的扭转力进行试验。

（2）连接组件扭矩要求　按规定的方法进行连接组件扭矩试验，加氢口和连接组件应能承受 1.5 倍安装扭矩的扭转力而无损坏迹象。

8. 低温和高温

（1）低温和高温试验　低温和高温试验按以下步骤进行。

① 在操作之前，设备应先吹扫清洗并密封，内部泄漏试验气体的压力为 7MPa。

② 所有试验只有当设备持续置于规定试验温度时才能进行；将设备的出口用堵头堵住，然后在设备入口施加试验压力。

③ 分别为加氢枪、加氢口及其连接件充入35MPa的压缩空气或氮气，将其放入恒温箱内，温度从室温逐渐升至（60±2）℃，保温 8h；然后取出在空气中冷却至室温，再将其放入低温箱内，逐渐降温至(-40±2)℃，保温 8h；最后取出，待升至室温后，再进行气密性试验。

④ 在 -40℃，加压至最大工作压力时，加氢枪和加氢口连接及断开 10 次。在 60℃，加压至最大工作压力时，加氢枪和加氢口连接和断开 10 次。

（2）低温和高温要求　按规定的方法进行低温和高温试验，应满足气密性的要求。

9. 寿命及可维护性

寿命及可维护性包括循环寿命、耐氧老化试验、非金属材料浸渍和加氢口连接件的电阻。

（1）循环寿命　加氢枪应能承受 100000 次循环；试验后，加氢枪应符合气密性的要求和液静压强度的要求。加氢枪和加氢口的连接装置应能承受最高气流工况，试验完成后，加氢枪或加氢口应满足气密性的要求。

（2）耐氧老化试验　密封材料样品应在（70±2）℃、2MPa 下暴露 96h，密封材料不应出现破裂或可见的损坏。

（3）非金属材料浸渍　与氢气接触的非金属材料应在（23±2）℃的正戊烷或正己烷中浸泡 72h 后，再于常温下放置 48h 后，测量其体积变化率和质量变化率。样品膨胀不能超过 25%，收缩不能超过 10%，重量损失不能超过 10%。

（4）加氢口连接件的电阻　在承压或非承压状态下，加氢口和加氢枪连接件的电阻不应大于 1000Ω；在寿命循环试验前后均应进行电阻试验。

10. 抗腐蚀性

按规定的方法进行抗腐蚀性试验，加氢枪应不发生腐蚀或保护涂层缺失，并显示良好的安全性。

11. 变形

按规定的方法进行变形试验，现场连接 / 组装部件应能够承受 1.5 倍的安装扭矩，而不出现变形、损坏或泄漏。

12. 污染试验

按规定的方法进行污染试验，加氢枪和加氢口应能承受污染。加氢枪和加氢口应通过 10 次循环连续的污染试验。

13. 热循环试验

按规定的方法进行热循环试验，加氢枪和加氢口应能承受热循环，该循环应重复 100 次。

第三章

燃料电池电动汽车

燃料电池电动汽车是新能源汽车的一种，是纯绿色环保的交通运输工具，是我国未来汽车转型的重点发展方向之一。到2030～2035年，我国将实现氢能及燃料电池电动汽车的大规模推广应用，燃料电池电动汽车保有量将达到100万辆左右；完全掌握燃料电池核心关键技术，建立完备的燃料电池材料、部件、系统的制备与生产产业链。

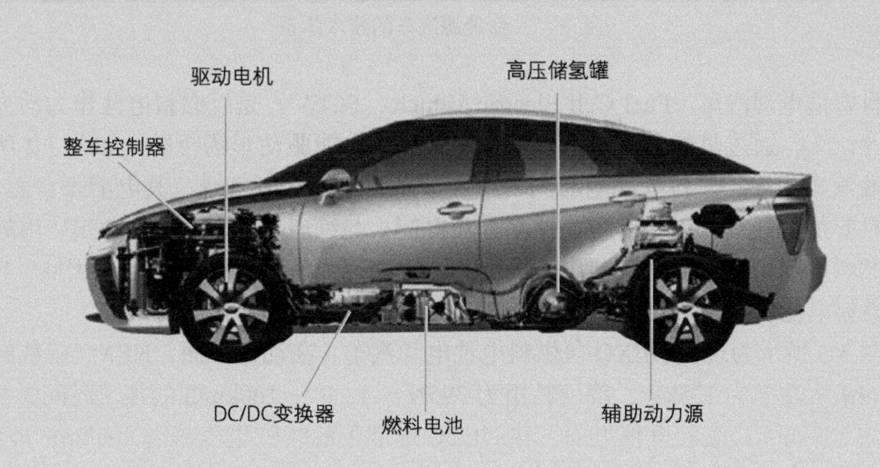

第一节

燃料电池电动汽车的定义

燃料电池电动汽车是新能源汽车的最重要车型之一。新能源汽车是指采用非常规的车用燃料作为动力来源，或使用常规的车用燃料，采用新型车载动力装置，综合车辆的动力控制和驱动方面的先进技术，形成的具有新技术、新结构的汽车。

我国新能源汽车主要是指纯电动汽车、插电式混合动力汽车和燃料电池电动汽车。新能源汽车的技术体系是“三纵三横”式，如图 3-1 所示。“三纵”是指纯电动汽车、插电式混合动力（含增程式）电动汽车和燃料电池电动汽车，布局整车技术创新链；“三横”是指动力电池与管理系统、驱动电机与电力电子、网联化与智能化技术，构建关键零部件技术供给体系。其中网联化与智能化技术表示新能源汽车要向智能网联汽车方向发展。

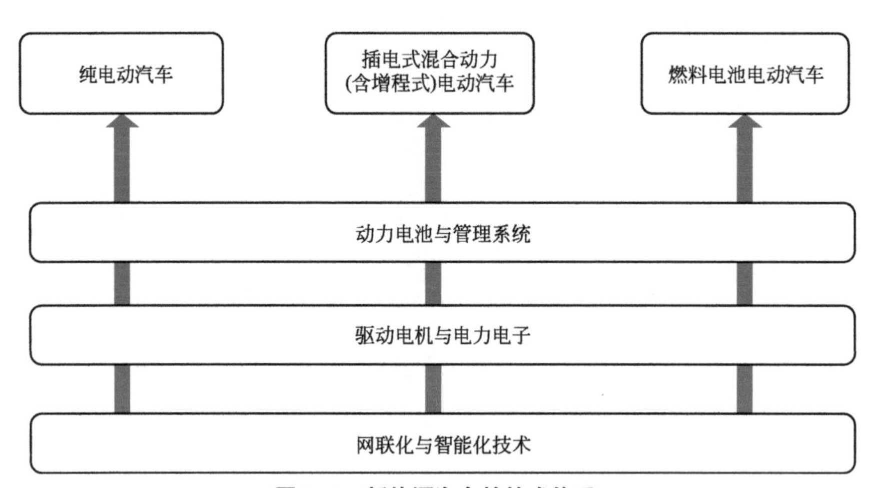

图 3-1 新能源汽车的技术体系

燃料电池电动汽车（Fuel Cell Electric Vehicle，FCEV）是以燃料电池作为动力源或主动力源的汽车，通过氢气和氧气的化学作用产生的电能驱动车辆行驶，如图 3-2 所示。与传统燃油汽车相比，燃料电池电动汽车增加了燃料电池和氢气罐，其电能来自氢气燃烧，工作时只要加氢气就可以，不需要外部补充电能。与纯电动汽车相比，FCEV 用的电力来自车载燃料电池，纯电动汽车所用的电力来自由电网充电的动力蓄电池。因此，FCEV 的关键是燃料电池。

如图 3-3 所示为现代 NEXO 氢燃料电池电动汽车。在动力方面，NEXO 搭载的燃料电池系统的最大功率为 135kW，峰值转矩为 395N・m，0 ～ 100km/h 的加速时间为 9.2s，最高车速为 179km/h；续驶里程方面，在 NEDC 标准下的续驶里程超过 800km；加氢方面，NEXO 仅需 5min 即可加注完成约 156L（6.3kg）的 70MPa 氢气。

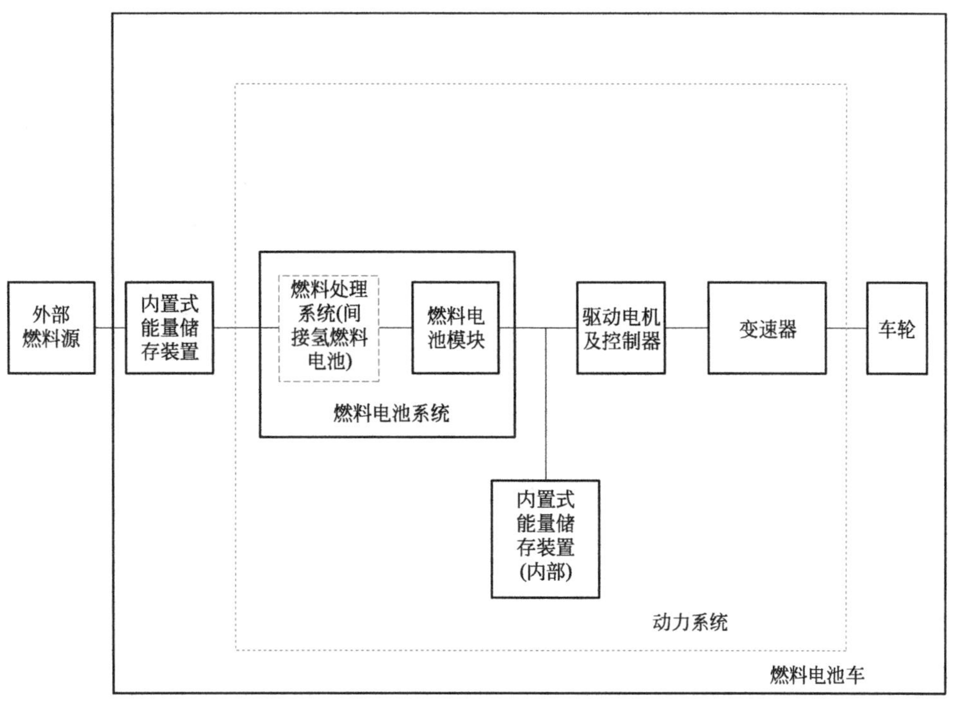

图 3–2 **燃料电池电动汽车框图**

(a) 外形

(b) 内部结构

图 3–3 **现代 NEXO 氢燃料电池电动汽车**

如图 3-4 所示为现代氢燃料电池重卡汽车。

图 3-4　**现代氢燃料电池重卡汽车**

第二节
燃料电池电动汽车的类型

燃料电池电动汽车的类型如图 3-5 所示。

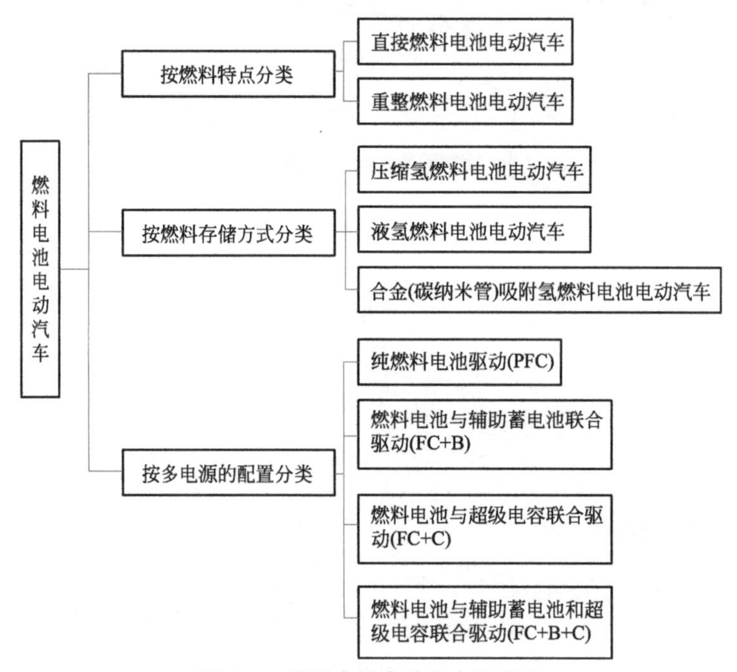

图 3-5　**燃料电池电动汽车的类型**

燃料电池电动汽车按燃料特点可分为直接燃料电池电动汽车和重整燃料电池电动汽

车。直接燃料电池电动汽车的燃料主要是氢气；重整燃料电池电动汽车的燃料主要有汽油、天然气、甲醇、甲烷、液化石油气等。

按燃料存储方式可分为压缩氢燃料电池电动汽车、液氢燃料电池电动汽车和合金（碳纳米管）吸附氢燃料电池电动汽车。压缩氢燃料电池电动汽车是指氢气的储存采用压缩氢气；液氢燃料电池电动汽车是指采用液化氢；合金（碳纳米管）吸附氢燃料电池电动汽车是指采用合金（碳纳米管）储氢。

按多电源的配置不同可分为纯燃料电池驱动（Pure Fuel Cell，PFC）的电动汽车、燃料电池与辅助蓄电池联合驱动（Fuel Cell + Battery，FC+B）的电动汽车、燃料电池与超级电容联合驱动（Fuel Cell +Capacitor，FC+C）的电动汽车以及燃料电池与辅助蓄电池和超级电容联合驱动（Fuel Cell +Battery+Capacitor，FC+B+C）的电动汽车。其中采用燃料电池与辅助蓄电池联合驱动（FC+B）的电动汽车使用较为广泛。

1. 纯燃料电池驱动（PFC）的电动汽车

纯燃料电池驱动的电动汽车只有燃料电池一个动力源，汽车需要的所有功率都由燃料电池提供。纯燃料电池驱动的电动汽车的动力系统如图 3-6 所示。

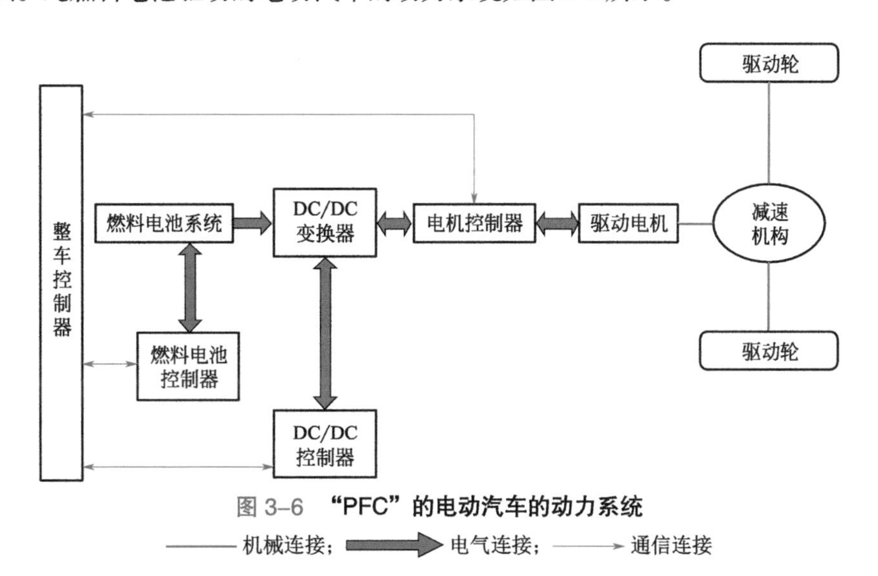

图 3–6 “PFC”的电动汽车的动力系统

——机械连接；➡电气连接；→通信连接

燃料电池系统将氢气与氧气反应产生的电能通过 DC/DC 变换器和电机控制器传给驱动电机，驱动电机将电能转化为机械能再传给减速机构，从而驱动汽车行驶。这种系统结构简单，系统控制和整体布置容易；系统部件少，有利于整车的轻量化；整体的能量传递效率高，从而提高整车的燃料经济性。

但燃料电池功率大、成本高；对燃料电池系统的动态性能和可靠性提出了很高的要求；不能进行制动能量回收。因此，为了有效地解决上述问题，必须使用辅助能量存储系统作为燃料电池系统的辅助动力源，和燃料电池联合工作，组成混合驱动系统共同驱动汽车。从本质上来讲，这种结构的燃料电池电动汽车采用的是混合动力结构。它与传统意义上的混合动力结构的差别仅在于发动机是燃料电池而不是内燃机。在燃料电池混合动力结构汽车中，燃料电池和辅助能量存储装置共同向驱动电机提供电能，通过减速机构来驱动汽车。

2. 燃料电池与辅助动力电池联合驱动（FC+B）的电动汽车

燃料电池与辅助动力电池联合驱动的电动汽车的动力系统如图 3-7 所示。在该动力系统结构中，燃料电池和动力电池一起为驱动电机提供能量，驱动电机将电能转化成机械能传给减速机构，从而驱动汽车行驶；在汽车制动时，驱动电机变成发电机，动力电池将储存回馈的能量。在燃料电池和动力电池联合供能时，燃料电池的能量输出变化较为平缓，随时间变化波动较小，而能量需求变化的高频部分由动力电池分担。

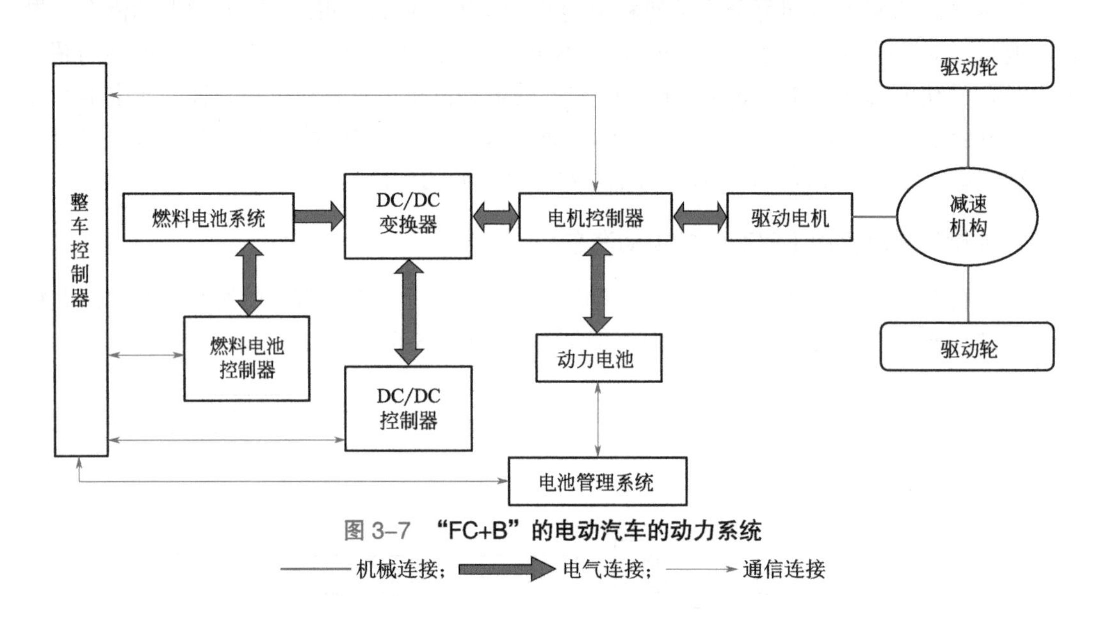

图 3-7 “FC+B”的电动汽车的动力系统

机械连接；电气连接；通信连接

目前这种结构形式应用较为广泛，它解决了诸如辅助设备供电、水热管理系统供电、燃料电池堆加热、能量回收等问题。主要优点是系统对燃料电池的功率要求较纯燃料电池结构形式有很大的降低，从而大大地降低了整车成本；燃料电池可以在设定的较好的工作条件下工作，工作时燃料电池的效率较高；系统对燃料电池的动态响应性能要求较低；汽车的冷启动性能较好；可以回收汽车制动时的部分动能。但这种结构形式由于动力电池的使用使得整车的重量增加，动力性和经济性受到影响，这一点在能量复合型混合动力电动汽车上表现更为明显；动力电池充放电过程会有能量损耗；系统变得复杂，系统控制和整体布置难度增加。

3. 燃料电池与超级电容器联合驱动（FC+C）的电动汽车

这种结构形式与燃料电池 + 辅助动力电池结构相似，只是把动力电池换成超级电容器，如图 3-8 所示。相对于动力电池，超级电容器充放电效率高，能量损失小，循环寿命长，常规制动时再生能量回收率高，正常工作温度范围宽；超级电容器瞬时功率比动力电池大，汽车启动更容易。燃料电池和超级电容器动力系统可以降低燃料电池的放电电流，发挥超级电容器均衡负载的作用，提高整车的续驶里程及动力性。

但是，超级电容器的比能量低，能量存储有限，峰值功率持续时间短，同时这种混合动力系统结构复杂，对系统各部件之间的匹配及控制要求高，这些成为制约燃料电池和超级电容器混合动力系统发展的关键因素。随着超级电容器技术的不断进步，这种结构将成为一种新的重要发展方向。

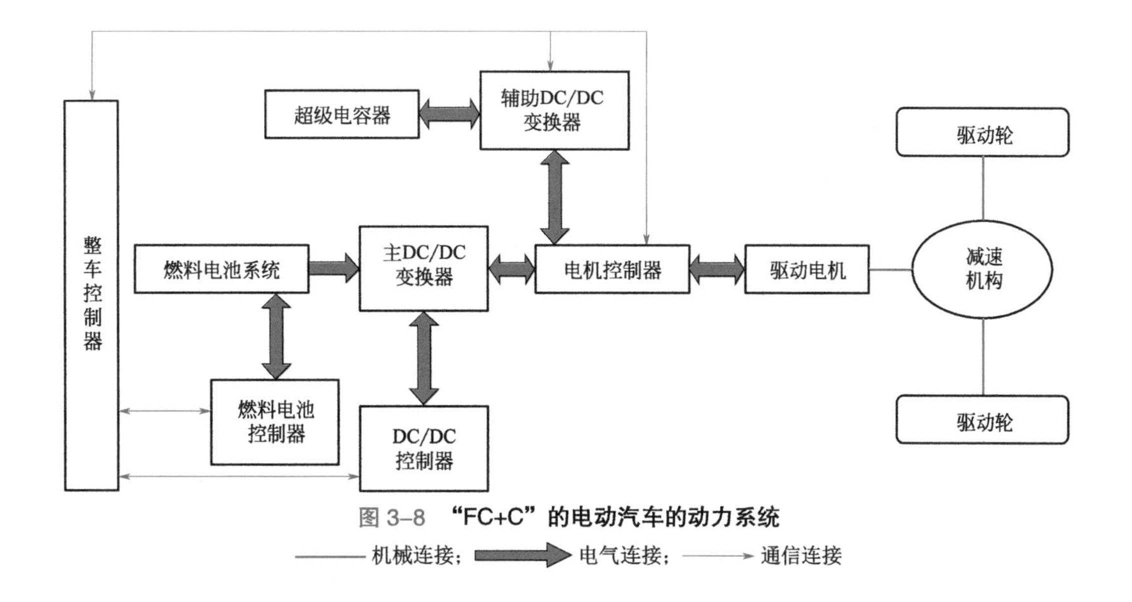

图 3-8 **“FC+C”的电动汽车的动力系统**

机械连接；电气连接；通信连接

4. 燃料电池与辅助动力电池和超级电容器联合驱动（FC+B+C）的电动汽车

燃料电池与辅助动力电池和超级电容器联合驱动的电动汽车的动力系统如图 3-9 所示。在该动力系统结构中，燃料电池、动力电池和超级电容器一起为驱动电机提供能量，驱动电机将电能转化成机械能传给减速机构，从而驱动汽车行驶。在汽车制动时，驱动电机变成发电机，动力电池和超级电容将储存回馈的能量。在燃料电池、动力电池和超级电容器联合供能时，燃料电池的能量输出较为平缓，随时间变化波动较小，而能量需求变化的低频部分由动力电池承担，能量需求变化的高频部分由超级电容器承担。在这种结构中，各动力源的分工更加明细，因此它们的优势也得到更好的发挥。

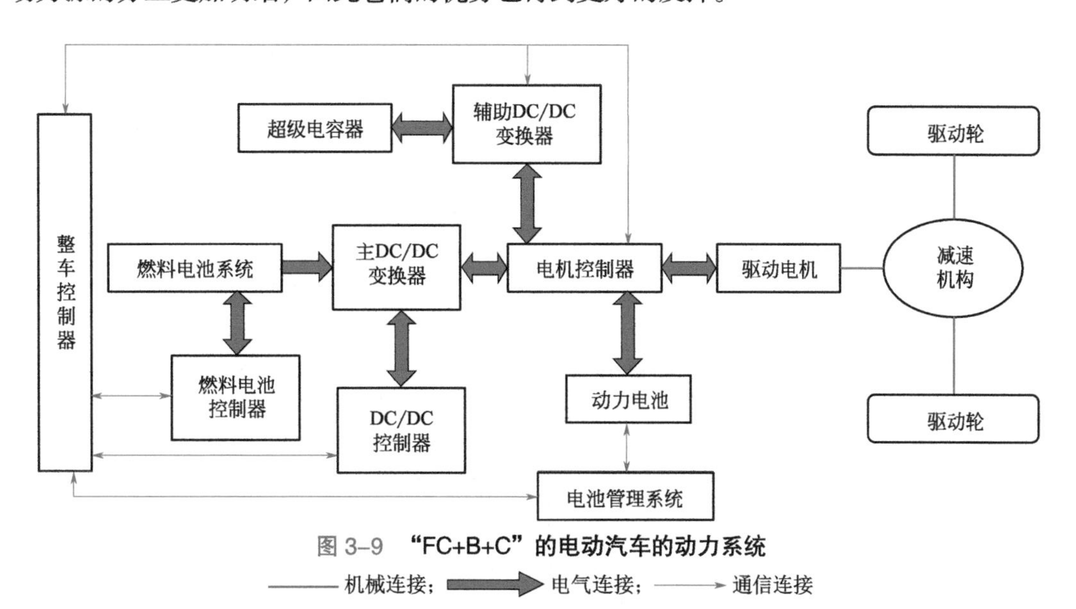

图 3-9 **“FC+B+C”的电动汽车的动力系统**

机械连接；电气连接；通信连接

这种结构与燃料电池 + 辅助动力电池的结构相比优点更加明显，尤其是在部件效率、动态特性、制动能量回馈等方面。缺点也一样更加明显，增加了超级电容器，整个系统的重量增加；系统更加复杂化，系统控制和整体布置的难度也随之增大。

如果能够对系统进行很好的匹配和优化，这种结构带来的汽车良好的性能具有很大的吸引力。

在三种混合驱动中，FC+B+C 组合被认为能够最大限度满足整车的启动、加速、制动的动力和效率需求，但成本最高，结构和控制也最为复杂。目前燃料电池电动汽车动力系统的一般结构是 FC+B 组合，这是因为它具有以下特点。

① 燃料电池单独或与动力电池共同提供持续功率，而且在车辆启动、爬坡和加速等有峰值功率需求时，动力电池提供峰值功率。

② 在车辆起步和功率需求量不大的时候，动力电池可以单独输出能量。

③ 动力电池技术比较成熟，可以在一定程度上弥补燃料电池技术上的不足。

目前，“FC+B”的电动汽车动力系统分为直接型和间接型两种结构形式。

① 直接型燃料电池混合动力系统。直接型燃料电池混合动力系统是指燃料电池与系统总线直接相连，如图 3-10 所示。在该系统中，由于燃料电池系统和动力电池均直接并入动力系统总线中，直接与电机控制器相连，结构简单易行。此外，由于动力电池既可输出功率，改善燃料电池系统本身在汽车行驶过程中可能出现动力性较差的情况，又可在燃料电池功率输出过剩时将多余的功率储存在其内部，从而提高了整车的能量利用率。

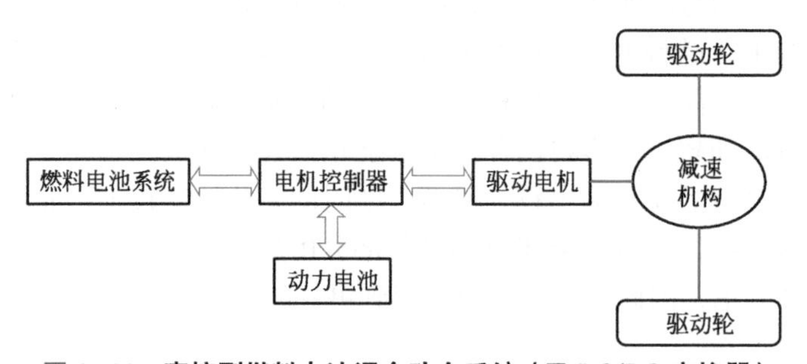

图 3-10　直接型燃料电池混合动力系统（无 DC/DC 变换器）

——机械连接；⇨电气连接

直接型燃料电池混合动力系统还有一种燃料电池系统直接连入主线，动力电池与双向 DC/DC 变换器相连，然后并入主线的结构形式，如图 3-11 所示。

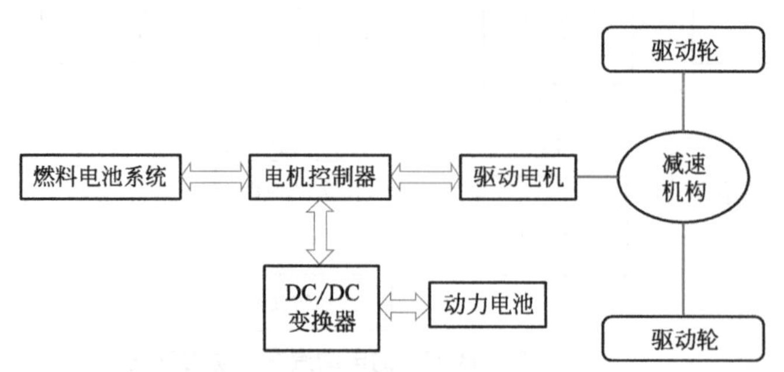

图 3-11　直接型燃料电池混合动力系统（有 DC/DC 变换器）

——机械连接；⇨电气连接

这种结构形式的动力系统，由于在动力电池和总线之间增加了一个双向 DC/DC 变换器，使得动力电池的电压可以无须与总线上的电压保持一致，降低了动力电池的设计要求，从而可以在一定程度上提高动力电池的性能。另外，DC/DC 变换器的引入，对于系统控制而言，可以更加方便灵活地控制动力电池的充放电，改善系统的可操作性。

总体来说，直接型燃料电池混合动力系统具有结构简单、易于实现等优点，然而存在一个不可避免的问题，那就是由于燃料电池与总线直接相连，总线电压即为燃料电池的输出电压。在汽车行驶时，驱动电机的工作电压会与燃料电池的输出电压产生一定的电压差，当燃料电池正常工作时，其输出电压为总线电压，此时若输出电压小于驱动电机的工作电压，会导致驱动电机的输出功率降低，进而影响整车行驶的动力性能；与之相反，当驱动电机在其最大输出功率的电压下工作时，若驱动电机工作电压小于燃料电池输出电压，则会影响燃料电池系统的工作效率，降低整车的经济性能。

② 间接型燃料电池混合动力系统。此种动力系统的结构形式是燃料电池系统与 DC/DC 变换器连接后，动力电池与其一起并入动力系统总线中，如图 3-12 所示。

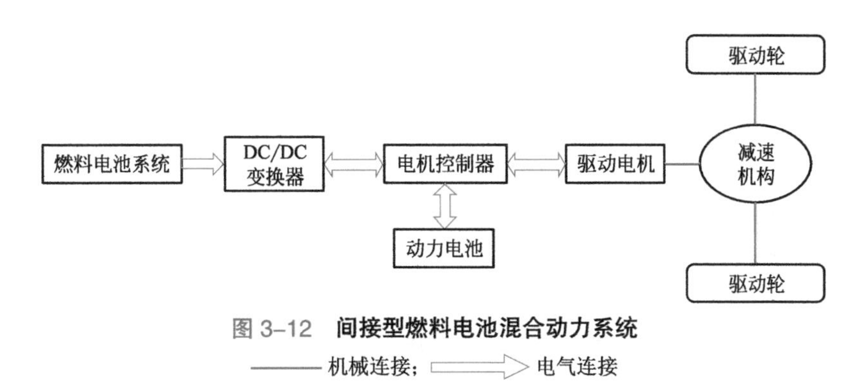

图 3-12　间接型燃料电池混合动力系统

——— 机械连接；⟹ 电气连接

间接型燃料电池混合动力系统在一定程度上解决了直接型燃料电池混合动力系统中存在的燃料电池输出电压与驱动电机工作电压之间矛盾的问题，既可保证驱动电机始终工作在其最佳工作电压范围内，又保证了燃料电池的输出电压不受干扰和限制，改善了系统的工作性能。

第三节
燃料电池电动汽车的组成

一、典型燃料电池电动汽车的组成

典型燃料电池电动汽车主要由燃料电池、高压储氢罐、辅助动力源、DC/DC 变换器、驱动电机和整车控制器等组成，如图 3-13 所示。

1. 燃料电池

燃料电池是燃料电池电动汽车的主要动力源，它是一种不燃烧燃料而直接以电化学反应方式将燃料的化学能转变为电能的高效发电装置。

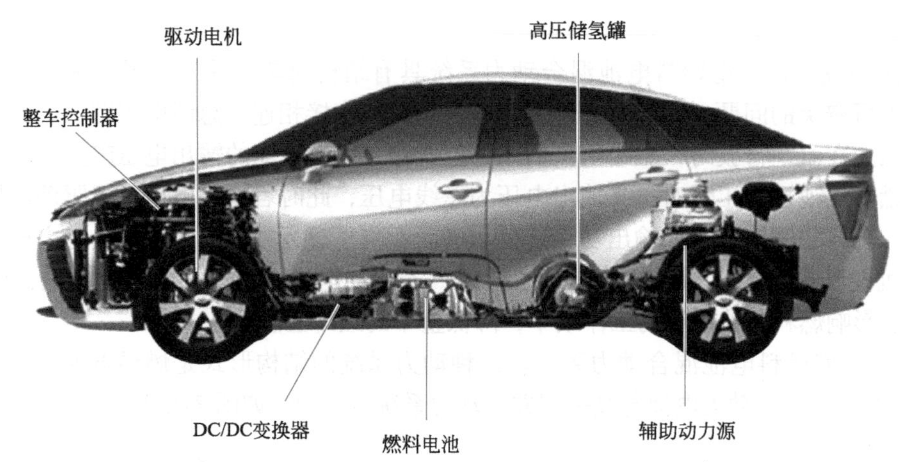

图 3-13 **燃料电池电动汽车的结构**

燃料电池发电的基本原理如图 3-14 所示，电池的负极（燃料极）输入氢气（燃料），氢分子在阳极催化剂的作用下被离解成为氢离子（H^+）和电子（e），氢离子穿过燃料电池的电解质层向正极（空气极）方向运动，电子因通不过电解质层而由一个外部电路流向正极；在电池正极输入氧气（O_2），氧气在正极催化剂作用下离解成为氧原子（O），与通过外部电路流向正极的电子和穿过电解质的氢离子结合生成稳定结构的水（H_2O），完成电化学反应并放出热量。这种电化学反应与氢气在氧气中发生的剧烈燃烧反应是完全不同的，只要负极不断地输入氢气，正极不断地输入氧气，电化学反应就会连续不断地进行下去，电子就会不断地通过外部电路流动形成电流，从而连续不断地向汽车提供电力。

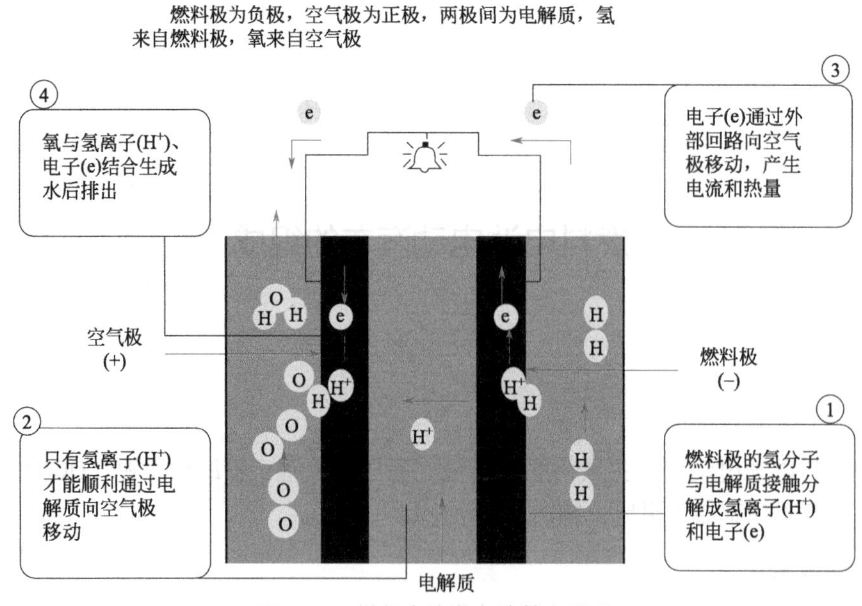

图 3-14 **燃料电池发电的基本原理**

2. 高压储氢罐

高压储氢罐是气态氢的储存装置，用于给燃料电池供应氢气。为保证燃料电池电动汽车一次充气有足够的续驶里程，就需要多个高压储氢罐来储存气态氢气。一般轿车需要 2 ～ 4 个高压储氢罐，大客车需要 5 ～ 10 个高压储氢罐。如图 3-15 所示为高压储氢罐。

图 3–15 **高压储氢罐**

3. 辅助动力源

根据 FCEV 的设计方案不同，其采用的辅助动力源也有所不同，可以用蓄电池组、飞轮储能器或超大容量电容器等共同组成双电源系统。蓄电池可采用镍氢蓄电池或锂离子蓄电池。

4. DC/DC 变换器

FCEV 的燃料电池需要配备单向 DC/DC 变换器，蓄电池和超级电容器需要配备双向 DC/DC 变换器。DC/DC 变换器的主要功能有调节燃料电池的输出电压，能够升压到 650V；调节整车能量分配；稳定整车直流母线电压。

5. 驱动电机

燃料电池电动汽车用的驱动电机主要有直流电机、交流电机、永磁同步电机和开关磁阻电机等，具体选型必须结合整车开发目标，综合考虑电机的特点，以永磁同步电机为主。

6. 整车控制器

整车控制器是燃料电池电动汽车的“大脑”，由燃料电池管理系统、电池管理系统、驱动电机控制器等组成，它一方面接收来自驾驶员的需求信息（如点火开关、油门踏板、制动踏板、挡位信息等）实现整车工况控制；另一方面基于反馈的实际工况（如车速、制动、电机转速等）以及动力系统的状况（燃料电池及动力蓄电池的电压、电流等），根据预先匹配好的多能源控制策略进行能量分配调节控制。

二、燃料电池电动汽车产品介绍

1. 上汽大通 EUNIQ7

上汽大通的氢能源 MPV——EUNIQ 7 如图 3-16 所示。

图 3-16　上汽大通的氢能源 MPV——EUNIQ 7

上汽大通 EUNIQ 7 主要部件布置如图 3-17 所示。燃料电池前置，储氢罐中置，电驱模块和三元锂离子电池组后置。在 EUNIQ 7 的后副车架上，则集成了“三合一”电驱模块以及三元锂离子电池组，形成了动力输出的一个小闭环，哪怕氢能系统出故障，也能依靠三元锂离子电池组的电量行驶一段距离（但不会太长）。

图 3-17　上汽大通 EUNIQ 7 主要部件布置

上汽大通 EUNIQ 7 车型布置三个耐高压的储氢罐，如图 3-18 所示，它采用金属内胆 + 航天级碳纤维全缠绕，可耐受相当于火山喷发岩浆的 842℃高温；碳纤维壁厚 26.5mm，氢罐的耐压强度达到 70MPa；与此同时，EUNIQ 7 采用先进的双回路冗余断电断氢设计，符合中国及欧盟全方位碰撞安全防护两大标准，碰撞实验中储氢罐完好无损，系统无泄漏。

图 3-18　储氢罐的布置

上汽大通 EUNIQ 7 车型采用质子交换膜燃料电池，壳体为铝合金，如图 3-19 所示。燃料电池产生的电能，一部分用于直接驱动车辆，剩下的则会送入电池组中储存。

图 3-19　EUNIQ 7 车型的质子交换膜燃料电池

上汽大通 EUNIQ 7 的氢能源系统设置了 4 种工作模式，即直驱模式、行车补电、停车补电和能量回收。EUNIQ 7 车辆仅需开到加氢站加氢 3min，便能完全加满 EUNIQ 7 的额定容积为 6.4kg 的储氢罐，车辆此时的 NEDC 续驶里程可达 605km，百公里耗氢 1.18kg。

2. 丰田第二代氢燃料电池电动汽车

丰田第二代氢燃料电池电动汽车如图 3-20 所示，配备了 3 个储氢罐，以 T 形布置，可容纳 5.6kg 氢气；燃料电池堆由 330 片单电池组成，最大功率为 128kW，单位体积功率密度为 5.4kW/L；最大续驶里程可达 850km。

(a) 外形

(b) 底盘

图 3-20　丰田第二代氢燃料电池电动汽车

第四节 燃料电池电动汽车的工作原理

燃料电池电动汽车的工作原理如图 3-21 所示，高压储氢罐中的氢气和空气中的氧气在汽车搭载的燃料电池中发生氧化还原化学反应，产生出电能驱动电机工作，驱动电机产生的机械能经变速传动装置传给驱动轮，驱动汽车行驶。

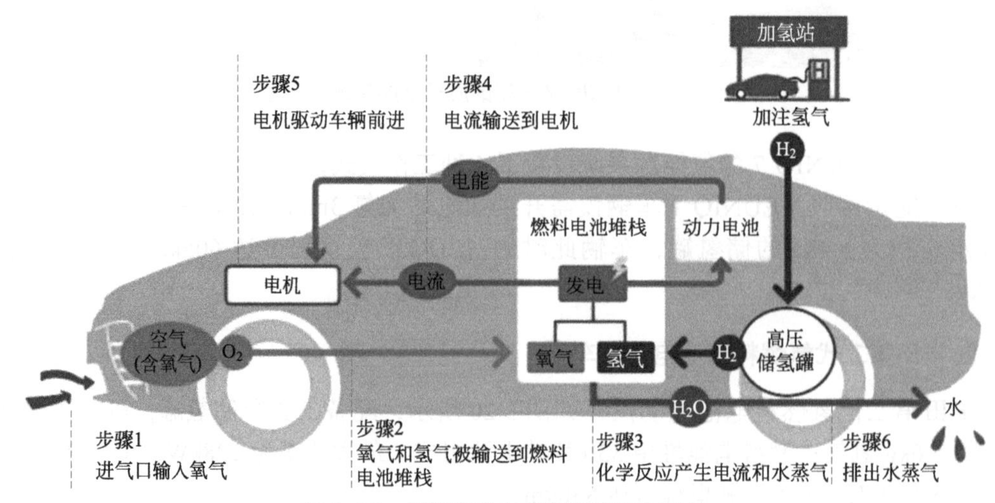

图 3-21　燃料电池电动汽车的工作原理

第一代丰田 Mirai 燃料电池电动汽车的结构如图 3-22 所示。

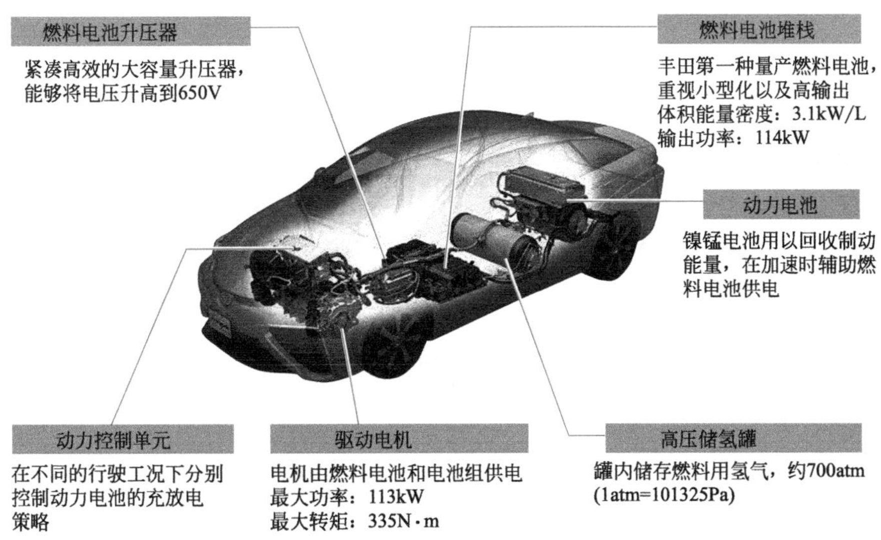

图 3-22　**第一代丰田 Mirai 燃料电池电动汽车的结构**

丰田 Mirai 使用了液态氢作为动力能源，液态氢被储存在位于车身后半部分的高压储氢罐中。两个高压储氢罐分别置于后轴的前后两端。相比于纯电动汽车，Mirai 燃料电池电动汽车的最大优点在于，氢燃料添加的过程与传统添注汽油或者柴油相似，充满仅需要 3 ～ 5min。整车动力系统可提供最大 113kW 功率及 335N • m 的峰值转矩，最高车速为 200km/h，0 ～ 100km/h 加速时间约为 9s，续驶里程可达 500km，足以满足日常应用。

如图 3-23 所示为丰田 Mirai 的燃料电池，由 370 个电芯组成，升压系统最终的最大输出电压可达 650V，满足驱动电机的最大输出要求。

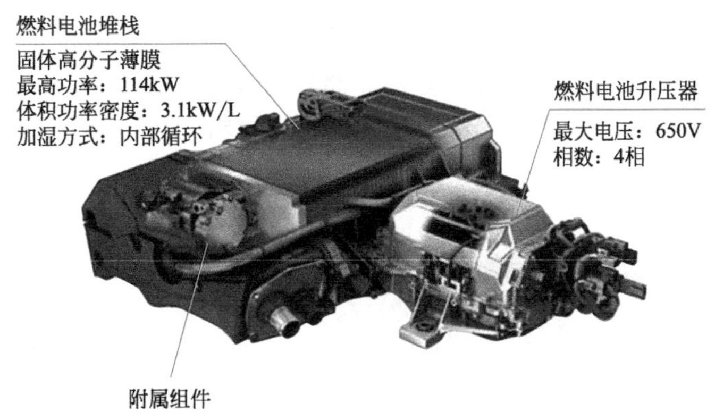

图 3-23　**丰田 Mirai 的燃料电池**

如图 3-24 所示为丰田 Mirai 的驱动电机，最大输出功率为 113kW，最大输出转矩为 335N • m。

如图 3-25 所示为丰田 Mirai 的驱动电机控制单元，它就像汽车的“大脑”，所有的动力均由控制单元计算后分配到各驱动轮上。

如图 3-26 所示为丰田 Mirai 的动力电池，燃料电池输出剩余的电能和制动回收的电能都被动力电池储存起来，供急加速和车载用电器使用。

图 3–24 丰田 Mirai 的驱动电机

图 3–25 丰田 Mirai 的驱动电机控制单元

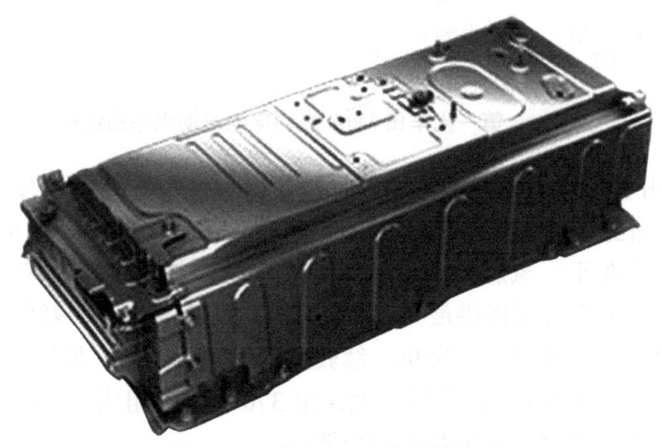

图 3–26 丰田 Mirai 的动力电池

如图 3-27 所示为丰田 Mirai 的储氢罐，图中 1 表示内层，采用高分子聚合物材料，与氢气接触不发生反应；2 表示中间层，是高压储氢罐最重要的一层，采用“热塑性碳纤维增强塑料”；3 表示外层，采用玻璃纤维增强聚合物材料。两个储氢罐的容积分别为 60L 和 62.4L，储气压力可达 70MPa。

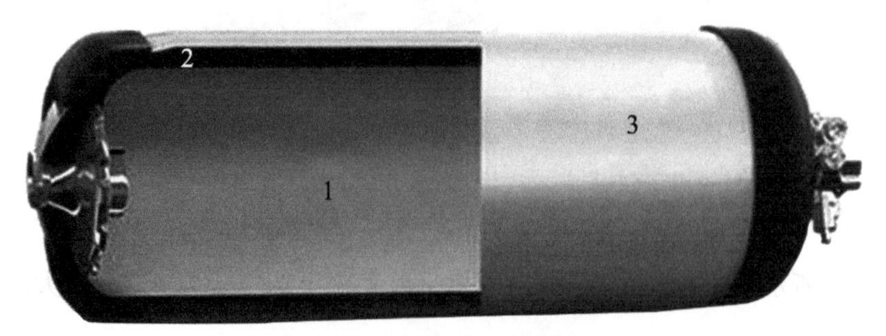

图 3–27 丰田 Mirai 的储氢罐

如图 3-28 所示为丰田 Mirai 的工作原理，储氢罐中的氢气与车头吸入的氧气在燃料电池内发生反应，产生的电能驱动电机，从而带动车辆行驶；反应产生的剩余电能存入动力电池内。

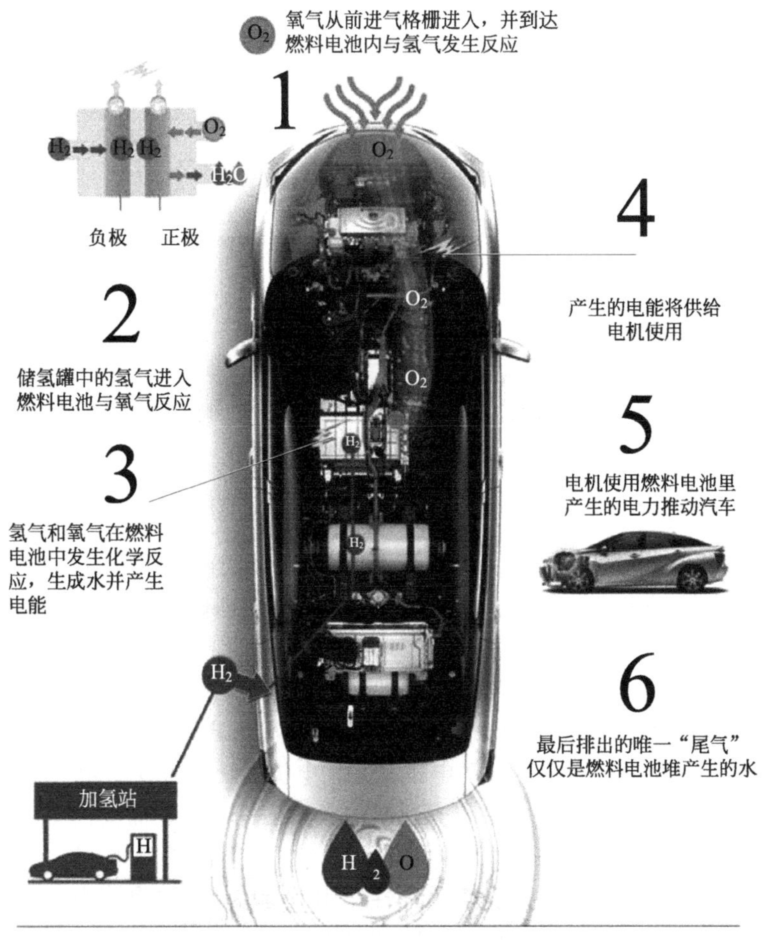

图 3-28　丰田 Mirai 的工作原理

丰田 Mirai 的关键技术如图 3-29 所示。

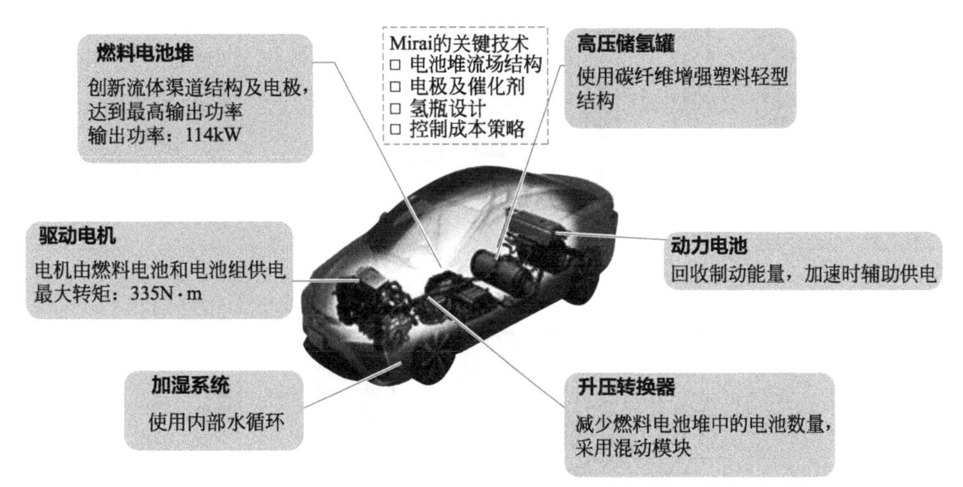

图 3-29　丰田 Mirai 的关键技术

丰田 Mirai 燃料电池电动汽车行驶工况分为启动、一般行驶、加速行驶以及减速行驶，如图 3-30 和图 3-31 所示。

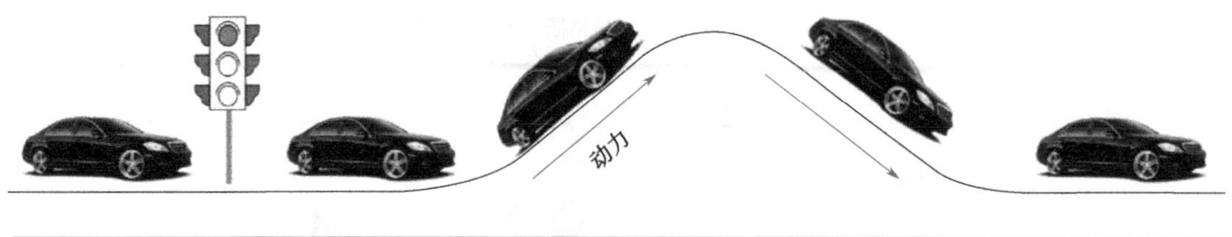

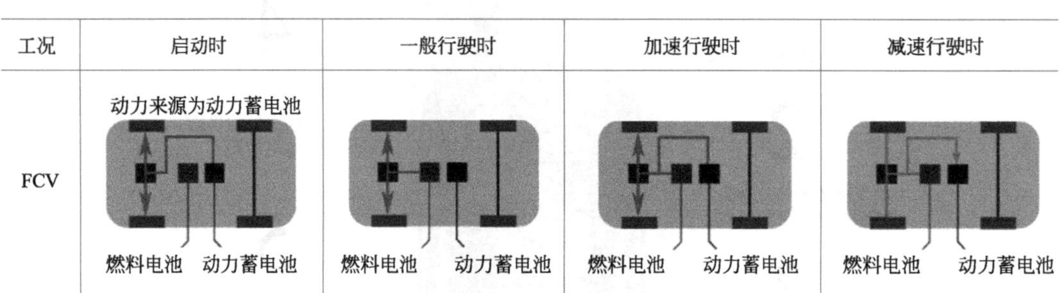

图 3-30　**燃料电池电动汽车行驶工况示意**

（1）启动工况　车辆启动时，由车载蓄电池进行供电，来自车载蓄电池的电源直接提供给驱动电机，使驱动电机工作，驱动车轮转动，此时燃料电池不参与工作。

（2）一般行驶工况　一般行驶工况下，来自高压储氢罐的氢气经高压管路提供给燃料电池，同时来自空气压缩机的氧气也提供给燃料电池，经质子交换膜内部产生电化学反应，产生大约 300V 的电压，然后经 DC/DC 变换器进行升压，转变为 650V 的直流电，经动力控制单元转换为交流电提供给驱动电机，驱动电机运转，驱动车轮转动。

（3）加速行驶工况　加速时，除了燃料电池正常工作外，还需要由车载蓄电池参与工作，以提供额外的电力供驱动电机使用，此时车辆处于大负荷工况下。

（4）减速行驶工况　减速时，车辆在惯性作用下行驶，此时燃料电池不再工作，车辆减速所产生的惯性能量由转换为发电机的驱动电机进行发电，经动力控制单元将其转换为直流电后，反馈回车载蓄电池进行电能的回收。

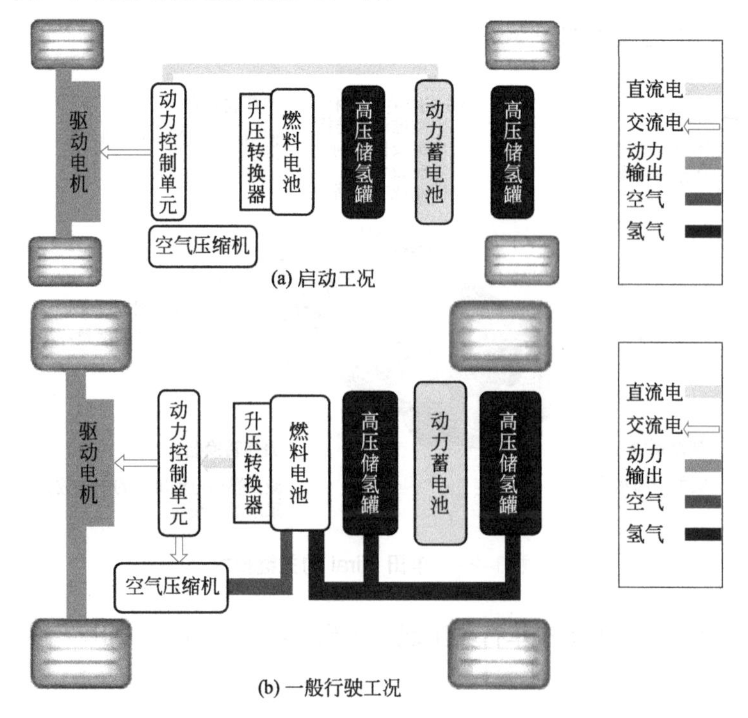

(a) 启动工况

(b) 一般行驶工况

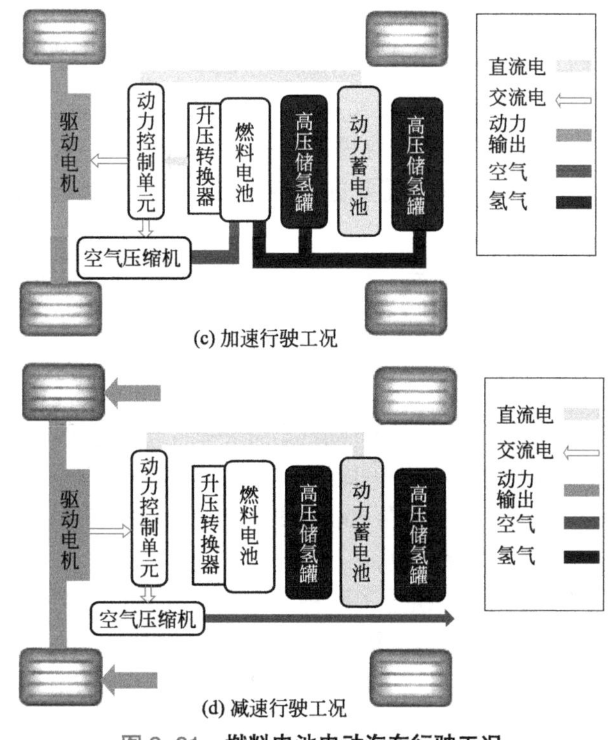

图 3-31　**燃料电池电动汽车行驶工况**

第五节 燃料电池电动汽车的特点

燃料电池电动汽车与内燃机汽车和纯电动汽车相比，具有以下优点。

① 效率高。燃料电池的工作过程是化学能转化为电能的过程，不受卡诺循环的限制，能量转换效率较高，可以达到 30% 以上，而汽油机和柴油机汽车整车效率分别为 16% ～ 18% 和 22% ～ 24%。

② 续驶里程长。采用燃料电池系统作为能量源，克服了纯电动汽车续驶里程短的缺点，其长途行驶能力及动力性已经接近于传统内燃机汽车。

③ 绿色环保。燃料电池没有燃烧过程，以纯氢作为燃料，生成物只有水，属于零排放。采用其他富氢有机化合物用车载重整器制氢作为燃料电池的燃料，生成物除水之外还可能有少量的 CO_2，接近零排放。

④ 过载能力强。燃料电池除了在较宽的工作范围内具有较高的工作效率外，其短时过载能力可达额定功率的 200% 或更大。

⑤ 低噪声。燃料电池属于静态能量转换装置，除了空气压缩机和冷却系统以外无其他运动部件，因此与内燃机汽车相比，运行过程中噪声和震动都较小。

⑥ 设计方便灵活。燃料电池电动汽车可以按照“X-By-Wire”的思路进行汽车设计，改变传统的汽车设计概念，可以在空间和重量等问题上进行灵活的配置。

燃料电池电动汽车具有以下缺点。

① 燃料电池电动汽车的制造成本和使用成本过高。

② 辅助设备复杂，且重量和体积较大。

③ 启动时间长，系统抗震能力有待进一步提高。此外，在 FCEV 受到震动或者冲击时，各种管道的连接和密封的可靠性需要进一步提高，以防止泄漏，降低效率，防止严重时发生安全事故。

下面从续驶里程、能量转换效率、安全性、低温性能、结构、基础设施、发展潜力等方面，对纯电动汽车和燃料电池电动汽车进行比较。

1. 续驶里程

由于锂离子电池能量密度的限制，纯电动汽车续驶里程与车重成正比，当前续驶里程范围为 200 ～ 500km，而且纯电动汽车充电时间较长，就算抛开电池风险，快充也需要半个小时。

燃料电池电动汽车续驶里程一般在 500km 以上，其续驶里程主要与汽车载氢量相关，而且氢气的加注类似于加油，效率极高。

从系统整体上看，系统及结构决定了两种汽车的续驶里程存在差距，纯电动汽车续驶里程的提高需要动力电池技术的突破，因此也存在一定的提升空间。

2. 能量转换效率

纯电动汽车的电主要由能源利用转化后而产生，能量转换过程为能源 - 电力 - 锂离子电池 - 放电驱动汽车行驶。

燃料电池的化学能转换效率在理论上可以达到 100%，实际效率也高达 60% ～ 80%，是内燃机的 2 ～ 3 倍。但是涉及整车后，由于有氢气系统，整体能量转换效率将会大大降低。转换过程为能源 - 电力 - 氢气 - 燃料电池 - 放电驱动汽车。

因此整体上，纯电动汽车能量利用效率要高于燃料电池电动汽车。

3. 安全性

纯电动汽车当前安全性的主要问题是电池安全。电池在运行过程中会发热，如果电池系统热管理不够好将会有着火风险。而且为了提高使用效率，在过充或过放的过程中，电池也会着火，除此之外纯电动汽车在事故中发生碰撞会有电解液泄漏导致起火的风险。

燃料电池电动汽车中燃料电池本身危险性不大，风险主要来自氢气储存和加氢过程中出现氢气泄漏导致着火甚至爆炸的风险，氢气极易燃烧，而且当氢气在空气中的体积浓度为 4% ～ 75.6% 时，遇火源就会爆炸。

因此它们均存在一定危险，也均有一定的改进空间。

4. 低温性能

在低温下，锂离子电池的电解液变得黏稠甚至凝结，会导致充电效率大幅降低，因此会导致续驶里程降低。如果温度继续降低，电池内部的电解液就变得更加迟钝，如果长时间在低温环境下使用，或者在 -40℃低温下时，锂离子电池可能会被“冻坏”造成永久损害。

燃料电池电动汽车中的核心——燃料电池，在无特殊处理或辅助工具的情况下，在低于 0℃的工作环境中，阴极侧反应生成的水易结冰导致催化层、扩散层堵塞，阻碍反应的进行，并且水结冰产生的体积变化也会对膜电极组件的结构产生破坏，降低燃料电池的性能。当前燃料电池电动汽车一般均有辅助系统进行保护。

因此总体上，燃料电池电动汽车在低温下比纯电动汽车有着较好的适应性，纯电动汽车在低温技术方面还需要进行突破。

5. 结构

纯电动汽车结构相对简单，核心部件主要包括动力电池、BMS（电池管理系统）、电机等；燃料电池电动汽车结构较为复杂，核心部件主要包括燃料电池堆、储氢罐、氢气供给系统、空气供给系统、水管理系统、电机等。

6. 基础设施

纯电动汽车的基础设施主要是充电桩或者充电站，燃料电池电动汽车的基础设施为加氢站。当前充电桩相对加氢站数量较多，较为成熟。

7. 发展潜力

在当前我国新能源汽车行业现状下，纯电动汽车仍为我国主力汽车。但纯电动汽车正进入发展瓶颈期，另外电池能量密度有限，车辆的续驶里程有限。例如磷酸铁锂电池的能量密度为 180W • h/kg，基本已经达到了极限值；锂离子电池的能量密度能达到 300W • h/kg，能力密度提升空间非常有限。目前大部分高续驶里程纯电动汽车采用的便是“电池堆砌”方法，搭载更多数量的电池，从而达到高续驶里程的目的。如此一来，电池包加上电机造成底盘重量较大，降低了车辆的安全指数。

氢能源的优势在于，其不仅是理想的清洁能源，而且可以达到燃油车的行驶里程半径，如加氢 3min 可以续航 600km。不仅续驶里程远超纯电动汽车，而且加氢像加油一样方便。由于燃料电池电动汽车成本高、技术不成熟、基础设施缺乏等一系列的原因，当前市场仍处于初期，发展也会有很多困难，随着能源转型的推动和经济的不断发展，未来发展空间极其巨大。

第六节 燃料电池电动汽车安全性要求

燃料电池电动汽车安全性要求包括整车安全性要求和系统安全性要求。

一、整车安全性要求

整车安全性要求包括整车氢气排放要求、整车氢气泄漏要求、氢气低剩余量提醒和电安全要求。

1. 整车氢气排放要求

按怠速热机状态时氢气排放有关规定方法进行测试，在进行正常操作（包括启动和停机）时，任意连续 3s 内的平均氢气体积分数应不超过 4%，且瞬时氢气体积分数不超过 8%。

2. 整车氢气泄漏要求

（1）车内要求　整车车内氢气泄漏具有以下要求。

① 氢系统泄漏或渗透的氢燃料，不应直接排到乘客舱、后备厢 / 货舱，或者车辆中任何有潜在火源风险的封闭空间或半封闭空间。

② 在安装氢系统的封闭或半封闭的空间上方的适当位置，应至少安装一个氢气泄漏探测传感器，能实时检测氢气的浓度，并将信号传递给氢气泄漏报警装置。

③ 在驾驶员容易识别的区域应安装氢气泄漏报警提醒装置，泄漏浓度与警告信号有关。

④ 在封闭或半封闭的空间中，氢气体积分数达到或超过 (2.0±1.0)% 时，应发出警告。

⑤ 在封闭或半封闭的空间中，氢气体积分数达到或超过 (3.0±1.0)% 时，应立即自动关断氢气供应，如果车辆装有多个储氢气瓶，仅关断有泄漏部分的氢气供应。

⑥ 当氢气泄漏探测传感器发生故障时，如信号中断、断路、短路等，应能向驾驶员发出故障警告信号。

（2）车外要求　对于 M1 类车辆，应按照密闭空间内氢气泄漏试验规程规定的方法在密闭空间内进行氢气泄漏试验，应满足任意时刻测得的氢气体积分数不超过 1%。

3. 氢气低剩余量提醒

指示储氢气瓶压力或氢气剩余量的仪表应安装在驾驶员易于观察的区域，如果氢气的压力或剩余量影响到车辆的行驶，应通过一个明显的信号（如声或光信号）装置向驾驶员发出提示。

4. 电安全要求

燃料电池电动汽车用电安全应符合《电动汽车安全要求》（GB 18384—2020）中规定的绝缘电阻要求、绝缘电阻监测要求、电位均衡要求和电容耦合要求。

（1）绝缘电阻要求　在最大工作电压下，直流电路绝缘电阻应不小于 100Ω/V，交流电路应不小于 500Ω/V。如果直流和交流的 B 级电压电路中可导电部分连接在一起，则应满足绝缘电阻不小于 500Ω/V 的要求。燃料电池电动汽车绝缘电阻要求如图 3-32 所示，图中 1 为燃料电池系统；2 为动力蓄电池；3 为逆变器；4 为电平台；5 为交流电路；M 为电机；R 为绝缘电阻。若交流电路增加附加防护，则组合电路至少满足 100Ω/V 的要求。附加防护方法应至少满足以下一种要求：至少有两层绝缘层、遮栏或外壳；或布置在外壳里或遮栏后，且这些外壳或遮栏应能承受不低于 10kPa 的压强，不发生明显的塑性变形。

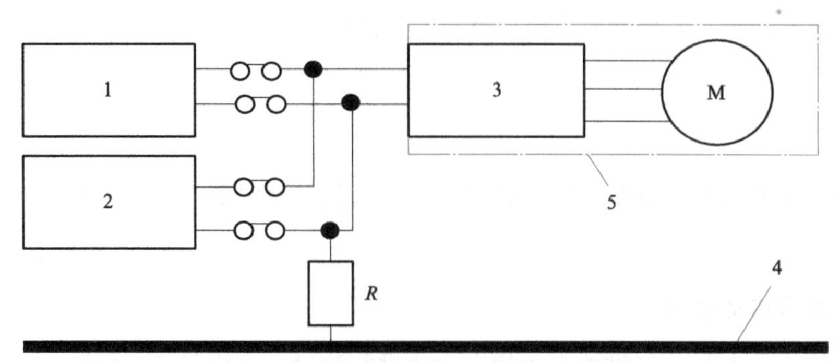

图 3-32　燃料电池电动汽车绝缘电阻要求

（2）绝缘电阻监测要求　燃料电池电动汽车应有绝缘电阻监测功能，并能通过规定的绝缘监测功能验证试验。在车辆 B 级电压电路接通且未与外部电源传导连接时，该装置能够持续或者间歇地检测车辆的绝缘电阻值，当该绝缘电阻值小于制造商规定的阈值时，应通过一个明显的信号（如声或光信号）装置提醒驾驶员，并且制造商规定的阈值不应低于绝缘电阻要求的值。

（3）电位均衡要求　用于防护与 B 级电压电路直接接触的外露可导电部分，例如，可导电外壳和遮栏，应传导连接到电平台，且满足以下要求。

① 外露可导电部分与电平台间的连接阻抗应不大于 0.1Ω。

② 电位均衡通路中，任意两个可以被人同时触碰到的外露可导电部分，即距离不大于 2.5m 的两个可导电部分间电阻应不大于 0.2Ω。

若采用焊接的连接方式，则视作满足上述要求。

（4）电容耦合要求　电容耦合应至少满足以下要求之一。

① B 级电压电路中，任何 B 级电压带电部件和电平台之间的总电容在其最大工作电压时存储的能量应不大于 0.2J，0.2J 为对 B 级电压电路正极侧 Y 电容或负极侧 Y 电容最大存储电能的要求。此外，若有 B 级电压电路相互隔离，则 0.2J 为单独对各相互隔离的电路的要求。

② B 级电压电路至少有两层绝缘层、遮栏或外壳，或布置在外壳里或遮栏后，且这些外壳或遮栏应能承受不低于 10kPa 的压强，不发生明显的塑性变形。

二、系统安全性要求

系统安全性要求包括储氢气瓶和管路要求、泄压系统要求、加氢及加氢口要求、燃料管路氢气泄漏及检测要求、氢气泄漏报警装置功能要求和燃料排出要求。

1. 储氢气瓶和管路要求

① 安装位置要求。管路接头不应位于完全密封的空间内。储氢气瓶和管路一般不应装在乘客舱、后备厢或其他通风不良的地方，但如果不可避免要安装在后备厢或其他通风不良的地方时，应采取相应措施，将可能泄漏的氢气及时排出。储氢气瓶应避免直接暴露在阳光下。

② 热绝缘要求。对可能受排气管、消声器等热源影响的储氢气瓶、管路等应有热绝缘保护。

③ 防静电要求。高压管路及部件（含加氢口）应可靠接地。

2. 泄压系统要求

① 在温度驱动安全泄压装置和安全泄压装置释放管路的出口处，应采取必要的保护措施（如防尘盖），防止在使用过程中被异物堵塞，影响气体释放。温度驱动安全泄压装置是指当温度达到设定值时开始动作，且不能自动复位的一种安全泄压装置；安全泄压装置是指在特定条件下动作，并能泄放压缩氢气储存系统中的氢气以防止系统发生失效的一种装置。

② 通过温度驱动安全泄压装置释放的氢气，不应流入封闭空间或半封闭空间；不应流入或流向任意汽车轮罩；不应流向储氢气瓶；不应朝车辆前进方向释放；不应流向应急出口（如果有）。

③ 通过安全泄压装置（如安全阀）释放的氢气，不应流向裸露的电气端子、电气开关或其他引火源；不应流入封闭空间或半封闭空间；不应流入或流向任意汽车轮罩；不应流向储氢气瓶；不应流向应急出口（如果有）。

3. 加氢及加氢口要求

① 燃料加注时，车辆应不能通过其自身的驱动系统移动。

② 加氢口应具有能够防止尘土、液体和污染物等进入的防尘盖。防尘盖旁边应注明加氢口的燃料类型、公称工作压力和储氢气瓶终止使用期限。公称工作压力是指在基准温度（15℃）下，压缩氢气储存系统内气体压力达到稳定时的限充压力。

4. 燃料管路氢气泄漏及检测要求

① 应采用规定的方法对燃料管路的可接近部分进行氢气泄漏检测，并对接头部位进行重点泄漏检测。对于储氢气瓶与燃料电池堆之间的管路，泄漏检测压力为实际工作压力。对于加氢口至储氢气瓶之间的管路进行检测，泄漏检测压力为1.25倍的公称工作压力。

② 使用泄漏检测液进行目测检查，3min内不应出现气泡。

③ 使用气体检测仪进行检测时，应尽可能接近测量部位，其氢气泄漏速率应满足不高于0.005mg/s。

5. 氢气泄漏报警装置功能要求

氢气泄漏报警装置应通过声响报警、警告灯或文字显示对驾驶员发出警告。

6. 燃料排出要求

为了达到对氢系统维修保养或其他目的，车辆应具有安全排出剩余燃料的功能。

三、密闭空间内氢气泄漏试验规程

1. 试验目的

该试验是为了检验车辆停放在无机械通风的密闭空间（每小时空气交换率不大于0.03）内的氢气泄漏情况。试验过程中，若任意位置的氢气体积分数超过1%，应立即停止试验，并开启通风。

2. 车辆条件

试验前7天内，试验车辆应使用安装在其上的燃料电池系统行驶至少300km；试验车辆应按照制造商要求加注氢气至公称工作压力状态。

3. 环境温度条件

试验在（25±5）℃下进行。

4. 密闭空间要求

密闭空间具有以下要求。

① 密闭空间的尺寸要求：内部长度不应超过车辆的长度 1m；内部宽度不应超过车辆的宽度 1m；内部高度不应超过车辆的高度 0.5m。

② 密闭空间的空气交换率要求：对于车辆停车状态下的氢气泄漏试验，每小时的空气交换率不应大于 0.03。

③ 密闭空间的机械通风装置位置要求：机械通风装置的进出风口与各氢气浓度传感器的距离大于或等于 1m。

④ 密闭空间内氢气浓度传感器位置要求：在密闭空间顶面两侧各均匀布置至少 3 个，顶部几何中心布置 1 个，总共不少于 7 个，如图 3-33 所示。

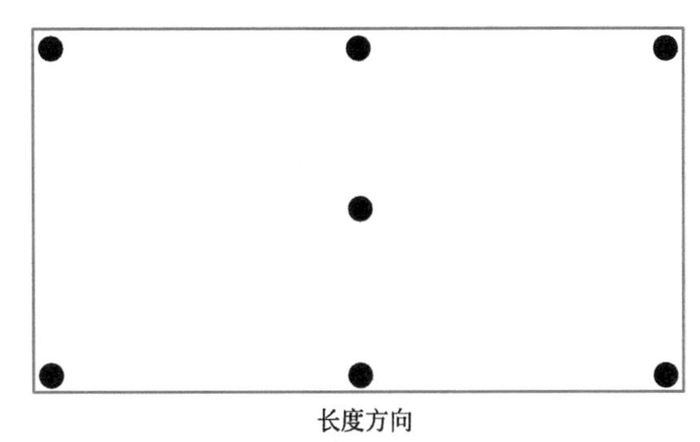

图 3–33 密闭空间内氢气浓度传感器位置示意（俯视图）

5. 试验步骤

试验持续至少 8h，采样频率至少为 1Hz，试验按以下步骤进行。

① 车辆在密闭空间外完成一次完整的启动、停机过程。

② 车辆进入密闭空间后，停机，并在规定的环境条件下浸车 12h。

③ 浸车完成后，检查环境和试验舱内的氢气浓度，当仪器显示氢气浓度为 0 时，关闭密闭空间，并开始记录氢气浓度传感器中的数据。

第七节 燃料电池电动汽车氢气消耗量

氢气消耗量是指在特定运行条件下，燃料电池电动汽车所消耗的氢气量。氢气消耗量测试主要有压力温度法、质量分析法和流量法。

试验设备主要包括底盘测功机，压力温度法用的压力计、温度计，质量分析法用的试验用储氢罐和称重装置，流量法用的流量计。

一、压力温度法

压力温度法是通过测量试验前后高压储氢罐中气体压力和温度来计算氢气消耗量的方

法，应使用已知内容积、能够进行温度和压力检测的储氢罐。

① 试验用储氢罐安装在车辆外部，作为燃料电池电动汽车的燃料供应源。

② 试验用储氢罐通过燃料电池系统中燃料管内安装的旁路管路与燃料电池相连。旁路管路应安装可靠，防止因振动引起泄漏、释放或进入空气。

③ 充注燃料压力应调整到制造商推荐值范围内。

④ 试验用储氢罐应满足以下要求。

a. 附件的内容积（减压阀、管路等）已知。

b. 可检测内部气体压力和气体温度。

c. 在高压充注过程中容积的变化小。

d. 已经标定过。

⑤ 试验按照以下程序进行。

a. 按照规定的试验程序在底盘测功机上进行试验。

b. 在检测开始前，先检测试验用储氢罐的气体压力和气体温度。

c. 在检测完成时，应进行试验用储氢罐气体压力和气体温度的检测。

d. 根据试验前后测得的气体压力和温度，计算出氢气消耗量为

$$w=\frac{mV}{R}\left(\frac{p_1}{Z_1T_1}-\frac{p_2}{Z_2T_2}\right) \tag{3-1}$$

式中，w 为测量时间内的氢气消耗量，g；m 为氢分子的摩尔质量，2.016g/mol；V 为氢气罐中高压部分和附件的总容积（减压阀、管路等），L；R 为共用气体常量，0.0083145MPa·L/（mol·K）；p_1 为检测开始时罐体内的气体压力，MPa；p_2 为检测结束时罐体内的气体压力，MPa；T_1 为检测开始时罐体内的气体温度，K；T_2 为检测结束时罐体内的气体温度，K；Z_1 为检测开始时的氢气压缩因子；Z_2 为检测结束时的氢气压缩因子。

氢气压缩因子为

$$Z=\sum_{i=1}^{6}\sum_{j=1}^{4}u_{ij}p^{i-1}\left(\frac{100}{T}\right)^{j-1} \tag{3-2}$$

式中，Z 为氢气压缩因子；p 为氢气的压力，MPa；T 为氢气的温度，K；u_{ij} 为系数，见表 3-1。

表 3–1　系数 u_{ij}

系数 u_{ij}		j			
		1	2	3	4
i	1	1.00018	−0.0022546	0.01053	−0.013205
	2	−0.00062791	0.028051	−0.024126	−0.0058663
	3	0.000010817	−0.00012653	0.00019788	0.00085677
	4	-1.4368×10^{-7}	1.2171×10^{-6}	7.7563×10^{-7}	-1.7418×10^{-5}
	5	1.2441×10^{-9}	-8.965×10^{-9}	-1.6711×10^{-8}	1.4697×10^{-7}
	6	-4.4709×10^{-12}	3.0271×10^{-11}	6.3329×10^{-11}	-4.6974×10^{-10}

对于一组确定的温度和压力，就可以求出一个对应的压缩因子。

二、质量分析法

质量分析法是指通过测量试验前后高压储氢罐质量来计算氢气消耗量的方法，试验用储氢罐应适于测量质量。

① 试验用储氢罐安装在车辆外部，作为燃料电池电动汽车的燃料供应源。

② 试验用储氢罐通过燃料电池系统中燃料管内安装的旁路管路与燃料电池相连。旁路管路应安装可靠，防止因振动引起泄漏、释放或进入空气。

③ 充注燃料压力应调整到制造商推荐值范围内。

④ 在试验前和试验后分别用称重设备测量试验用储氢罐的质量时，应提供适当的措施减轻受振动、对流、环境温度等因素的影响。

⑤ 储氢罐质量应尽可能地轻。

⑥ 试验按以下程序进行。

a. 在试验前，用称重装置检测试验用储氢罐的质量。

b. 把试验用储氢罐和管路连接起来，连接时，管内的压力应设置为与罐中的气体压力相等，使得没有气体输入和输出。

c. 按照规定的试验程序在底盘测功机上进行试验。

d. 在开始测量时，切换阀体，氢气由试验用储氢罐提供。

e. 检测完成后关闭试验用储氢罐的阀。

f. 试验结束后，把试验用储氢罐从管路上移开，用称重设备检测试验用储氢罐的质量。

⑦ 根据试验前后测得试验用储氢罐的质量，计算出氢气消耗量为

$$w=m_1-m_2 \tag{3-3}$$

式中，w 为在测量时间内的氢气消耗量，g；m_1 为试验开始时试验用储氢罐的质量，g；m_2 为试验结束时试验用储氢罐的质量，g。

三、流量法

流量法是指通过安装在车外燃料供应源到车辆的氢气供应管路上的流量计，测量车辆消耗的氢气体积或质量的方法。

1. 试验程序

流量法试验按以下程序进行。

① 燃料从车辆外部以厂家推荐的压力供应。

② 燃料从车辆外部通过燃料电池系统中燃料管内安装的旁路管路供应。

③ 从车外供应源到燃料电池之间的供应管路上安装流量计。流量计可以是体积流量计，也可以是质量流量计。

④ 流量计和旁路管路应安装可靠，防止因振动引起泄漏、释放或进入空气。

⑤ 按照规定的试验程序在底盘测功机上进行试验。

⑥ 用流量计测量车外供应源被消耗的氢气的体积或质量。

2. 计算氢气消耗量

根据测得的氢气体积流量，计算氢气的体积消耗量为

$$w = \frac{m}{22.414}\int_0^t Q_b \mathrm{d}t \tag{3-4}$$

式中，w 为在测量时间 t 内的氢气消耗量，g；Q_b 为试验中氢气的体积流量，L/s。

根据测得的氢气质量流量，计算氢气的体积消耗量为

$$w = \int_0^t Q_m \mathrm{d}t \tag{3-5}$$

式中，Q_m 为试验中氢气的质量流量，g/s。

第八节 燃料电池电动汽车纯氢续驶里程

燃料电池电动汽车纯氢续驶里程主要与载氢量有关，是主要的性能指标，也是必须测试的指标。

1. 测试条件

① 在 20 ～ 30℃的室温下进行室内试验。

② 机械运动部件用润滑油黏度和轮胎压力应符合制造厂的规定。

③ 车上的照明、信号装置以及辅助设备应该关闭，除非试验和车辆白天运行对这些装置有要求。

④ 除驱动用途外，所有的储能系统（电能、液压、气压等）都应充到制造厂规定的最大值。

⑤ 试验车辆需按制造厂的规范进行磨合，且磨合里程不小于 300km。

⑥ M1、N1 类车辆和总质量不超过 3500kg 的 M2 类车辆的底盘测功机设定按照《轻型汽车污染物排放限值及测量方法（中国第六阶段）》（GB 18352.6—2016）附件 C 的规定进行。其他类型车辆的底盘测功机设定按照《重型商用车燃料消耗量测量方法》（GB/T 27840—2011）附录 C 的规定进行，其中城市客车的附加质量为最大设计装载质量的 65%。

⑦ 储氢系统压力为制造厂规定的公称工作压力 ±0.5MPa。

⑧ 对于装有动力电池且动力电池参与驱动的燃料电池电动汽车，试验前应按照制造厂的要求调整动力电池 SOC。

2. 测试方法

① M1、N1 类车辆和最大设计总质量不超过 3500kg 的 M2 类车辆，按照《中国汽车行驶工况　第 1 部分：轻型汽车》（GB/T 38146.1—2019）规定的循环工况进行续驶

里程测试，其他类型车辆按照《中国汽车行驶工况　第2部分：重型商用车辆》（GB/T 38146.2—2019）规定的循环工况进行续驶里程测试，在底盘测功机上进行。

燃料电池堆的输出总能量为

$$E_{FC}=\frac{\int_0^T I_{FC}U_{FC}\mathrm{d}t}{3600000} \tag{3-6}$$

式中，E_{FC}为燃料电池堆的输出总能量，kW·h；I_{FC}为燃料电池堆的电流，A；U_{FC}为燃料电池堆的电压，V。

动力电池的输出总能量为

$$E_{BAT}=\frac{\int_0^T I_{BAT}U_{BAT}\mathrm{d}t}{3600000} \tag{3-7}$$

式中，E_{BAT}为动力电池的输出总能量，kW·h；I_{BAT}为动力电池的电流，A；U_{BAT}为动力电池的电压，V。

② 满足下列两个条件之一即应停止试验。

a. 当仪表给出停车指示时。

b. 试验循环中车辆的速度公差和时间公差不满足要求。

达到试验结束条件时，挡位保持不变，使车辆滑行至最低稳定车速或5km/h，再踩下制动踏板进行停车。

③ 试验结束后，记录试验车辆的行驶距离D，单位为km，测量值按四舍五入圆整到整数，该距离即为车辆的续驶里程。

车辆的纯氢续驶里程为

$$D_{FC}=\frac{DE_{FC}}{E_{FC}+E_{BAT}} \tag{3-8}$$

式中，D_{FC}为车辆的纯氢续驶里程，km；D为试验车辆的行驶距离，km。

3. 数据记录

从整车启动开始采样，直至试验结束，总采样时间为T（s），采集包括以下参数。

① 燃料电池堆的电压U_{FC}（V）。

② 燃料电池堆的电流I_{FC}（A）。

③ 动力电池的电压U_{BAT}（V）。

④ 动力电池的电流I_{ABT}（A）。

燃料电池电动汽车传动系统参数匹配

燃料电池电动汽车传动系统参数匹配是燃料电池电动汽车设计的重要内容，它包括驱动电机参数匹配、燃料电池参数匹配、辅助动力源参数匹配和传动系统传动比匹配。

一、驱动电机参数匹配

受有限的车内空间、恶劣的工作环境及频繁的运行工况切换影响，燃料电池电动汽车用驱动电机必须具有以下特性：高功率密度，以满足布置要求；瞬时过载能力强，以满足加速和爬坡要求；宽的调速范围（包括恒转矩区和恒功率区）；转矩动态响应快；在运行的整个转矩 - 转速范围内具有高效率，以提高能量利用率；四象限运行；状态切换平滑；高可靠性及容错控制；成本合理。

燃料电池电动汽车用驱动电机的类型有直流电机、异步电机、永磁同步电机和开关磁阻电机。由于空间布置以及功率需求的原因，通常燃料电池客车较多采用异步电机驱动系统，而燃料电池轿车较多采用永磁同步电机驱动系统。

为保证各种行驶工况需要，满足车辆动力性要求，必须根据车辆动力性指标来确定驱动电机性能参数，即由最高车速、加速时间和最大爬坡度三个指标来评定。电机参数主要包括额定功率、峰值功率、额定转矩、峰值转矩、额定转速、最高转速、工作电压等。

1. 额定转速和最高转速

电机的最高转速由最高车速和机械传动系统传动比来确定。增大电机的最高转速有利于降低其体积、减轻重量，最高转速的增大导致传动比增大，从而加大传动系统的体积、重量和传动损耗。因此应综合考虑各方面因素来确定电机的最高转速。

在电机功率一定时，其额定转速越高，则相应的功率密度越大。电机最高转速和额定转速的比值称为扩大恒功率区系数（β）。在电机额定功率一定的前提下，β 越大，最高转速越低，对应的电机额定转矩也越大。额定转矩越大，需要对电机的支撑要求越高，并且需要更大的电机电流和电力电子设备电流，增加了功率变换器的尺寸和损耗。但 β 大是车辆起步加速和稳定运行所必需的，所以额定转矩的减小，只能通过选用高速电机来解决。但这又会增加传动系统的尺寸，因此必须协调考虑最高车速和传动系统的尺寸。

电机的最高转速为

$$n_{\max}=\frac{30v_{\max}i_{t}}{3.6\pi r} \tag{3-9}$$

式中，i_t 为传动系统的传动比；r 为车轮半径。

电机的额定转速为

$$n_{e}=\frac{n_{\max}}{\beta} \tag{3-10}$$

2. 峰值转矩和峰值功率

电机的峰值转矩由最大爬坡度确定，汽车爬坡时车速很低，可忽略空气阻力，则有

$$T_{g_{\max}}=\frac{mgr}{\eta_{t}i_{t}}(f\cos\alpha_{\max}+\sin\alpha_{\max}) \tag{3-11}$$

式中，$T_{g_{\max}}$ 为根据最大爬坡度确定的电机峰值转矩；η_t 为传动系统的传动效率；f 为滚动阻力系数；$\alpha_{\max}$ 为最大坡度角。

电机的峰值功率取决于加速时间，并与扩大恒功率区系数有关。在最高转速一定，并保证同等加速能力的情况下，电机的扩大恒功率区系数越大，其峰值功率越小，并随着扩大恒功率区系数的增大，峰值功率趋于饱和。因此，扩大恒功率区系数的取值对于降低电

机系统功率需求、减小电机驱动系统重量与体积、提高整车效率有着非常重要的意义。扩大恒功率区系数的取值取决于电机驱动系统类型及控制算法，通常取 2 ～ 4。

水平路面上，车辆从 0 到目标车速 v_j 的加速时间为

$$t=\int_0^{v_j}\frac{\delta m}{F_t-F_f-F_w}\mathrm{d}v \tag{3-12}$$

式中，F_t 为驱动力；F_f 为滚动阻力；F_w 为空气阻力。

车辆行驶驱动力与电机峰值功率、峰值转矩之间的关系为

$$F_t=\begin{cases}\dfrac{T_{\alpha_{max}}\eta_t i_t}{r} & n\leqslant n_e\\ 9550i_t\dfrac{P_{e_{max}}\eta_t}{n_e r} & n>n_e\end{cases} \tag{3-13}$$

式中，$T_{\alpha_{max}}$为根据峰值功率$P_{e_{max}}$折算的恒转矩区电机峰值转矩。

当给定汽车加速时间后，可根据式（3-11）～式（3-13）求得电机峰值功率。

一般峰值功率$P_{e_{max}}$满足加速性能指标要求，其折算后的峰值转矩$T_{\alpha_{max}}$也可以满足汽车爬坡性能指标要求，即$T_{\alpha_{max}}>T_{g_{max}}$，因此电机峰值转矩可设计为$T_{e_{max}}=T_{\alpha_{max}}$。如果车辆爬坡度有特殊要求，则取$T_{e_{max}}=T_{g_{max}}$，通过调整峰值功率和扩大恒功率区系数重新匹配。

3. 额定功率和额定转矩

主要克服滚动阻力和空气阻力的电机额定功率为

$$P_e=\left(F_f+F_w\right)\frac{v}{3600\eta_t} \tag{3-14}$$

式中，v 可按车辆最高设计车速的 90% 或我国高速公路最高限速 120km/h 取值。

电机的额定转矩为

$$T_e=\frac{9550P_e}{n_e} \tag{3-15}$$

4. 工作电压

工作电压的选择涉及用电安全、元器件的工作条件等问题。工作电压过低，导致电流过大，从而导致系统电阻损耗增大；而工作电压过高，对逆变器的安全性造成威胁。一般燃料电池电动汽车工作电压为 280 ～ 400V，但工作电压的设计有增高的趋势。

二、燃料电池参数匹配

根据 NEDC 循环工况确定燃料电池输出功率。NEDC 工况主要包括等速、加速、减速、停车。

燃料电池电动汽车在平坦路面上等速行驶时所需的燃料电池功率为

$$P_i=\frac{v}{3600\eta_t}\left(mgf+\frac{C_D Av^2}{21.15}\right) \tag{3-16}$$

式中，P_i 为燃料电池电动汽车在平坦路面上等速行驶时所需要的燃料电池功率；C_D 为空气阻力系数；A 为迎风面积。

燃料电池电动汽车加（减）速行驶所需要的燃料电池功率为

$$P_j=\frac{v(t)}{3600\eta_d\eta_t}\left(mgf+mgi+\frac{C_D A v^2(t)}{21.15}+\delta m a_j\right) \tag{3-17}$$

式中，P_j 为燃料电池电动汽车加（减）速行驶所需要的燃料电池功率；$v(t)$ 为燃料电池电动汽车加（减）速行驶速度；η_d 为蓄电池的效率；δ 为旋转质量变换系数；a_j 为燃料电池电动汽车加（减）速度。

汽车行驶速度为

$$v(t)=v_0+3.6a_j t \tag{3-18}$$

式中，v_0 为加速起始速度；t 为行驶时间。

三、辅助动力源参数匹配

燃料电池电动汽车的辅助动力源为蓄电池组，在汽车起步的工况下，完全由辅助动力源提供动力；当汽车在加速或爬坡等工况时，为主动力源提供补充；同时在汽车制动时吸收制动回馈的能量。

辅助动力源用的蓄电池在整车有较大功率需求时，可以进行大电流的放电，待燃料电池响应跟上后放电电流就大幅降低，大电流放电的持续时间不长；在整车进行制动回馈时，又可以在短时间内接受较大电流的充电，即电池要具有瞬间大电流充放电的能力，虽然充放电电流很大，但由于持续时间都较短，因此电池的充电或放电深度都不大，电池的荷电状态（SOC）的波动范围也不大。

蓄电池的参数由能回收大部分制动能量以及在混合驱动模式下能满足车辆驱动和辅助电气系统的功率需求决定。

蓄电池的功率需求包括最大放电功率需求和最大充电功率需求。对于燃料电池电动汽车，蓄电池的首要作用是提供瞬时功率。根据整车的动力性能要求，分析各个工况，如汽车起步、爬坡、超车等的功率需求，除以机械效率，可以得到对动力源的峰值功率需求，该功率由蓄电池和燃料电池共同提供。

当汽车长时间匀速运行时，可以认为此时功率仅由燃料电池提供，由此可以计算出燃料电池的功率，则系统对蓄电池的放电功率需求为总功率需求减去燃料电池的功率。

另外，汽车在紧急制动时产生的制动功率很大，但以此功率来设计蓄电池的最大充电功率是不合理的。实际上，制动能量回收效益最明显的是在城市循环工况下，根据城市循环工况的统计特性来选择最大充电功率。

根据上述分析，动力蓄电池的额定功率可由式（3-19）确定。

$$P_{xe}=\frac{P_{e_{max}}}{\eta_e}+P_{fd}-P_{ro}+P_{ff} \tag{3-19}$$

式中，P_{xe} 为动力蓄电池的额定功率；η_e 为驱动电机的效率；P_{fd} 为车辆辅助电气系统的功率需求；P_{ro} 为燃料电池的输出功率；P_{ff} 为辅助系统的功率需求。

蓄电池的质量为

$$m_x = \frac{P_{xe}}{\rho_{xg}} \tag{3-20}$$

式中，m_x 为蓄电池的质量；ρ_{xg} 为蓄电池的比功率。

蓄电池的额定容量为

$$C_{xe} = \frac{m_x \rho_{xn}}{U_e \eta_d} \tag{3-21}$$

式中，C_{xe} 为蓄电池的额定容量；ρ_{xn} 为蓄电池的比能量；U_e 为蓄电池的额定电压；η_d 为蓄电池的放电效率。

四、传动系统传动比匹配

传动系统的总传动比是传动系统中各部件传动比的乘积，主要是变速器和主减速器的传动比的乘积。

电机的机械特性对驱动车辆十分有利，因此传动系统有多个挡位时，燃料电池电动汽车的驱动力图与内燃机汽车的驱动力图相比也有其特殊性，所以在选择挡位数和速比、确定最高车速时也与内燃机汽车不同。下面对可能出现的几种情况进行分析。

① 电机从额定转速向上调速的范围足够大，即 $n_{max}/n_e \geqslant 2.5$ 时，选择一个挡位即可，即采用固定速比，这是一种理想情况。

② 电机从额定转速向上调速的范围不够宽，即电机最高转速不能满足 $n_{max}/n_e \geqslant 2.5$ 时，应考虑再增加一个挡位。

③ 电机从额定转速向上调速的范围较窄，满足 $n_{max}/n_e \leqslant 1.8$，此时增加一个挡位后车速无法衔接起来，可考虑再增加挡位或说明电机参数与整车性能要求不匹配，应考虑重新选择电机的参数。

由于燃料电池电动汽车的动力全部由电机提供，通过控制电机能够在较大的范围满足车速要求。最大传动比根据电机的峰值转矩和最大爬坡度对应的行驶阻力确定。

$$i_{t_{max}} \geqslant \frac{F_{\alpha_{max}} r}{\eta T_{e_{max}}} \tag{3-22}$$

式中，$F_{\alpha_{max}}$为最大爬坡度对应的行驶阻力。

汽车大多数时间是以最高挡行驶的，即用最小传动比的挡位行驶。因此，最小传动比的选择是很重要的。应考虑满足最高车速的要求和行驶在最高车速时的动力性要求。

① 由最高车速和电机的最高转速确定传动系统最小传动比的上限。

$$i_{t_{min}} \leqslant \frac{0.377 n_{max} r}{v_{max}} \tag{3-23}$$

② 由电机最高转速对应的最大输出转矩和最高车速对应的行驶阻力确定传动系统最小传动比的下限。

$$i_{t_{min}} \geqslant \frac{F_{v_{max}} r}{\eta_t T_{v_{max}}} \tag{3-24}$$

式中，$F_{v_{max}}$为最高车速对应的行驶阻力；$T_{v_{max}}$为电机最高转速对应的最大输出转矩。

参考文献

[1] 孙逢春，章桐，等 . 电动汽车工程手册（第三卷）：燃料电池电动汽车整车设计 [M]. 北京：机械工业出版社，2020.

[2] 戴海峰，裴冯来，等 . 燃料电池电动汽车安全指南 [M]. 北京：机械工业出版社，2020.

[3] 史践 . 氢能与燃料电池电动汽车 [M]. 北京：机械工业出版社，2021.

[4] 崔胜民 . 基于 MATLAB 的新能源汽车仿真实例 [M]. 北京：化学工业出版社，2020.

[5] 中华人民共和国国家质量监督检验检疫总局 .GB/T 20042.2—2008：质子交换膜燃料电池　电池堆通用技术条件 [S]. 北京：中国标准出版社，2008.

[6] 中华人民共和国国家质量监督检验检疫总局 .GB/T 20042.3—2009：质子交换膜燃料电池　第 3 部分：质子交换膜测试方法 [S]. 北京：中国标准出版社，2009.

[7] 中华人民共和国国家质量监督检验检疫总局 .GB/T 20042.4—2009：质子交换膜燃料电池　第 4 部分：电催化剂测试方法 [S]. 北京：中国标准出版社，2009.

[8] 中华人民共和国国家质量监督检验检疫总局 .GB/T 20042.5—2009：质子交换膜燃料电池　第 5 部分：膜电极测试方法 [S]. 北京：中国标准出版社，2009.

[9] 中华人民共和国国家质量监督检验检疫总局 .GB/T 20042.6—2011：质子交换膜燃料电池　第 6 部分：双极板特性测试方法 [S]. 北京：中国标准出版社，2011.

[10] 中华人民共和国国家质量监督检验检疫总局 .GB/T 20042.7—2014：质子交换膜燃料电池　第 7 部分：炭纸特性测试方法 [S]. 北京：中国标准出版社，2014.

[11] 中华人民共和国国家质量监督检验检疫总局 .GB/T 26990—2011：燃料电池电动汽车　车载氢系统技术条件 [S]. 北京：中国标准出版社，2011.

[12] 中华人民共和国住房和城乡建设部 .GB 50516—2010：加氢站技术规范 [S]. 北京：中国标准出版社，2010.

[13] 中华人民共和国国家质量监督检验检疫总局 .GB/T 34425—2017：燃料电池电动汽车　加氢枪 [S]. 北京：中国标准出版社，2017.

[14] 中华人民共和国国家质量监督检验检疫总局 .GB/T 35178—2017：燃料电池电动汽车　氢气消耗量　测量方法 [S]. 北京：中国标准出版社，2017.

[15] 中华人民共和国国家质量监督检验检疫总局 .GB/T 34584—2017：加氢站安全技术规范 [S]. 北京：中国标准出版社，2017.

[16] 国家市场监督管理总局 .GB/T 37244—2018：质子交换膜燃料电池汽车用燃料　氢气 [S]. 北京：中国标准出版社，2018.

[17] 国家市场监督管理总局 .GB/T 38914—2020：车用质子交换膜燃料电池堆使用寿命测试评价方法 [S]. 北京：中国标准出版社，2020.

[18] 国家市场监督管理总局 .GB/T 24549—2020：燃料电池电动汽车　安全要求 [S]. 北京：中国标准出版社，2020.

[19] 国家市场监督管理总局 .GB/T 28816—2020：燃料电池　术语 [S]. 北京：中国标准出版社，2020.

[20] 国家市场监督管理总局 .GB/T 26779—2021：燃料电池电动汽车加氢口 [S]. 北京：中国标准出版社，2021.